权威·前沿·原创

皮书系列为

“十二五”“十三五”“十四五”时期国家重点出版物出版专项规划项目

智库成果出版与传播平台

低碳发展蓝皮书

BLUE BOOK OF LOW-CARBON DEVELOPMENT

中国移动源绿色低碳发展报告

（2023~2024）

ANNUAL REPORT ON THE DEVELOPMENT OF CHINA'S MOBILE SOURCE GREEN AND LOW CARBON (2023-2024)

中国环境科学研究院
主　编／中国汽车工程研究院股份有限公司
绿色汽车与低碳交通联合研究中心

社会科学文献出版社
SOCIAL SCIENCES ACADEMIC PRESS (CHINA)

图书在版编目（CIP）数据

中国移动源绿色低碳发展报告. 2023-2024 / 中国环境科学研究院，中国汽车工程研究院股份有限公司，绿色汽车与低碳交通联合研究中心主编. -- 北京：社会科学文献出版社，2024. 11. --（低碳发展蓝皮书）. -- ISBN 978-7-5228-4158-8

Ⅰ. X501

中国国家版本馆 CIP 数据核字第 20246D071Q 号

低碳发展蓝皮书

中国移动源绿色低碳发展报告（2023~2024）

主　　编 / 中国环境科学研究院
中国汽车工程研究院股份有限公司
绿色汽车与低碳交通联合研究中心

出 版 人 / 冀祥德
责任编辑 / 张　超
责任印制 / 王京美

出　　版 / 社会科学文献出版社 · 皮书分社（010）59367127
地址：北京市北三环中路甲 29 号院华龙大厦　邮编：100029
网址：www.ssap.com.cn
发　　行 / 社会科学文献出版社（010）59367028
印　　装 / 天津千鹤文化传播有限公司

规　　格 / 开　本：787mm × 1092mm　1/16
印　张：20.5　字　数：308 千字
版　　次 / 2024 年 11 月第 1 版　2024 年 11 月第 1 次印刷
书　　号 / ISBN 978-7-5228-4158-8
定　　价 / 158.00 元

读者服务电话：4008918866

《中国移动源绿色低碳发展报告（2023～2024）》
编委会

主编单位简介

中国环境科学研究院　1978 年 12 月 31 日成立，隶属于中华人民共和国生态环境部。作为国家级社会公益非营利性环境保护科研机构，中国环科院围绕国家可持续发展战略，开展创新性、基础性重大环境保护科学研究，致力于为国家经济社会发展和环境决策提供战略性、前瞻性和全局性的科技支撑，服务于经济社会发展中重大环境问题的工程技术与咨询需要，为国家可持续发展战略和环境保护事业发挥了重要作用。机动车排污监控中心是中国环境科学研究院的二级科研机构，于 1997 年由国家环保局批准成立，总体定位为移动源污染和碳排放监管的全面技术支撑机构以及环境管理智库和创新中心。中心长期从事移动源排放特征与模拟、污染控制理论方法、污染控制与检测技术、清洁能源转型与减排潜势等研究工作。

中国汽车工程研究院股份有限公司　1965 年 3 月成立，原名重庆重型汽车研究所，2012 年 6 月在上海证券交易所正式挂牌上市，2023 年 1 月，正式重组并入中国检验认证（集团）有限公司。现已构建起以重庆本部为核心，辐射全国主要汽车产业集群的技术服务布局，建立起集北京院、苏州院、深圳院三大区域基地，检测工程事业部、能源动力事业部、信息智能事业部、装备事业部、后市场事业部（筹）于一体的集群体系，并设有标准认证中心、政研咨询中心、品牌宣传中心、数据信息中心专业化平台。公司拥有国家燃气汽车工程技术研究中心、汽车智能与安全国家重点实验室、替代燃料国家地方联合实验室、国家智能清洁能源汽车质量检验检测中心、国家机器人检测与评定中心（重庆）、国家机动车质量检验检测中心（重庆）、国家氢能动力质量检验检测中心等国家级平台。公司聚焦“安全”“绿色”“体验”三大技术领域，提供解决方案、软件数据、装备工具三类产品，是我国汽车产品开发、试验研究、质量检测的公共科技创新平台。

绿色汽车与低碳交通联合研究中心 2023年7月15日成立，由中国环境科学研究院和中国汽车工程研究院联合发起，旨在围绕“环境、交通、能源、健康”四大核心领域，建立国际一流的汽车“双碳”领域技术创新和服务平台。通过技术创新和政策支持，中心致力于推动全球汽车产业及相关行业向绿色低碳方向转型，同时支持国家战略的协同实施及产业链的减污降碳。中心采用开放式组织架构，鼓励多方参与，联合开展研究，输出研究成果。2023~2025年，中心将重点瞄准共性关键技术，设立汽车碳排放核算及数据库研究、减污降碳管控以及汽车大数据数智化技术3个方向开展研究。

摘 要

建设美丽中国和实现“双碳”目标是全面建设社会主义现代化国家的重要战略部署。以汽车、非道路移动机械、船舶等为代表的移动源是我国交通运输、工程作业和农林牧渔等的重要生产资料，种类繁多、量大面广，面临可持续绿色低碳转型的巨大压力。本报告立足于推动移动源行业绿色低碳高质量发展，分别从发展概况、政策法规、绿色低碳技术、研究热点、远程监控大数据分析等多个维度进行了研究和探讨。

本报告系统地研究了我国移动源绿色低碳政策、法规、标准的发展现状。报告认为，2017 年以来移动源法规标准、政策体系不断强化和完善，污染物排放标准与车辆燃料消耗量标准的制定和实施促进了移动源减污降碳技术的进步，移动源绿色低碳管理体系逐步完善，我国移动源绿色、低碳、可持续发展趋势明显。

从宏观上看，移动源污染物防治效果显著，但环境压力仍然较大，推进移动源减污降碳协同控制势在必行。2017~2022 年，从轻型车、重型车、非道路移动机械的绿色低碳技术发展趋势来看，轻型车绿色低碳水平发展迅速，主要得益于新能源技术的普及应用以及减污降碳技术的进一步发展；重型车和非道路移动机械绿色低碳水平逐步提高，主要得益于发动机技术进步以及尾气污染物控制技术显著升级；重型车和非道路移动机械电动化发展相对缓慢，减碳压力仍然较大。

本报告还研究了汽车空调制冷剂氢氟碳化物、汽车全生命周期碳排放核算、非尾气颗粒物排放等绿色低碳热点。报告认为，我国车用空调制冷剂也是移动源温室气体的重要排放源，建议加快构建管控标准和激励政策，推动温室效应低、低温制热性能好、安全可靠的制冷剂技术研发和应用；我国汽车行业开展全生命周期碳排放管控需加快基础数据库、核算模型及标准等研究，并进一步完善汽车产业碳排放供应链管控体系；汽车制动和轮胎磨损颗粒物排放的影响逐渐凸显，应加快研究相关内容，制定并实施非尾气颗粒物排放管控标准。

此外，大数据技术将成为我国移动源监管的重要手段。本报告通过对新能源汽车联网大数据进行分析，发现新能源汽车的运行状况趋于稳定，运行范围不断扩大，但从充电时间、能量回收、衰减一致性和电压等基本要素来看，新能源汽车的发展仍面临考验，“里程焦虑”和电池安全等问题仍值得关注。通过重型车远程监控大数据分析发现，牵引汽车年行驶里程明显高于载货汽车和自卸汽车，年均行驶里程超过10万公里的牵引车占比达到了42.7%，牵引车和自卸车在实际道路运行时的 NO_X 排放最多。通过大数据挖掘，还可识别高排放车辆、黑加油站点、数据篡改行为等，为建立“天地车人”一体化机动车排放监控体系提供支撑。

关键词： 移动源　绿色低碳　碳排放　污染物排放

目录

I 总报告

B.1 2023年中国移动源绿色低碳发展现状
…………………………………… 黄志辉 马 冬 何卓识 / 001
一 移动源总体发展现状 ………………………………………… / 002
二 移动源污染物排放 …………………………………………… / 016
三 移动源 CO_2 排放 …………………………………………… / 036
四 小结 ……………………………………………………………… / 039

II 政策篇

B.2 移动源绿色低碳法律法规分析及建议
…………………………… 马 帅 马 冬 王 宇 张龙平 / 041
B.3 移动源绿色低碳政策分析及建议
…………………………… 田 苗 马 冬 杨鹏飞 周 佳 / 064

III 标准篇

B.4 移动源污染物排放标准研究………… 谷雪景 郝春晓 田 苗 / 091
B.5 移动源低碳标准研究………………… 纪 亮 郝春晓 谷雪景 / 130

Ⅳ　技术篇

B.6　轻型车绿色低碳技术发展趋势分析
…………………………… 彭　頔　刘　明　余　浩　王宏丽 / 152

B.7　重型车绿色低碳技术发展趋势分析
…………………………… 刘　明　余　浩　王　坤　刘　佳 / 184

B.8　非道路移动机械绿色低碳技术发展趋势分析
…………………… 解淑霞　王宏丽　纪　亮　黄志辉　翟天宇 / 213

Ⅴ　热点篇

B.9　车用空调制冷剂氢氟碳化物的行业现状与管控政策分析
…………………… 褚关润　张钧萍　陈进秋　马　冬　方　刚 / 225

B.10　汽车全生命周期碳排放核算现状分析与发展建议
…………………………… 陈文昊　余　浩　冉桤乂　朱宗强 / 249

B.11　非尾气颗粒物排放现状与发展建议
…………………………………………… 苏　盛　赖益土　罗万友 / 264

Ⅵ　数据篇

B.12　新能源汽车西南分中心大数据分析
…………………… 周科松　王　敬　李　兵　孙一鹏　李　恒 / 276

B.13　重型车排放远程监控大数据分析 …………… 李　刚　马　帅 / 295

总报告

B.1
2023年中国移动源绿色低碳发展现状

黄志辉　马 冬　何卓识*

摘　要： 近年来，我国移动源行业发展迅速，汽车产销连续15年居世界首位，汽车保有量高速增长，新能源化率显著提升；工程机械产销和保有量持续增加，铁路机车电气化进程显著，农业机械和船舶大型化趋势明显。货物运输"公转铁""公转水"成效明显，旅客运输逐渐由公路转向铁路和民航。汽油、煤油、燃料油、天然气消费量总体增加，柴油消费量总体保持稳定。与此同时，移动源排放量占比也逐渐凸显。2022年，移动源排放的CO_2、CO、HC、NO_X、PM和SO_2分别为9.8亿吨、874.4万吨、233.7万吨、1000.2万吨、28.5万吨、17.6万吨，其NO_X、VOCs约占全行业排放的60%、24%左右，是我国大气污染物与温室气体排放的重要来源，目前面临的减污降碳压力仍然较大。为实现2035年美丽中国，以及2030年前碳达峰、2060年前碳中和的目标，率先推动移动源等部分领域减污降碳协同增效是我国实现未来可持续发展的必然选择。

* 黄志辉，中国环境科学研究院高级工程师，主要研究方向为移动源减污降碳防治政策及排放清单；马冬，中国环境科学研究院正高级工程师，主要研究方向为移动源减污降碳法规标准、技术政策、排放清单等；何卓识，中国环境科学研究院副研究员，主要研究方向为移动源污染防治。

关键词： 移动源 减污降碳 大气污染物排放

一 移动源总体发展现状

移动源通常可分为机动车和非道路移动源两类。其中，机动车包含汽车、摩托车、三轮汽车等；非道路移动源包含非道路移动机械、船舶、铁路机车、飞机等。

（一）产销量

2023 年，全国汽车产销连续 15 年居世界首位，分别完成 3016. 1 万辆和 3009. 4 万辆，同比增长 11. 6%和 12. 0%；汽车出口量为 491 万辆，同比增长 57. 9%。2018~2023 年，我国汽车产量由 2780. 9 万辆增加到 3016. 1 万辆，年均增长 1. 6%；汽车销量由 2808. 1 万辆增加到 3009. 4 万辆，年均增长 1. 4%。其中，乘用车产销占主导地位，总体呈增长趋势，乘用车产量由 2352. 9 万辆增加到 2612. 4 万辆，年均增长 2. 1%；乘用车销量由 2371. 0 万辆增加到 2606. 3 万辆，年均增长 1. 9%。商用车产销总体呈下降趋势，商用车产量由 428. 0 万辆降至 403. 7 万辆，年均下降 1. 2%；商用车销量由 437. 1 万辆降至 403. 1 万辆，年均下降 1. 6%。货车产量由 379. 1 万辆降至 353. 9 万辆，年均下降 1. 4%；货车销量由 388. 6 万辆降至 353. 9 万辆，年均下降 1. 9%。新能源汽车产销连续 10 年居世界首位。2018~2023 年，我国新能源汽车产量由 127. 1 万辆增加到 958. 7 万辆，年均增长 49. 8%；销量由 125. 6 万辆增加到 949. 5 万辆，年均增长 49. 9%，总体呈快速增长态势。其中，新能源乘用车占主导地位，产量由 107. 0 万辆增加到 892. 0 万辆，年均增长 52. 8%；销量由 105. 3 万辆增加到 878. 4 万辆，年均增长 52. 8%。新能源商用车发展相对缓慢，但总体呈增长趋势，产量由 20. 1 万辆增加到 66. 7 万辆，年均增长 27. 1%；销量由 20. 3 万辆增加到 71. 1 万辆，年均增长 28. 5%（见图 1 至图 6）。

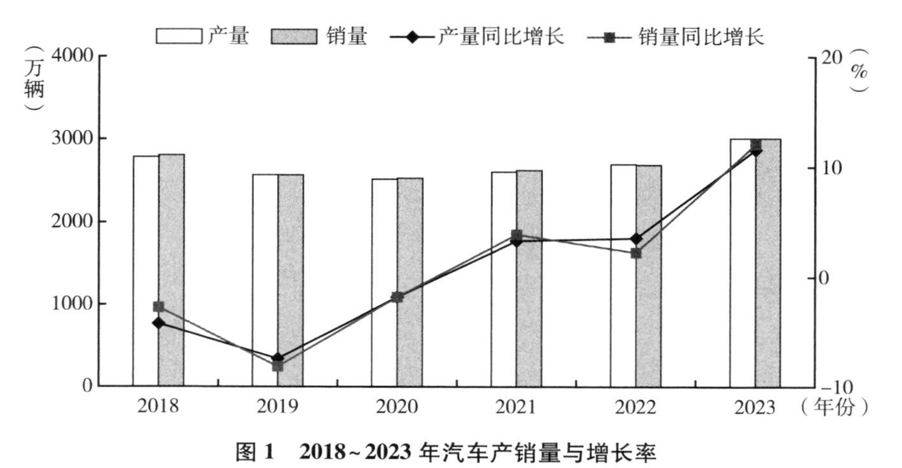

图 1　2018~2023 年汽车产销量与增长率

资料来源：中国汽车工业协会。

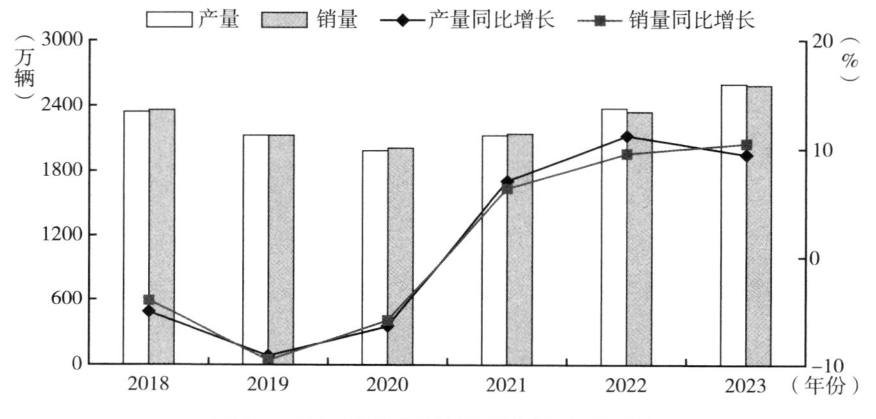

图 2　2018~2023 年乘用车产销量与增长率

资料来源：中国汽车工业协会。

摩托车产销稳中有升。2023 年，摩托车产销分别完成 1941. 6 万辆和 1899. 1 万辆，同比下降 8. 8%和 11. 3%。其中，二轮摩托车产销 1702. 3 万辆和 1660. 0 万辆；三轮摩托车产销 239. 4 万辆和 239. 0 万辆。燃油摩托车产销 1415. 1 万辆和 1418. 0 万辆；电动摩托车产销 526. 5 万辆和 481. 0 万辆。2018~2023 年，我国摩托车产量由 1557. 8 万辆增加到 1941. 6 万辆，年均增长 4. 5%；销量由 1557. 1 万

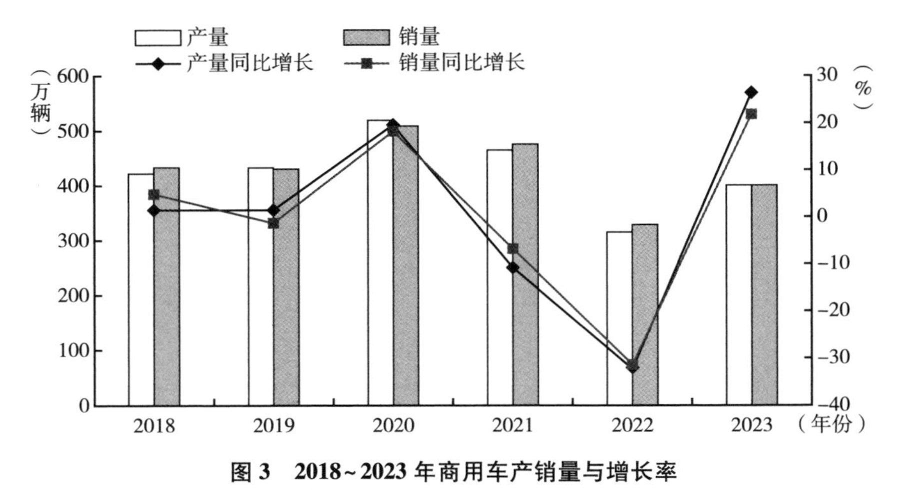

图 3　2018~2023 年商用车产销量与增长率

资料来源：中国汽车工业协会。

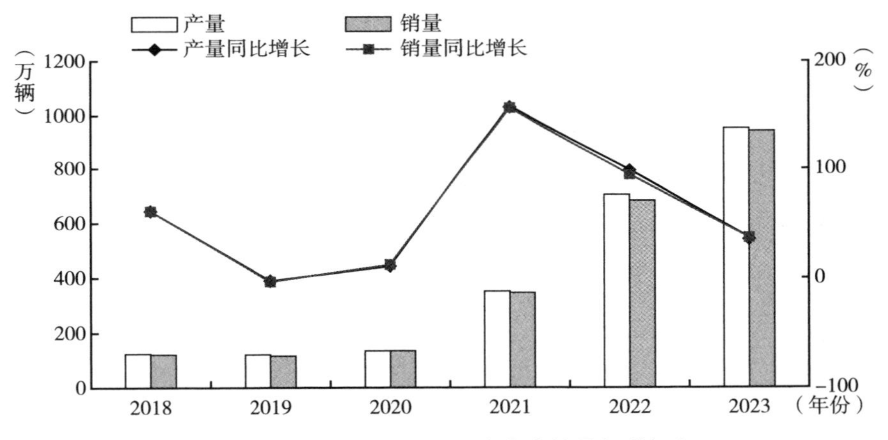

图 4　2018~2023 年新能源汽车产销量与增长率

资料来源：中国汽车工业协会。

辆增加到 1899. 1 万辆，年均增长 4. 1%，总体呈增长态势（见图 7）。

工程机械产销持续增加。我国工程机械种类繁多，工程机械以叉车、挖掘机、装载机、压路机、推土机、平地机、摊铺机等为主。2018~2023 年，上述机械总销量由 95. 3 万台增加到 150. 2 万台，年均增长 9. 5%。其中，叉车销

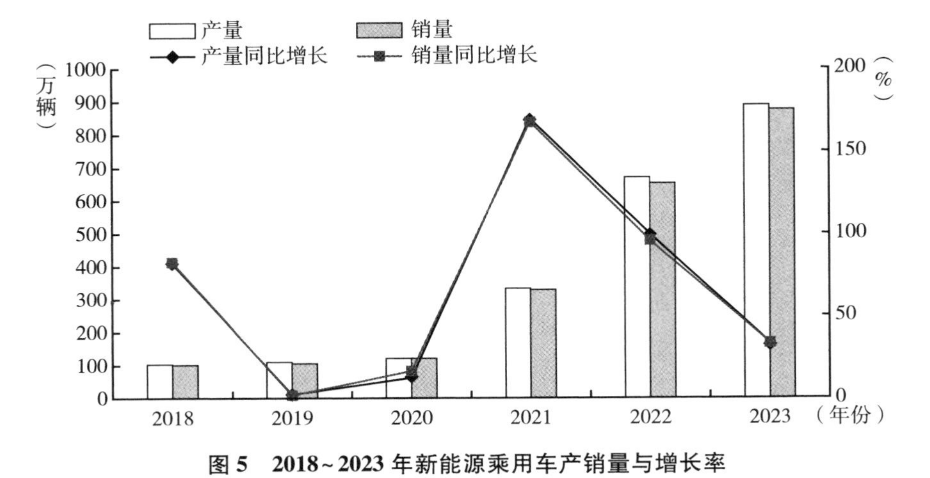

图 5　2018~2023 年新能源乘用车产销量与增长率

资料来源：中国汽车工业协会。

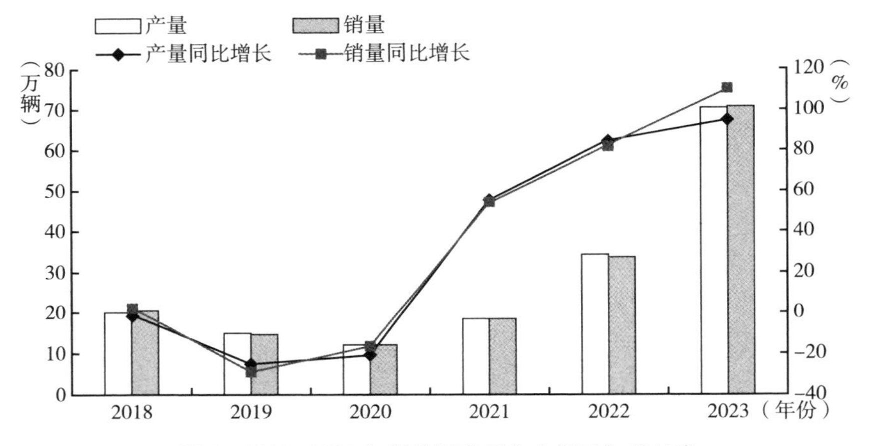

图 6　2018~2023 年新能源商用车产销量与增长率

资料来源：中国汽车工业协会。

量由 59.7 万台增加到 117.4 万台，年均增长 14.5%；挖掘机销量由 20.3 万台降至 19.5 万台，年均下降 0.8%；装载机销量由 11.9 万台降至 10.4 万台，年均下降 2.7%；压路机销量由 1.8 万台降至 1.4 万台，年均下降 5.3%；推土机销量由 0.8 万台降至 0.7 万台，年均下降 1.6%；平地机销量由 0.5 万台增加到 0.7 万台，年均增长 4.6%；摊铺机销量由 0.2 万台降至 0.1 万台，年均下

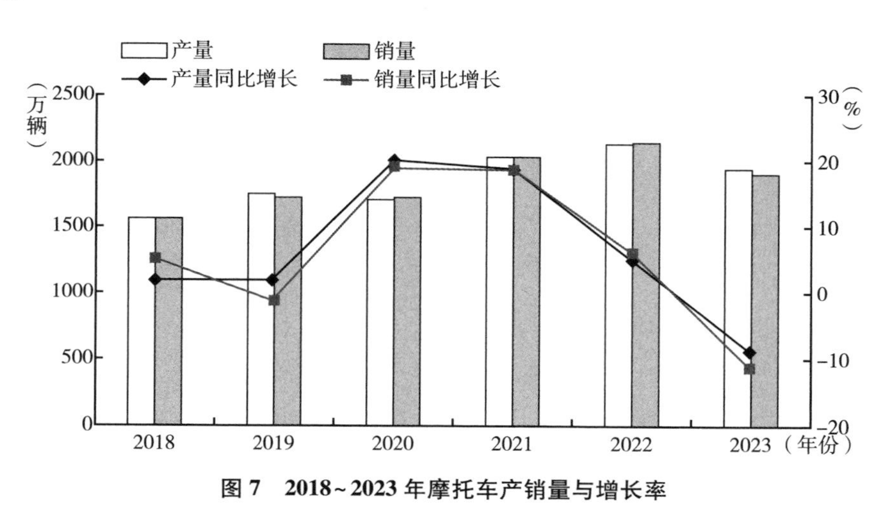

图 7　2018~2023 年摩托车产销量与增长率

资料来源：中国摩托车商会。

降 15.5%（见图 8）。叉车是当前电动化比例最高的工程机械类型。2018~2023 年，纯电动叉车销量由 28.1 万台增加到 79.6 万台，年均增长 23.1%；纯电动叉车占比由 47%增加到 68%，增加了 21 个百分点（见图 9）。国内大部分企业已布局大型电动工程机械的研发，包括挖掘机、装载机、汽车起重机、场内牵引车等。其中电动装载机产品基本集中在吨位占比最大的 5 吨机型，技术相对成熟。氢燃料电池非道路移动机械在国内也有研发和示范应用。

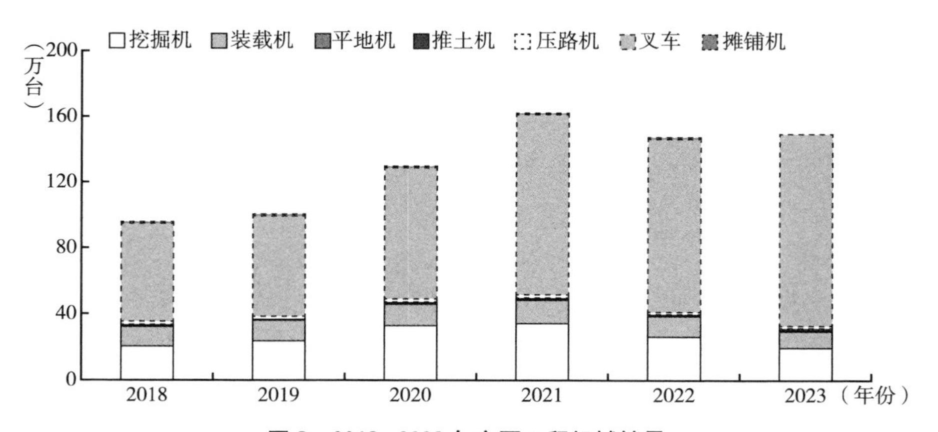

图 8　2018~2023 年主要工程机械销量

资料来源：中国工程机械工业协会。

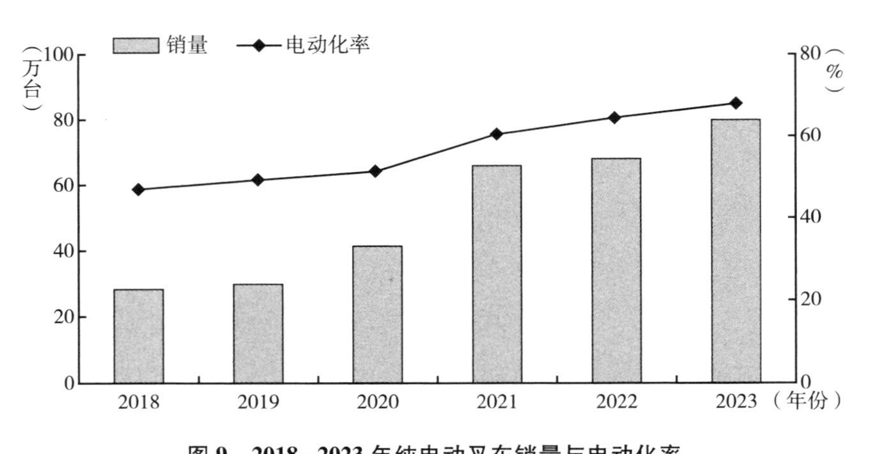

图 9　2018~2023 年纯电动叉车销量与电动化率

资料来源：中国工程机械工业协会。

农业机械大型化趋势明显。拖拉机是农业机械的重要种类之一，大型拖拉机产量显著增加，中小型拖拉机产量快速下降。2023 年，拖拉机总产量 55.0 万台，同比下降 3.5%。2018~2023 年，拖拉机产量由 57.1 万台降至 55.0 万台，年均下降 0.8%。其中，大型拖拉机产量由 4.0 万台增加到 10.7 万台，年均增长 21.8%；中型拖拉机产量由 20.3 万台增加到 27.3 万台，年均增长 6.1%；小型拖拉机产量由 32.8 万台降至 16.9 万台，年均下降 12.4%（见图 10）。

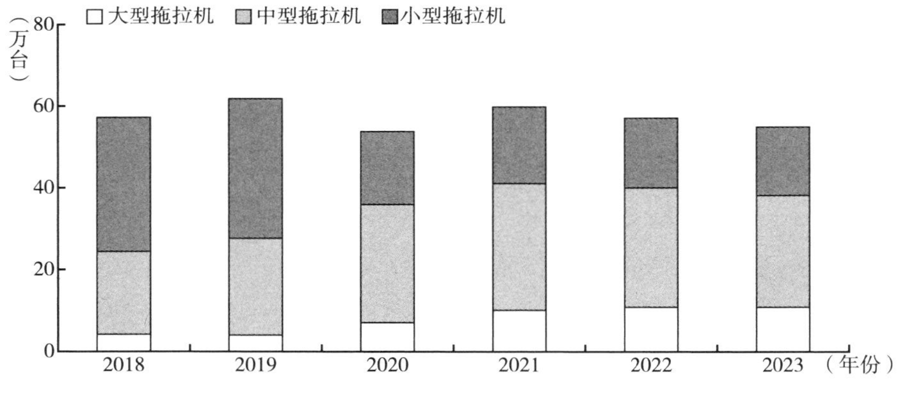

图 10　2018~2023 年主要农业机械产量

资料来源：中国农业机械工业协会。

铁路机车产销以电力驱动为主。2018~2023 年，我国铁路机车产量总体稳定在 1500 台左右①。

造船完工量、新接订单量、手持订单量总体增长。2023 年，我国造船完工量、新接订单量、手持订单量分别为 4232 万载重吨、7120 万载重吨、13939 万载重吨；造船完工量、新接订单量、手持订单量均为世界第一。2018~2023 年，我国造船完工量总体增长，由 3458.0 万载重吨增加到 4232.0 万载重吨，年均增长 4.1%；新接订单量总体增长，由 3667.0 万载重吨增加到 7120.0 万载重吨，年均增长 14.2%；手持订单量稳中有升，由 8931.0 万载重吨增加到 13939.0 万载重吨，年均增长 9.3%（见图 11）。

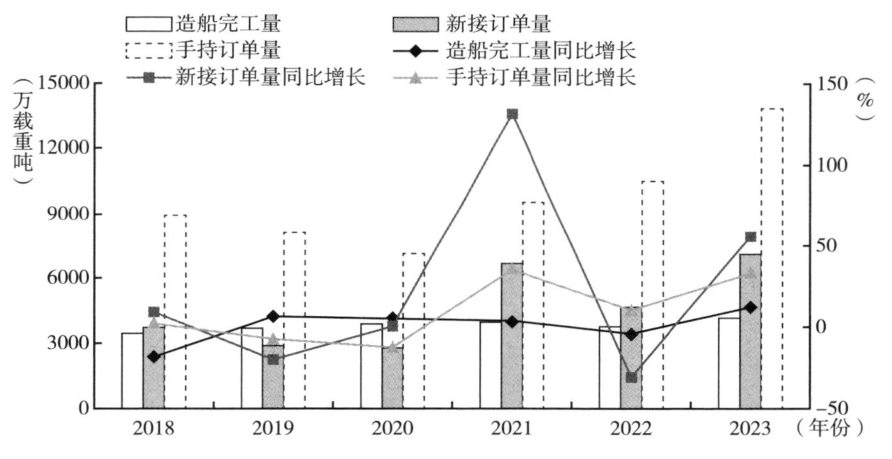

图 11　2018~2023 年造船完工量、新接订单量、手持订单量

资料来源：中国船舶工业行业协会。

（二）保有量

机动车保有量稳步增长，新能源汽车高速增长。2017~2022 年，全国机动车保有量由 3.10 亿辆增至 4.17 亿辆，年均增长 6.1%。其中，汽车保有

---

① 数据来源于国家统计局。

量由2.17亿辆增至3.19亿辆，平均每年增长8.0%；货车保有量由2338.8万辆增加到3317.6万辆，年均增长7.2%；重型货车保有量由635.4万辆增加到894.2万辆，年均增长7.1%（见图12）。从排放构成看，车辆清洁化程度逐步提升，国三及以前汽车保有量由0.7亿辆降至0.4亿辆，保有量占比由37.1%降至15.5%；国五及以后汽车保有量由0.2亿辆增加到1.6亿辆，保有量占比由10.5%增至53.0%（见图13）。

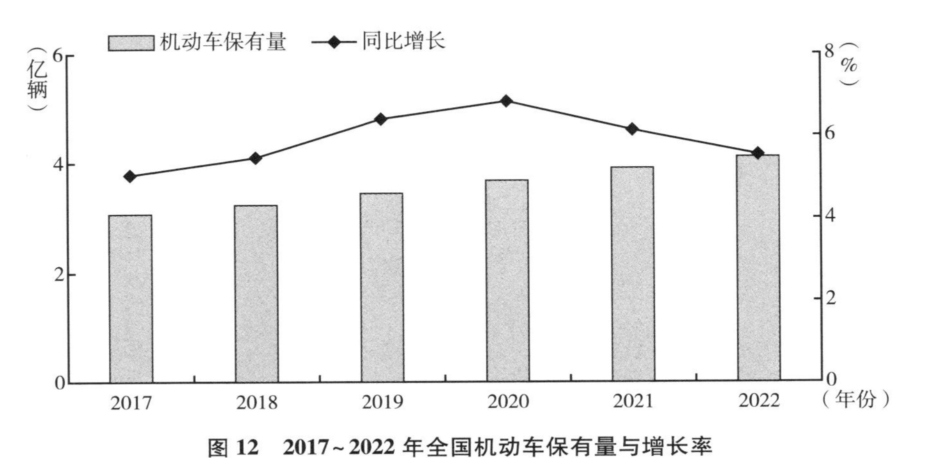

图12　2017~2022年全国机动车保有量与增长率

资料来源：公安部、国家统计局。

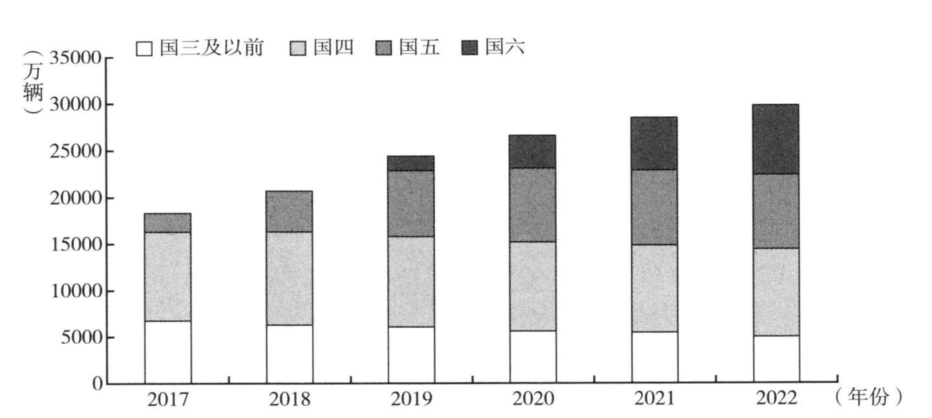

图13　2017~2022年按排放标准划分的全国汽车保有量构成

注：非传统燃油车及其他汽车未纳入排放阶段统计。

资料来源：公安部、国家统计局。

2022 年，新能源汽车保有量占汽车总保有量的 4.1%，其中纯电动汽车保有量 1045 万辆，占新能源汽车总量的 79.8%；纯电动公交车 45.6 万辆。2017~2022 年，全国新能源汽车保有量由 153 万辆增加到 1310 万辆，年均增长 53.6%。燃料电池汽车以商用车为主，已进入商业化应用初期。2017~2022 年，燃料电池汽车保有量逐年增加，由 1911 辆增加到 12682 辆，年均增长 46.0%（见图 14、图 15）。

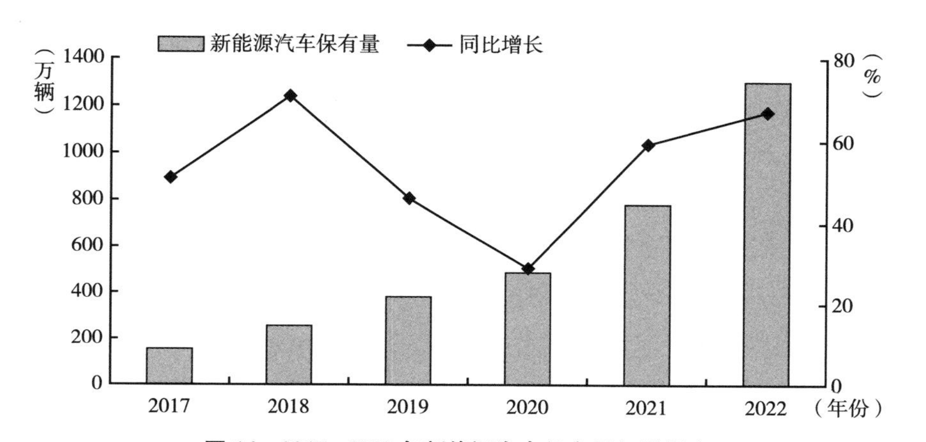

图 14　2017~2022 年新能源汽车保有量与增长率

资料来源：公安部、国家统计局。

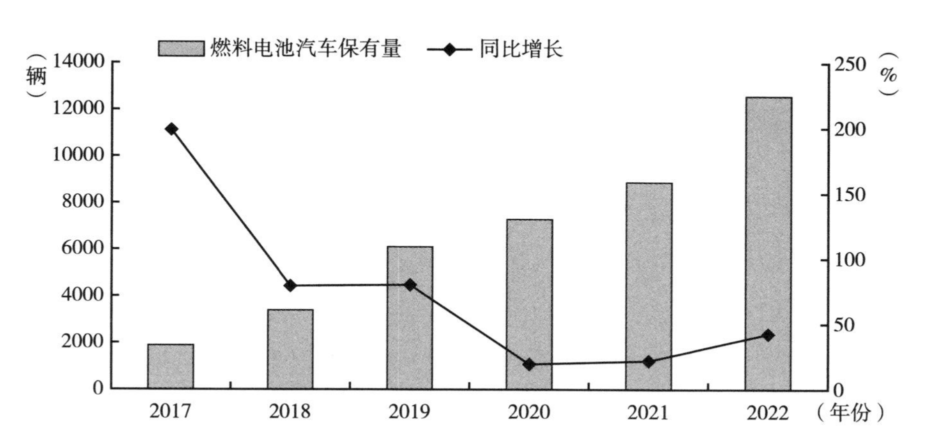

图 15　2017~2022 年燃料电池汽车保有量与增长率

资料来源：公安部、国家统计局。

农业机械总动力稳步增加。2017~2022 年，全国农作物耕种收综合机械化率由 66%增加到 73%，增加了 7 个百分点；农业机械总动力由 9.9 亿千瓦增加到 11.0 亿千瓦，年均增长 2.3%（见图 16）。

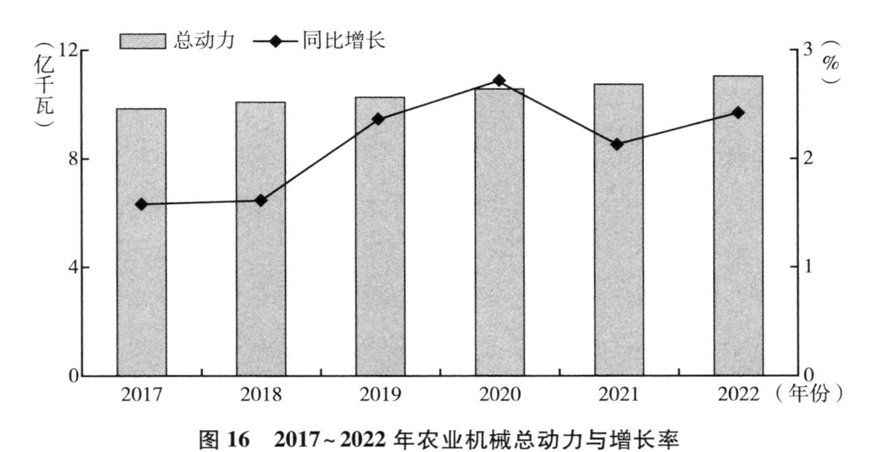

图 16　2017~2022 年农业机械总动力与增长率

资料来源：农业农村部、国家统计局。

水上运输船舶持续提档升级，向大型化、专业化趋势发展。2017~2022 年，全国水上运输船舶由 14.5 万艘降至 12.2 万艘，年均下降 3.4%；净载重量由 2.6 亿吨增加到 3.0 亿吨，年均增长 3.0%（见图 17）。

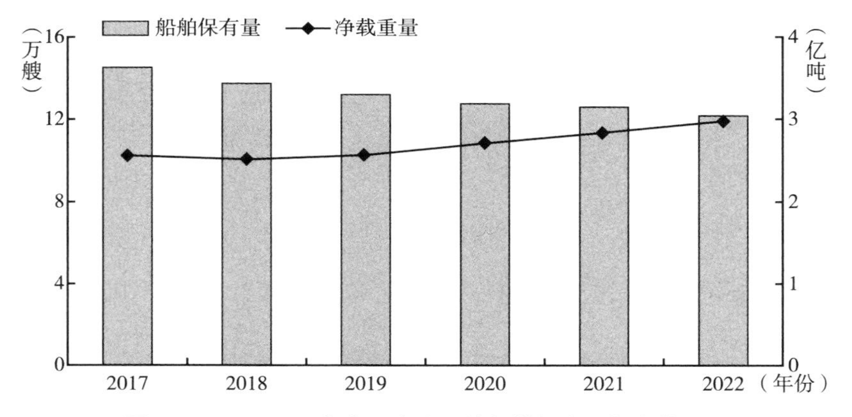

图 17　2017~2022 年全国水上运输船舶保有量与净载重量

资料来源：交通运输部。

铁路机车电气化进程显著。2017~2022年，我国铁路机车保有量由2.1万台增加到2.2万台，基本保持稳定，年均增长0.5%。其中，内燃机车保有量由0.86万台降至0.78万台，年均下降1.9%；电力机车保有量由1.28万台增加到1.42万台，年均增长2.0%。电力机车保有量已超过内燃机车（见图18）。

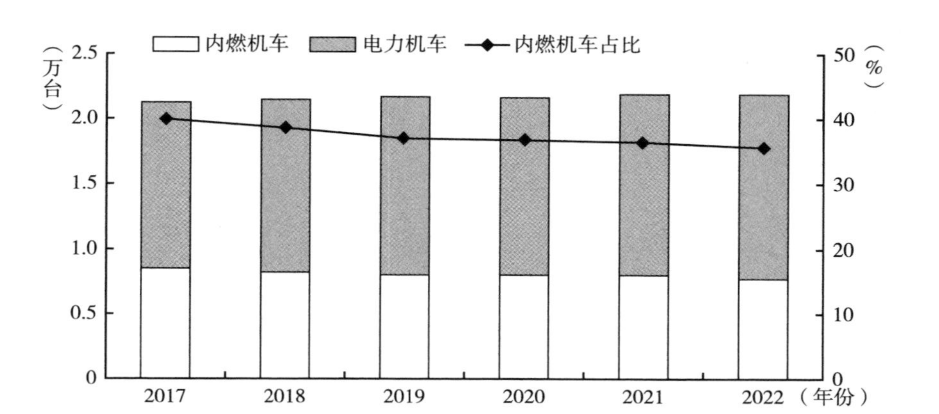

图18　2017~2022年铁路内燃机车、电力机车保有量与内燃机车占比

资料来源：国家铁路局。

民航运输飞机保有量快速增加。2017~2022年，我国民航运输飞机保有量由3296架增加到4165架，年均增长4.8%（见图19）。我国民航运输飞机以客运为主，2022年，我国拥有客运飞机3942架、货运飞机223架，分别占94.6%、5.4%。

（三）运输量

货物周转量总体增长，“公转铁”“公转水”成效明显。2023年，全国完成营业性货运量557.1亿吨，同比增长8.1%。其中，铁路货运量50.4亿吨，占比9.0%；公路货运量403.4亿吨，占比72.4%；水路货运量93.7亿吨，占比16.8%。全年完成货物周转量247745.32亿吨公里，同比增长6.9%。其中，铁路货物周转量36460.4亿吨公里，占比14.7%；公路货物

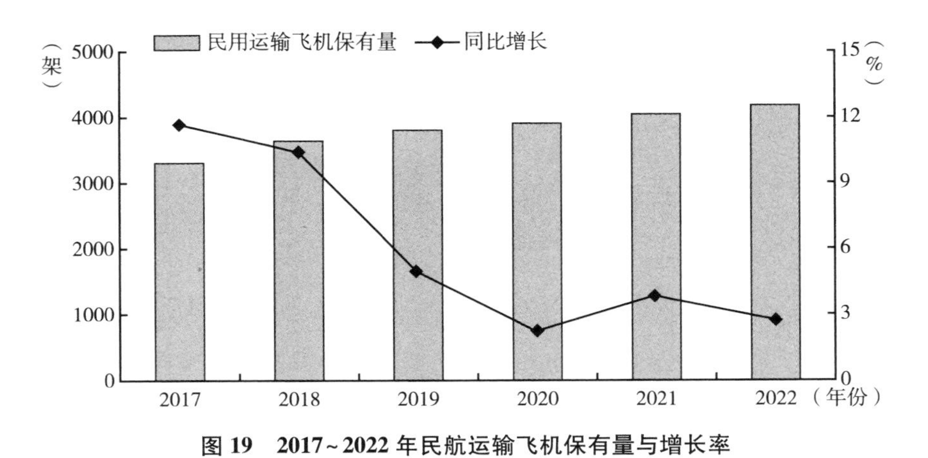

图 19　2017~2022 年民航运输飞机保有量与增长率

资料来源：中国民用航空局。

周转量 73950.2 亿吨公里，占比 29.8%；水路货物周转量 129951.5 亿吨公里，占比 52.4%。2018~2023 年，货物总周转量由 20.5 万亿吨公里增加到 24.8 万亿吨公里，年均增长 3.9%；其中，铁路、公路、水路货物周转量占比分别由 14.1%增加到 14.7%、34.8%降至 29.8%、48.4%增加到 52.4%。目前，已基本形成铁路专用线建设和使用引导机制，铁路专用线建设积极推进；货运结构调整不断深入，大宗货物铁路和水路运输量明显增加。2023 年，我国铁路货运量 50.4 亿吨，比 2017 年增加了 13.3 亿吨；水路货运量 93.7 亿吨，比 2017 年增加了 26.9 亿吨；多式联运加快推进，2023 年全国港口完成集装箱铁水联运量 1101 万标箱，比 2017 年增加了 753 万标箱（见图 20）。

客运周转量总体降低，由公路转向铁路和民航。2023 年，全国完成营业性客运量 93.0 亿人，同比增长 66.4%。其中，铁路客运 38.5 亿人，占比 41.4%；公路客运 45.7 亿人，占比 49.1%；水路客运 2.6 亿人，占比 2.8%；民航客运 6.2 亿人，占比 6.7%。全年完成旅客周转量 28609.7 亿人公里，同比增长 121.4%。其中，铁路旅客周转量 14729.4 亿人公里，占比 51.5%；公路旅客周转量 3517.6 亿人公里，占比 12.3%；水路旅客周转量 53.8 亿人公里，占比 0.2%；民航旅客周转量

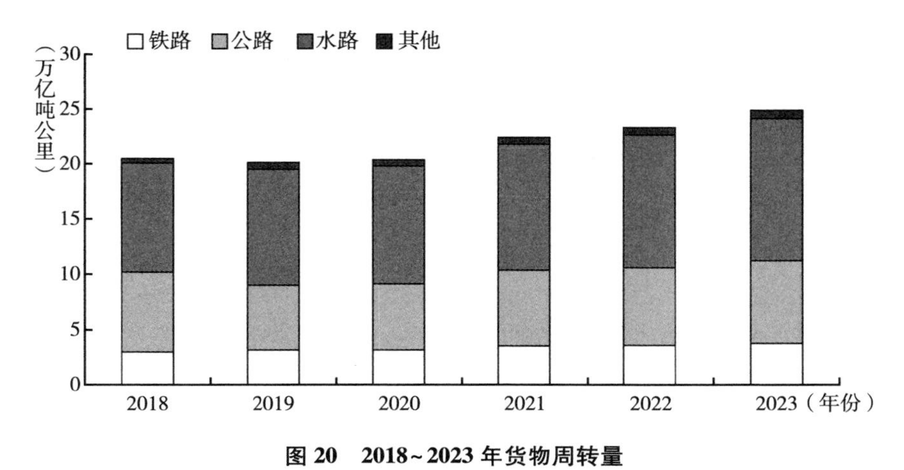

图 20　2018~2023 年货物周转量

资料来源：交通运输部、国家统计局。

10309.0 亿人公里，占比 36.0%。2018~2019 年，旅客周转量由 3.4 万亿人公里增加到 3.5 万亿人公里；受疫情影响，2020 年、2021 年、2022 年分别降至 1.9 万亿人公里、2.0 万亿人公里、1.3 万亿人公里；2023 年反弹至近 2.9 万亿人公里（见图 21）。

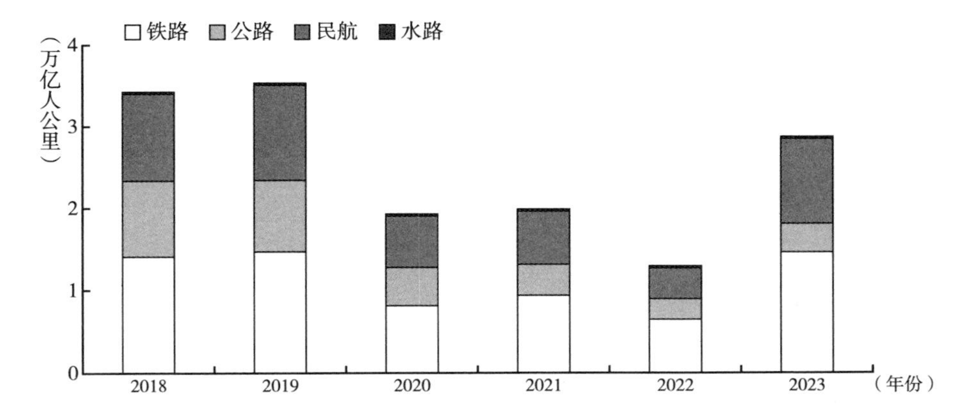

图 21　2018~2023 年旅客周转量

资料来源：交通运输部、国家统计局。

（四）能源消费

2017~2022 年，我国汽油、燃料油、天然气消费总量总体增加，汽油由 1.2 亿吨增加到 1.3 亿吨，年均增长 1.5%；煤油由 3326 万吨降至 2074 万吨，主要是由疫情航班快速下降导致；燃料油消费总量由 4887 万吨增加到 5471 万吨，年均增长 2.3%；天然气消费总量由 2394 亿立方米增加到 3747 亿立方米，年均增长 9.4%；柴油消费总量由 1.7 亿吨降低到 1.6 亿吨，年均下降 1.4%。

从交通行业看，2017~2022 年，我国交通行业汽油消费量变化趋势与汽油消费总量一致；交通行业煤油消费量由 3173 万吨降至 1809 万吨，2022 年消费量约为煤油消费总量的 87%；交通行业燃料油消费量由 1771 万吨增加到 2149 万吨，年均增长 3.9%，2022 年消费量约为燃料油消费总量的 39%；交通行业天然气消费量由 285 亿立方米增加到 340 亿立方米，年均增长 3.6%，2022 年消费量约为天然气消费总量的 9%；交通行业柴油消费量由 1.2 亿吨降至 1.1 亿吨，年均下降 2.2%，2022 年消费量约为柴油消费总量的 71%（见图 22）。

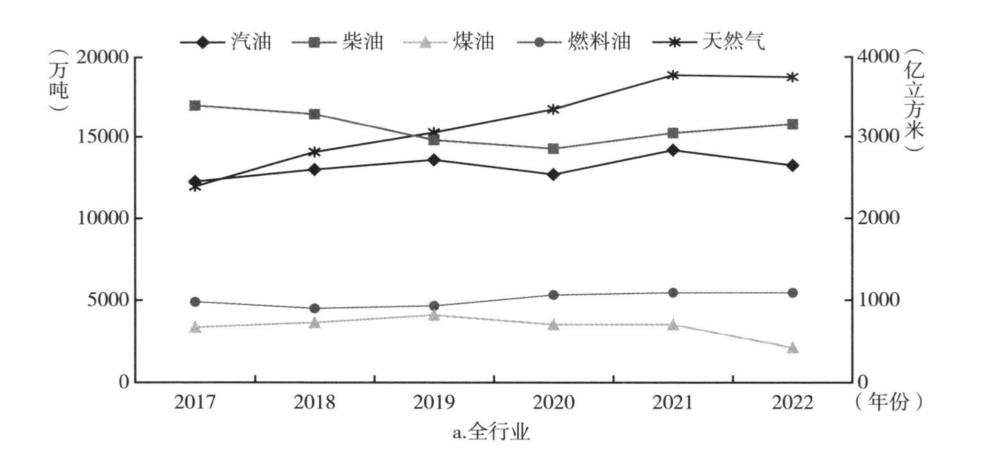

a.全行业

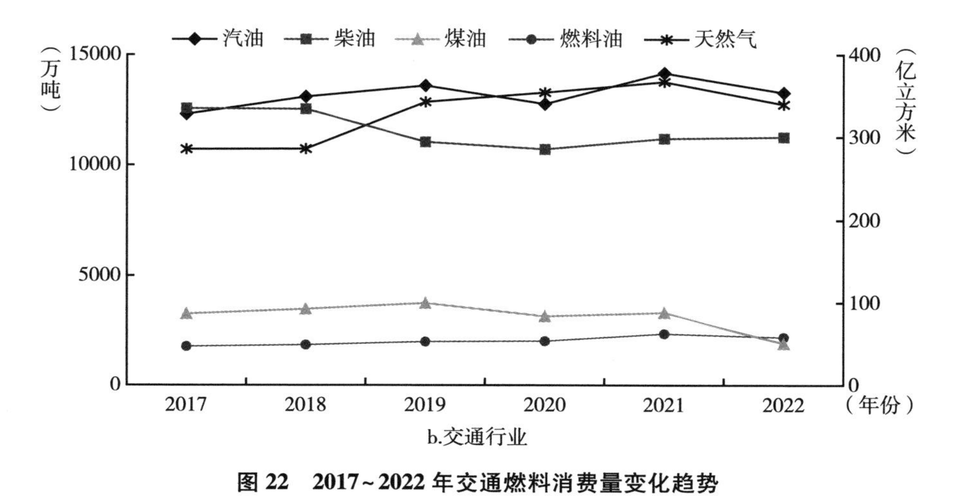

图 22　2017~2022 年交通燃料消费量变化趋势

资料来源：国家统计局。

二　移动源污染物排放

（一）排放现状

1. 移动源

2022 年，全国移动源一氧化碳（CO）、碳氢化合物（HC）、氮氧化物（NO_X）、颗粒物（PM）排放量分别为 874.4 万吨、233.7 万吨、1000.2 万吨、28.5 万吨。其中，机动车、工程机械、农业机械、船舶、铁路内燃机车、飞机 CO 排放分别占 85.0%、2.8%、7.8%、3.7%、0.3%、0.4%，HC 排放分别占 81.8%、4.6%、8.8%、4.4%、0.3%、0.1%，NO_X 排放分别占 52.6%、13.5%、16.5%、15.4%、1.5%、0.5%，PM 排放分别占 18.6%、24.9%、32.3%、21.4%、2.1%、0.7%。机动车是 CO、HC、NO_X 排放的主要来源，非道路移动源对 NO_X 和 PM 排放的贡献不容忽视（见图 23）。

2. 机动车

2022 年，全国机动车 CO、HC、NO_X、PM 排放量分别为 743.0 万吨、

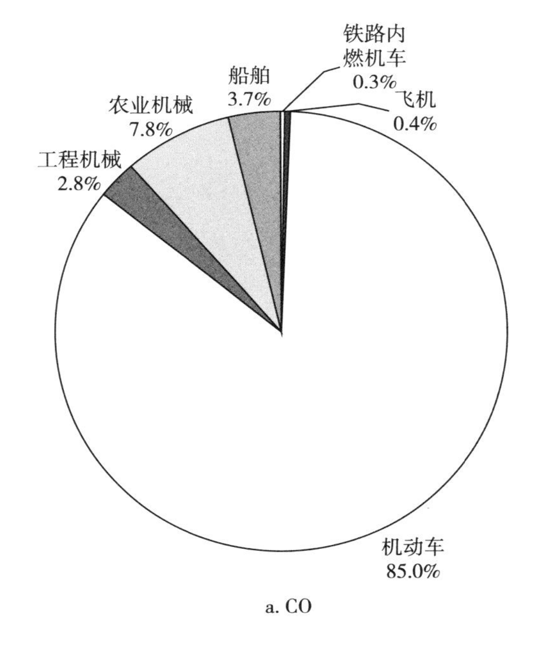
铁路内
燃机车
0.3%
船舶
3.7%
飞机
0.4%
农业机械
7.8%
工程机械
2.8%
机动车
85.0%

a. CO

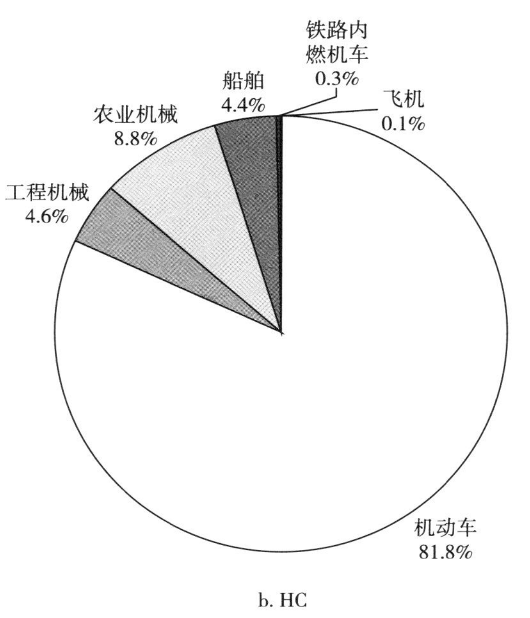
铁路内
燃机车
0.3%
船舶
4.4%
飞机
0.1%
农业机械
8.8%
工程机械
4.6%
机动车
81.8%

b. HC

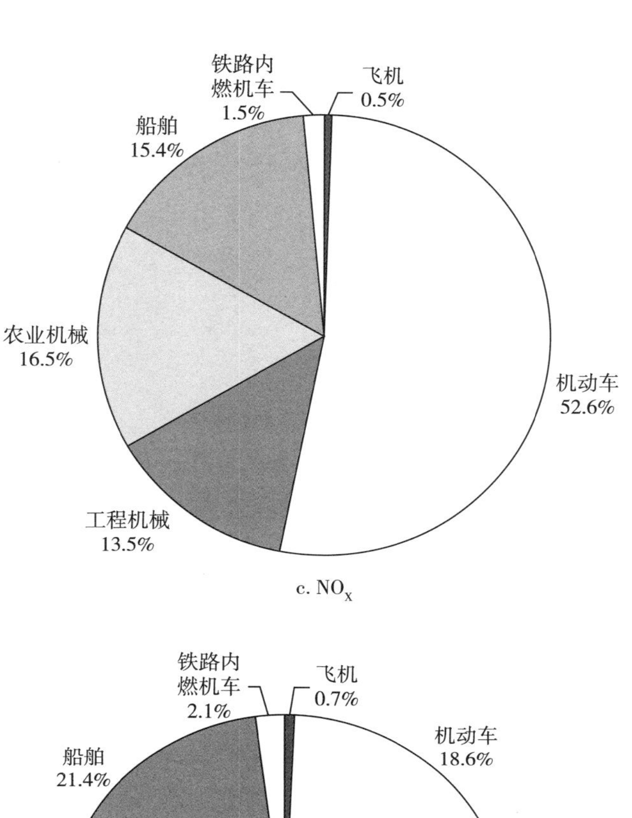

c. NO_X

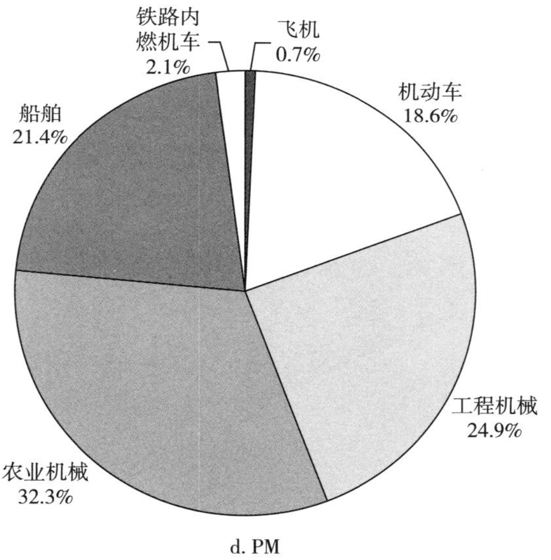

d. PM

图 23　移动源污染物排放量占比

191.2 万吨、526.7 万吨、5.3 万吨。汽车是污染物排放总量的主要贡献者，其排放的 CO、HC、NO_X、PM 超过机动车排放总量的 90%（见图 24）。

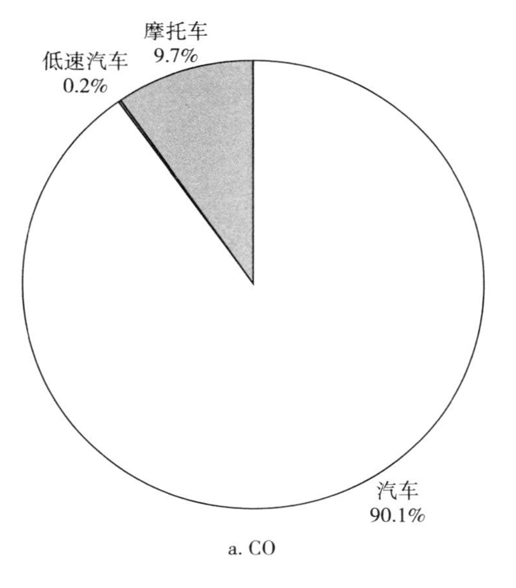

a. CO

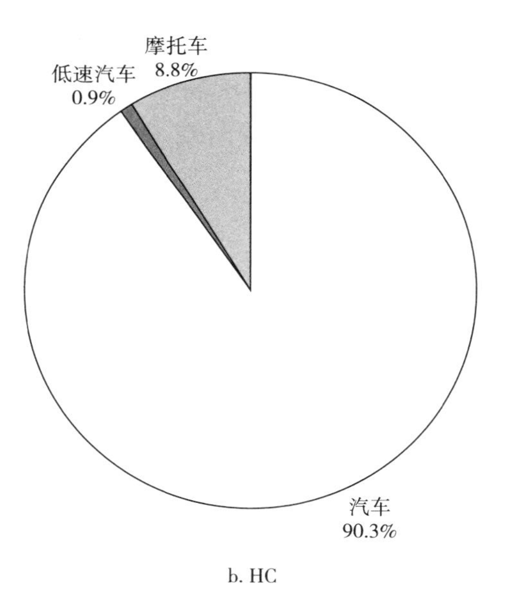

b. HC

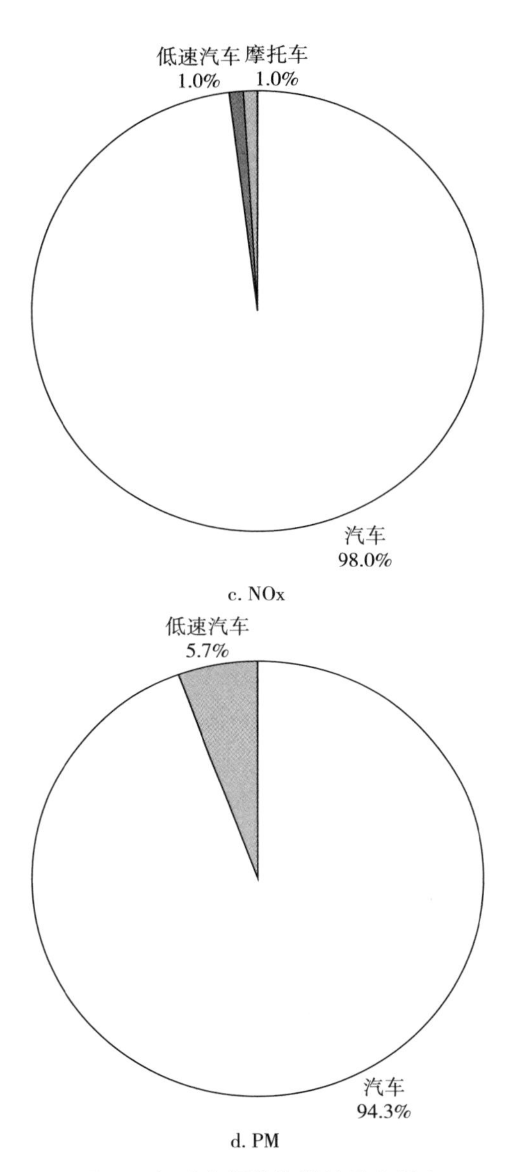

图 24　机动车污染物排放量分担率

其中，汽车、低速汽车、摩托车 CO 排放量分别为 669.0 万吨、1.8 万吨、72.2 万吨，占 90.1%、0.2%、9.7%；汽车、低速汽车、摩托车 HC 排放量分别为 172.6 万吨、1.8 万吨、16.8 万吨，占 90.3%、0.9%、8.8%；

汽车、低速汽车、摩托车 NO_X 排放量分别为 515.9 万吨、5.4 万吨、5.4 万吨，占 98.0%、1.0%、1.0%；汽车、低速汽车 PM 排放量分别为 5.0 万吨、0.3 万吨，占 94.3%、5.7%。

汽车污染物排放量中，从车型方面看，2022 年，全国客车 CO、HC、NO_X、PM 排放量分别为 477.6 万吨、132.1 万吨、80.5 万吨、0.4 万吨，占汽车排放总量的 71.4%、76.5%、15.6%、8.8%；全国货车四项污染物排放量分别为 191.4 万吨、40.5 万吨、435.4 万吨、4.6 万吨，占汽车排放总量的 28.6%、23.5%、84.4%、91.2%。进一步分析表明，微型客车的四项污染物排放量分别为 3.4 万吨、0.9 万吨、0.2 万吨、0.001 万吨；小型客车的四项污染物排放量分别为 453.7 万吨、128.6 万吨、23.2 万吨、0.1 万吨；中型客车的四项污染物排放量分别为 2.6 万吨、0.3 万吨、3.0 万吨、0.03 万吨；大型客车的四项污染物排放量分别为 17.9 万吨、2.3 万吨、54.1 万吨、0.3 万吨；微型货车的四项污染物排放量较低；轻型货车的四项污染物排放量分别为 120.6 万吨、17.4 万吨、23.7 万吨、1.8 万吨；中型货车的四项污染物排放量分别为 4.0 万吨、0.8 万吨、18.9 万吨、0.2 万吨；重型货车的四项污染物排放量分别为 66.7 万吨、22.3 万吨、392.8 万吨、2.6 万吨（见图 25）。

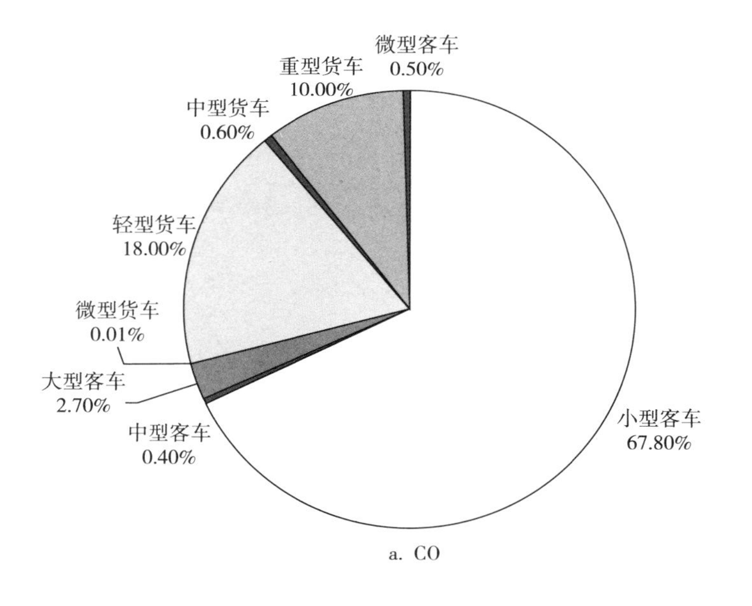

a. CO

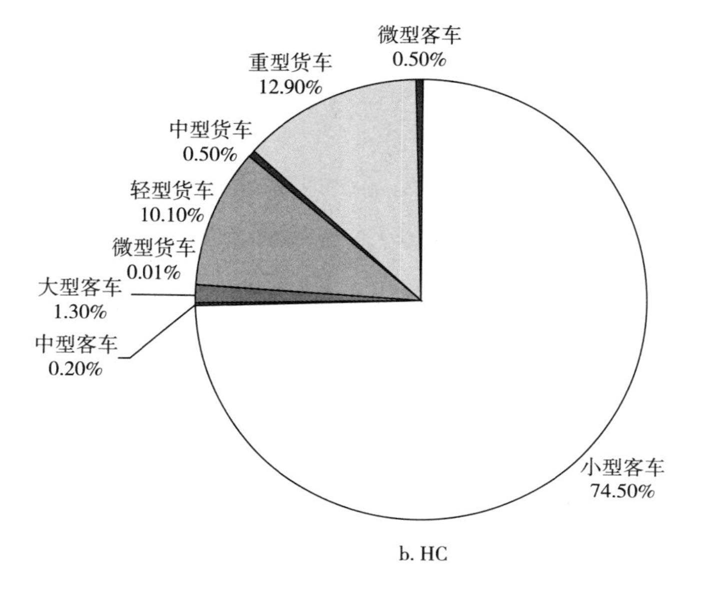
微型客车
0.50%
重型货车
12.90%
中型货车
0.50%
轻型货车
10.10%
微型货车
0.01%
大型客车
1.30%
中型客车
0.20%
小型客车
74.50%

b. HC

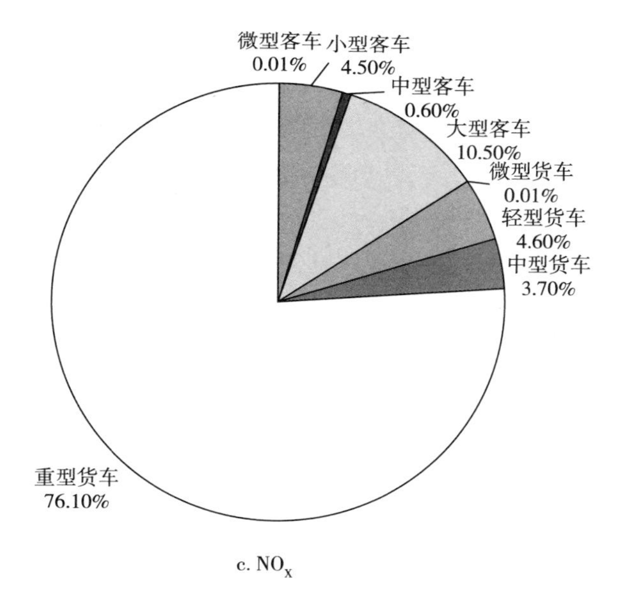
微型客车
0.01%
小型客车
4.50%
中型客车
0.60%
大型客车
10.50%
微型货车
0.01%
轻型货车
4.60%
中型货车
3.70%
重型货车
76.10%

c. NO_x

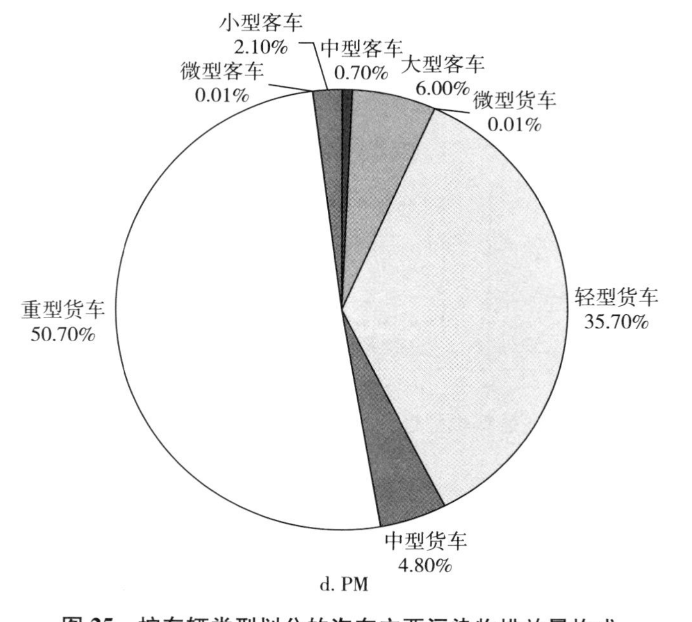

图 25　按车辆类型划分的汽车主要污染物排放量构成

从燃料类型看，全国汽油车 CO、HC、NO_X 排放量分别为 558.4 万吨、141.2 万吨、27.6 万吨，占汽车排放总量的 83.5%、81.8%、5.3%；全国柴油车 CO、HC、NO_X、PM 四项污染物排放量分别为 103.6 万吨、15.3 万吨、456.1 万吨、5.0 万吨，占汽车排放总量的 15.5%、8.9%、88.4%、100%；全国燃气车 CO、HC、NO_X 排放量分别为 7.0 万吨、16.1 万吨、32.2 万吨，占汽车排放总量的 1.0%、9.3%、6.3%（见图 26）。

从排放标准看，国三及以前标准汽车四项污染物排放量分别为 179.6 万吨、41.9 万吨、119.0 万吨、1.9 万吨，占汽车排放总量的 26.9%、24.3%、23.1%、38.6%；国四标准汽车四项污染物排放量分别为 250.2 万吨、71.3 万吨、185.6 万吨、1.4 万吨，占汽车排放总量的 37.4%、41.3%、36.0%、28.2%；国五标准汽车四项污染物排放量分别为 152.7 万吨、46.0 万吨、192.6 万吨、1.4 万吨，占汽车排放总量的 22.8%、26.7%、37.3%、27.4%；国六标准汽车四项污染物排放量分别为 86.4 万吨、13.3 万吨、18.7 万吨、0.3 万吨，占汽车排放总量的 12.9%、7.7%、3.6%、5.8%（见图 27）。

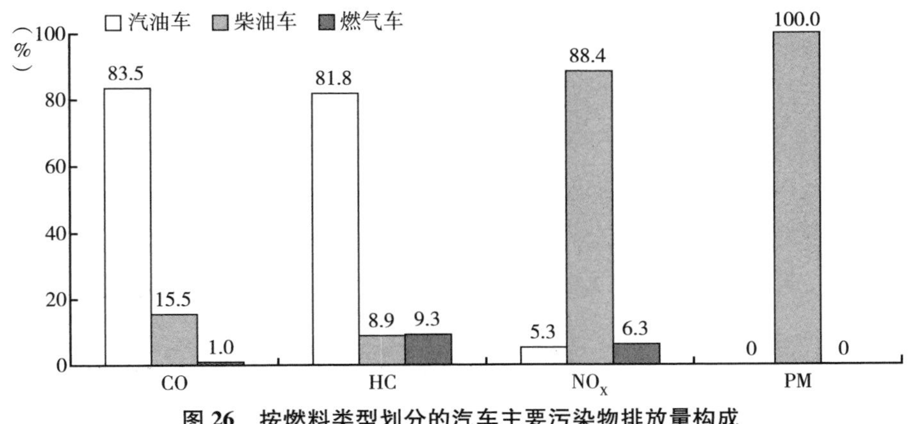

图 26　按燃料类型划分的汽车主要污染物排放量构成

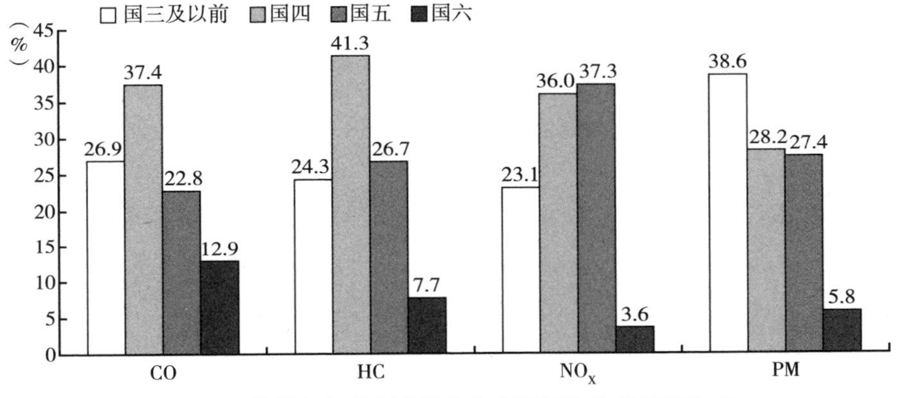

图 27　按排放标准划分的汽车主要污染物排放量构成

3. 工程机械

2022 年全国工程机械 CO、HC、NO_X、PM 排放量分别为 24.7 万吨、10.6 万吨、135.0 万吨、7.1 万吨。从机械类型看，挖掘机四项污染物排放量分别为 6.7 万吨、4.0 万吨、50.3 万吨、3.8 万吨；推土机四项污染物排放量分别为 1.5 万吨、0.3 万吨、1.7 万吨、0.1 万吨；装载机四项污染物排放量分别为 10.6 万吨、4.5 万吨、54.0 万吨、2.5 万吨；叉车四项污染物排放量分别为 4.7 万吨、1.1 万吨、19.8 万吨、0.7 万吨；压路机四项污染物排放量分别为 0.4 万吨、0.5 万吨、7.5 万吨、0.01 万吨；摊铺机四项污染物排放量分别为0.7万吨、0.1万吨、0.8万吨、0.04万吨；平地机四项污染物排放量分别为0.1万吨、0.1万吨、0.9万吨、0.02万吨（见图28）。

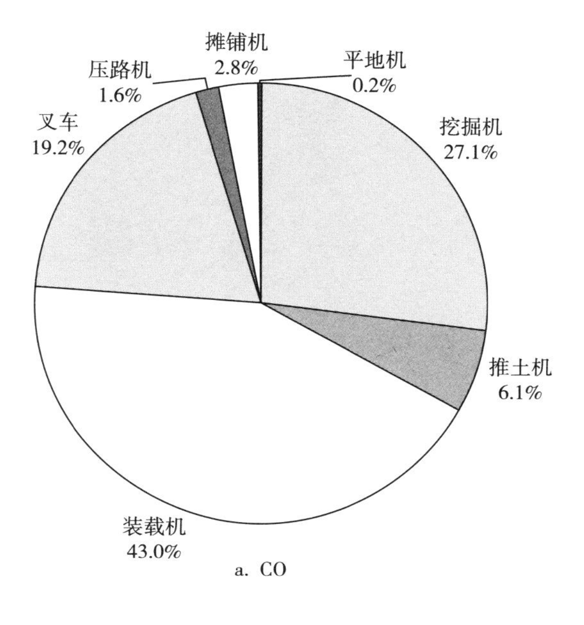

a. CO

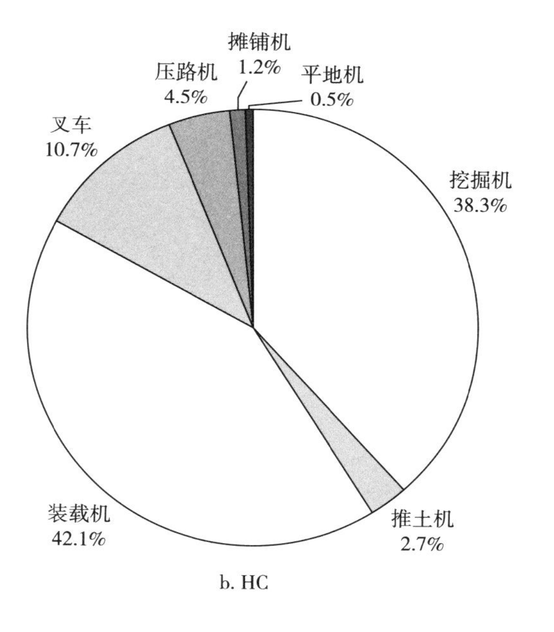

b. HC

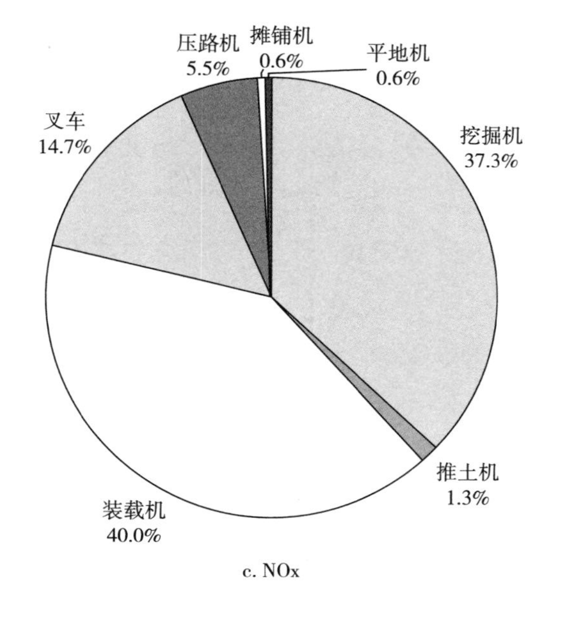

c. NOx

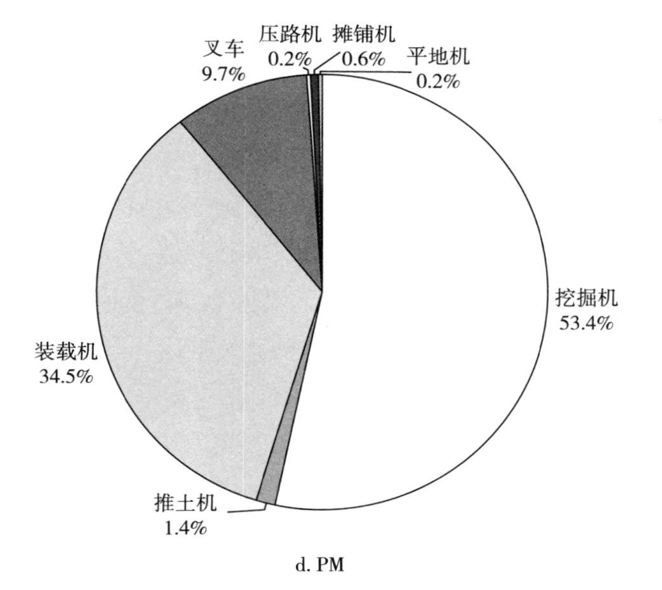

d. PM

图 28　按机械类型划分的工程机械排放量构成

从排放标准看，国一及以前标准的工程机械四项污染物排放量分别为 2.3 万吨、1.4 万吨、17.0 万吨、1.0 万吨；国二标准的工程机械四项污染物排放量分别为 6.7 万吨、3.6 万吨、43.2 万吨、1.9 万吨；国三标准的工程机械四项污染物排放量分别为 15.5 万吨、5.5 万吨、74.4 万吨、4.2 万吨；国四标准的工程机械四项污染物排放量分别为 0.2 万吨、0.1 万吨、0.4 万吨、0.01 万吨（见图 29）。

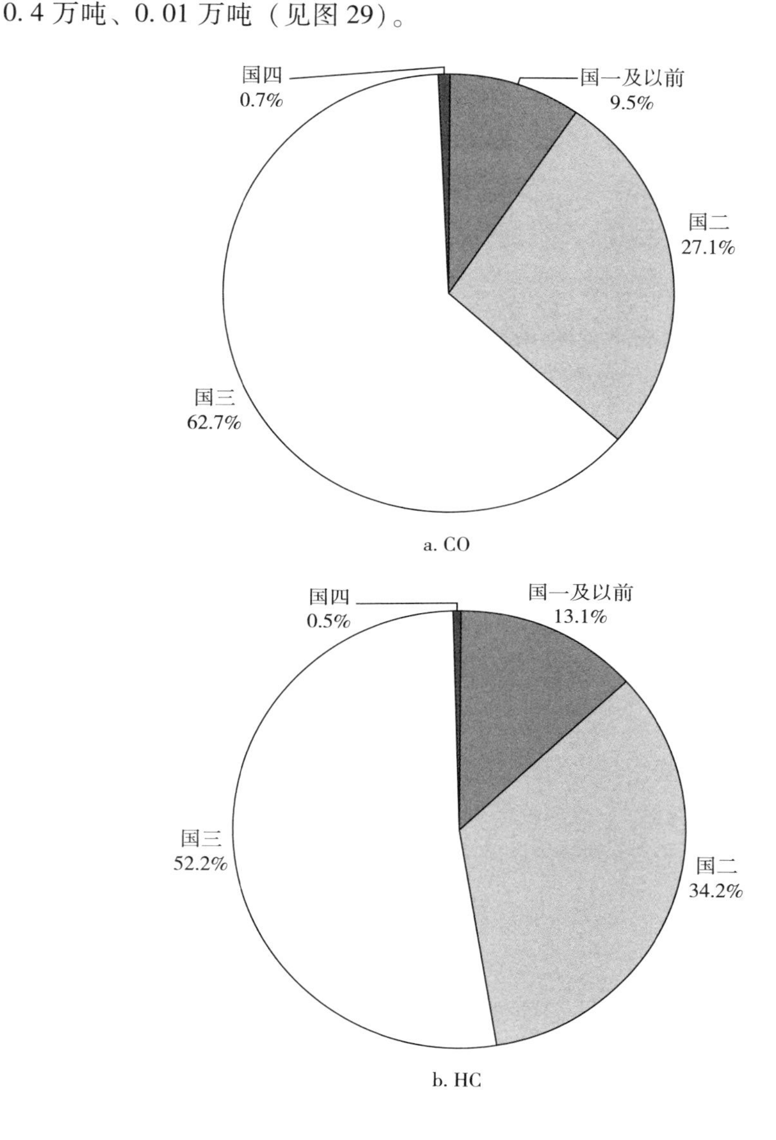

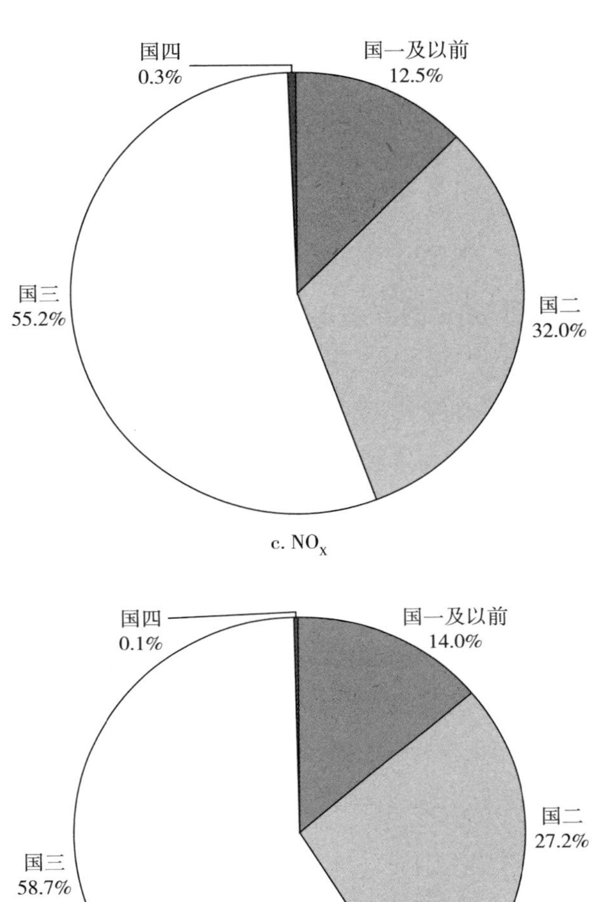

图 29　按排放标准划分的工程机械排放量构成

4. 农业机械

2022 年全国农业机械 CO、HC、NO_X、PM 排放量分别为 68.6 万吨、20.5 万吨、165.0 万吨、9.2 万吨。从机械类型看，大中型拖拉机四项污染物排放量分别为 11.0 万吨、5.9 万吨、58.7 万吨、1.1 万吨；小型拖拉机四项污染物排放量分别为 7. 1 万吨、3. 9 万吨、35. 6 万吨、0. 8 万吨；联合收割机四项污染物排放量分别为 2. 2 万吨、0. 8 万吨、9. 9 万吨、0. 4 万吨；渔业机械四项污染物排放量分别为 2. 5 万吨、0. 6 万吨、3. 7 万吨、0. 4 万吨；其他农业机械四项污染物排放量分别为 45. 8 万吨、9. 3 万吨、57. 1 万吨、6. 5 万吨（见图 30）。

大中型拖拉机
16.0%
小型拖拉机
10.4%
联合收割机
3.2%
渔业机械
3.6%
其他
66.8%

a. CO

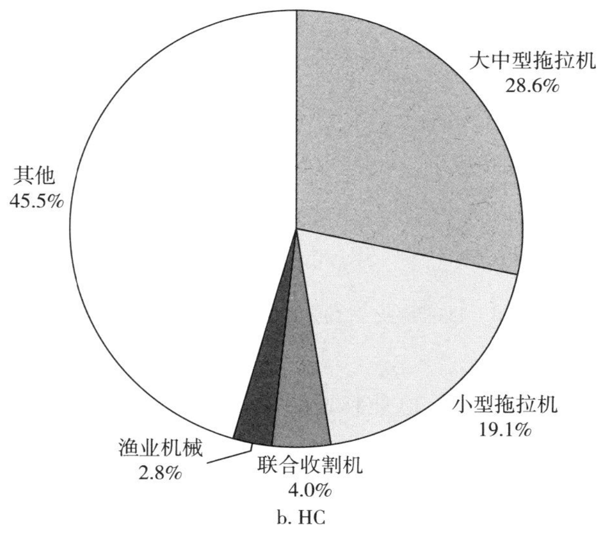

b. HC

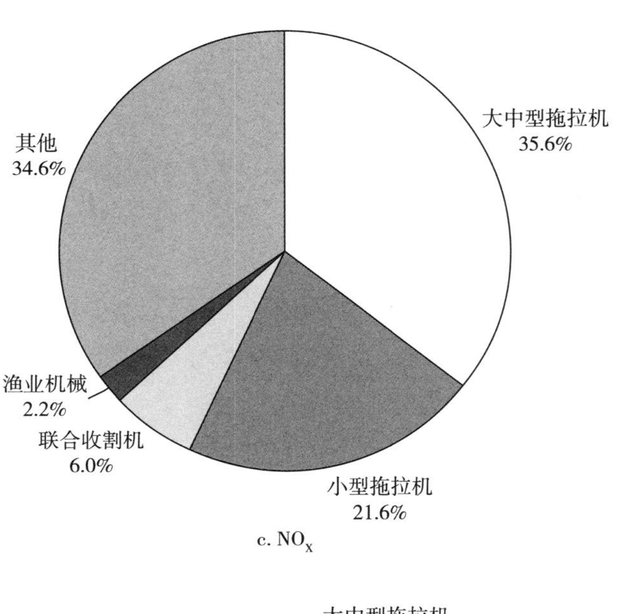

c. NO_X

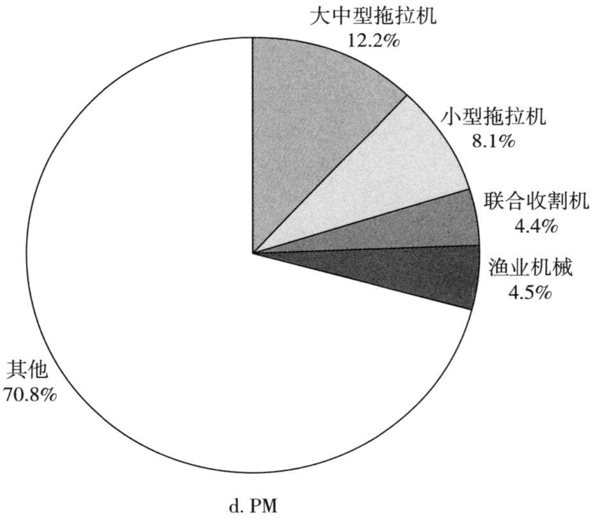

d. PM

图 30　按机械类型划分的农业机械排放量构成

从排放标准看，国一及以前标准的农业机械四项污染物排放量分别为13.5万吨、4.0万吨、36.2万吨、2.1万吨；国二标准的农业机械四项污染物排放量分别为41.4万吨、12.6万吨、97.8万吨、5.8万吨；国三标准的农业机械四项污染物排放量分别为 13.4 万吨、3.8 万吨、30.7 万吨、1.3 万吨；国四标准的农业机械四项污染物排放量分别为 0.3 万吨、0.1 万吨、0.3 万吨、0.01 万吨（见图 31）。

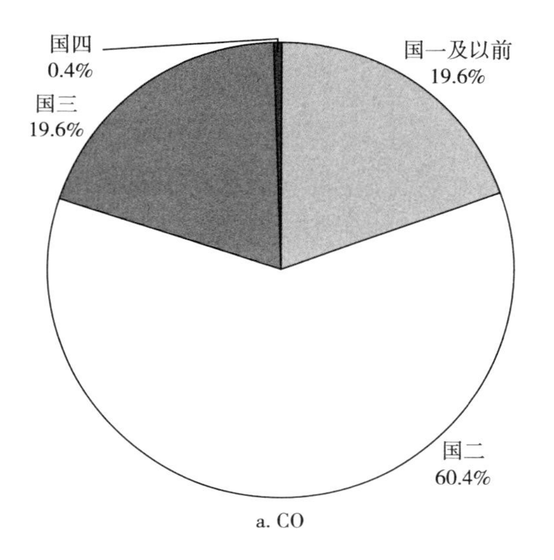

a. CO

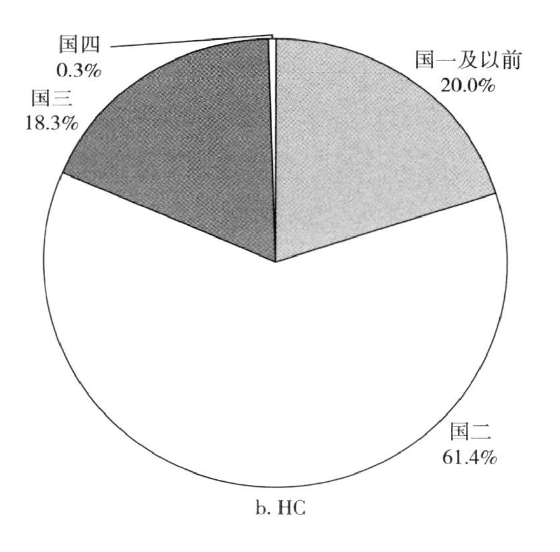

b. HC

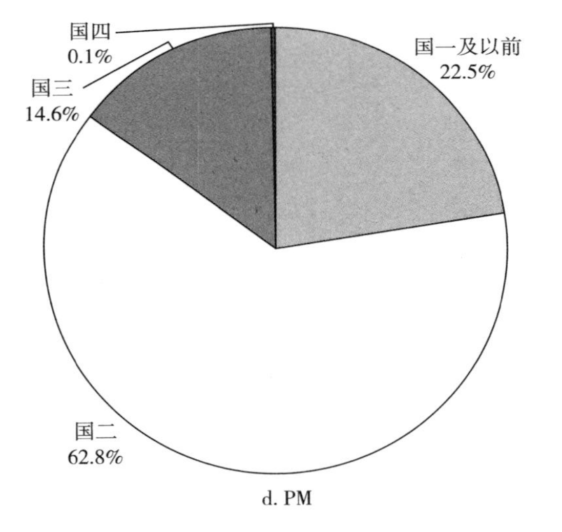

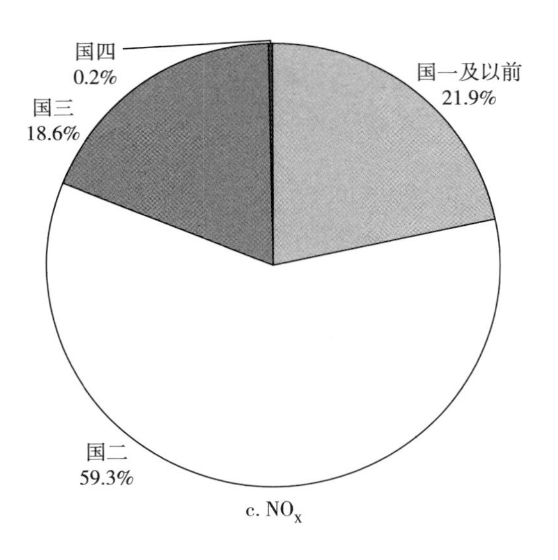

图 31　按排放标准划分的农业机械排放量构成

5. 其他

2022 年，全国船舶 CO、HC、NO_X、PM 排放量分别为 32. 7 万吨、10. 3 万吨、154. 0 万吨、6. 1 万吨；铁路内燃机车 CO、HC、NO_X、PM 排放量分

别为 2.2 万吨、0.8 万吨、14.7 万吨、0.6 万吨；民用运输飞机 CO、HC、NO_X、PM 排放量分别为 3.2 万吨、0.3 万吨、4.8 万吨、0.2 万吨。

（二）2017~2022年变化趋势

1. 移动源

2017~2022 年，移动源 CO 排放量由 907.8 万吨降至 874.4 万吨，年均下降 0.8%；HC 排放量由 216.4 万吨增至 233.7 万吨，年均增长 1.6%；NO_X 排放量由 1144.0 万吨降至 1000.2 万吨，年均下降 2.6%；PM 排放量由 40.6 万吨降至 28.5 万吨，年均下降 6.8%（见图 32）。

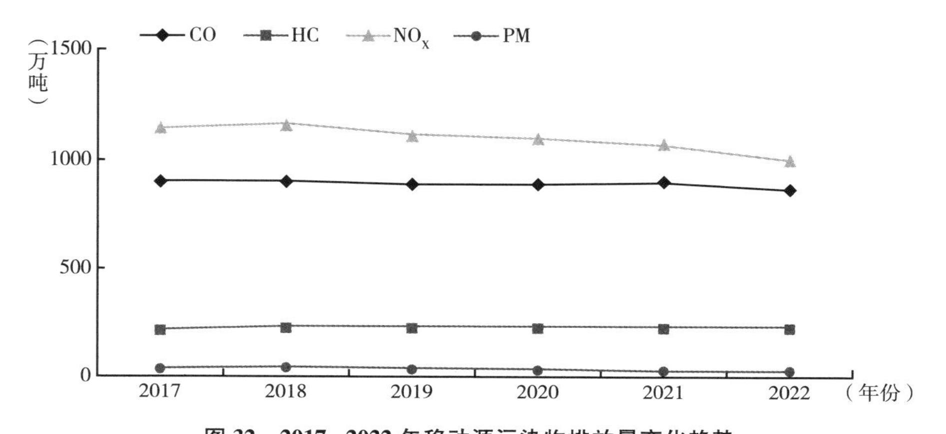

图 32　2017~2022 年移动源污染物排放量变化趋势

2. 机动车

2017~2022 年，机动车 CO 排放量由 783.0 万吨降至 743.0 万吨，年均下降 1.0%；HC 排放量由 171.9 万吨增加到 191.2 万吨，年均增长 2.2%；NO_X 排放量由 640.0 万吨降至 526.7 万吨，年均下降 3.8%；PM 排放量由 8.6 万吨降至 5.3 万吨，年均下降 9.2%（见图 33）。

3. 工程机械

2017~2022 年，工程机械 CO 排放量由 25.7 万吨降至 24.7 万吨，年均下降 0.8%；HC 排放量由 13.9 万吨降至 10.6 万吨，年均下降 5.2%；NO_X

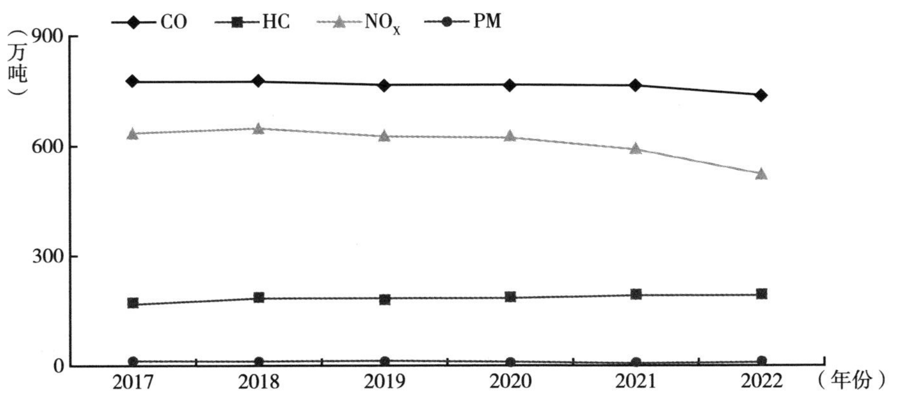

图 33　2017~2022 年机动车污染物排放量变化趋势

排放量由 169. 1 万吨降至 135. 0 万吨，年均下降 4. 4%；PM 排放量由 8. 7 万吨降至 7. 1 万吨，年均下降 4. 1%（见图 34）。

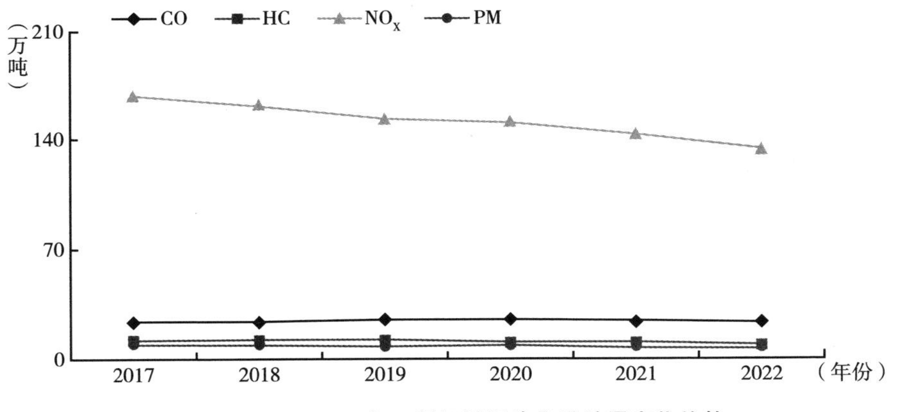

图 34　2017~2022 年工程机械污染物排放量变化趋势

4. 农业机械

2017~2022 年，农业机械 CO 排放量由 65. 0 万吨增至 68. 6 万吨，年均增长 1. 1%；HC 排放量由 20. 9 万吨降至 20. 5 万吨，年均下降 0. 4%；NO_X 排放量由 172. 5 万吨降至 165. 0 万吨，年均下降 0. 9%；PM 排放量由 9. 0 万吨增至 9. 2 万吨，年均增长 0. 5%（见图 35）。

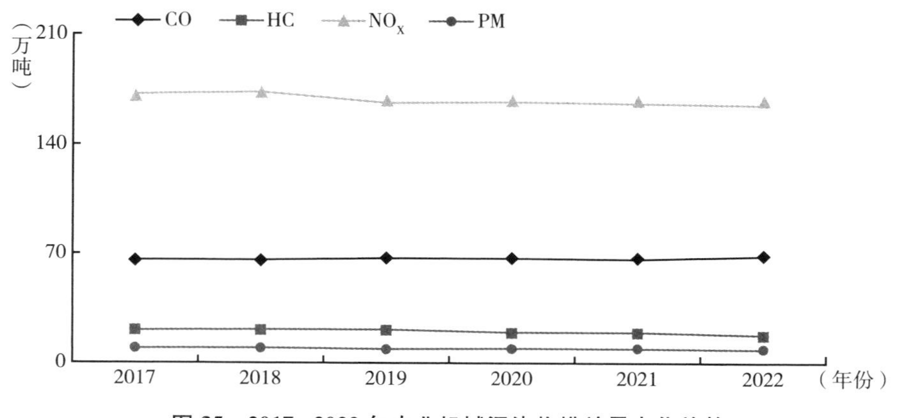

图 35　2017~2022 年农业机械污染物排放量变化趋势

5. 其他

2017~2022 年，其他移动源 CO 排放量由 34. 1 万吨增至 38. 1 万吨，年均增长 2. 2%；HC 排放量由 9. 7 万吨增至 11. 4 万吨，年均增长 3. 2%；NO_x 排放量由 162. 4 万吨增至 173. 5 万吨，年均增长 1. 3%；PM 排放量由 14. 3 万吨降至 6. 9 万吨，年均下降 13. 6%（见图 36）。

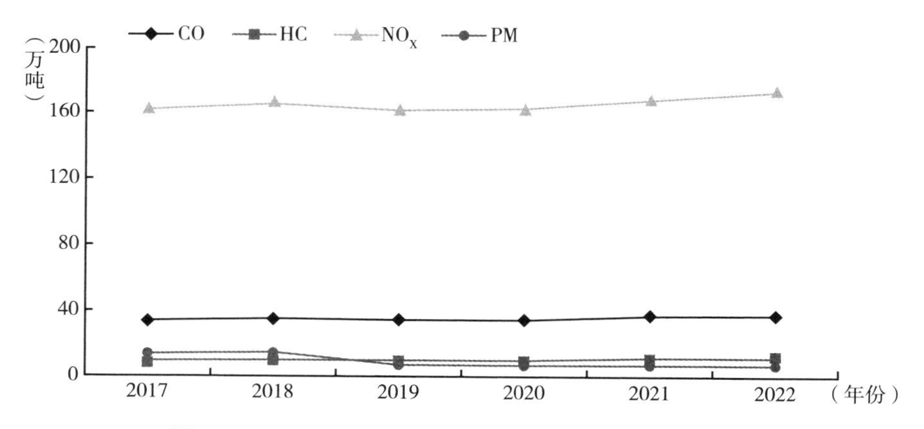

图 36　2017~2022 年其他移动源污染物排放量变化趋势

三　移动源 CO_2 排放

（一）行业总体 CO_2 排放

2023 年 12 月，我国按照《联合国气候变化框架公约》相关要求提交了《中华人民共和国气候变化第三次两年更新报告》，向国际社会报告了我国应对气候变化的各项政策与行动信息，并向国际社会提供了 2018 年国家温室气体排放清单。清单范围包括能源活动、工业生产过程、农业活动、土地利用和土地利用变化及林业（LULUCF）、废弃物处理等领域的 CO_2、甲烷（CH_4）、氧化亚氮（N_2O）、氢氟碳化物（HFCs）、全氟化碳（PFCs）和六氟化硫（SF_6）的排放。

温室气体排放清单显示，2018 年我国温室气体排放总量（不含 LULUCF）为 130.35 亿吨二氧化碳当量（CO_{2e}）。从气体类型看，CO_2 排放 108.96 亿吨，是我国最主要的温室气体，占温室气体排放总量的 83.6%；从排放领域看，能源活动温室气体排放 101.55 亿吨 CO_{2e}，是我国温室气体最大的排放来源，占温室气体排放总量的 77.9%，其中交通运输是能源活动排放的一个重要组成部分。

2018 年我国交通运输 CO_2、CH_4 和 N_2O 排放量分别为 9.8 亿吨、12.9 万吨和 2.3 万吨。其中道路运输、铁路运输、航空运输、水路运输和其他运输温室气体排放分别占交通运输温室气体排放的 84.1%、1.2%、6.1%、8.5%、0.1%，如图 37 所示。乘用车、轻型商用车、中重型商用车、农用运输车、摩托车温室气体排放分别占道路运输温室气体排放的 20.5%、30.4%、46.9%、1.6%、0.7%，如图 38 所示。[①]

（二）机动车 CO_2 排放

由于碳排放核算边界与方法不统一，各研究机构统计得出的机动车 CO_2

---

① 交通运输部门和车辆类型温室气体排放占比数据来自《中华人民共和国气候变化第二次两年更新报告》。

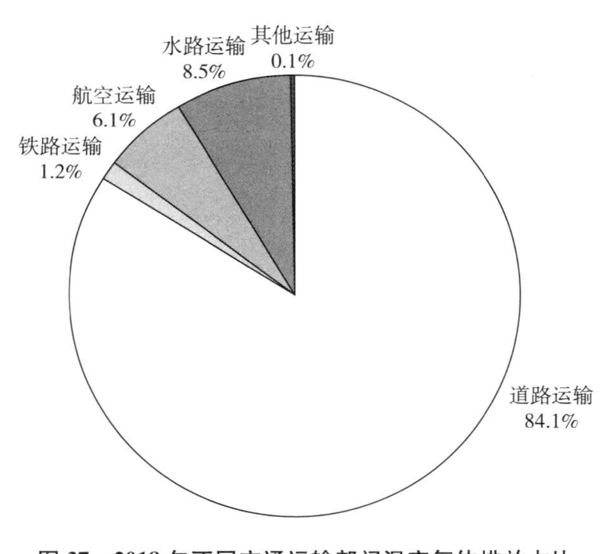

图 37　2018 年不同交通运输部门温室气体排放占比

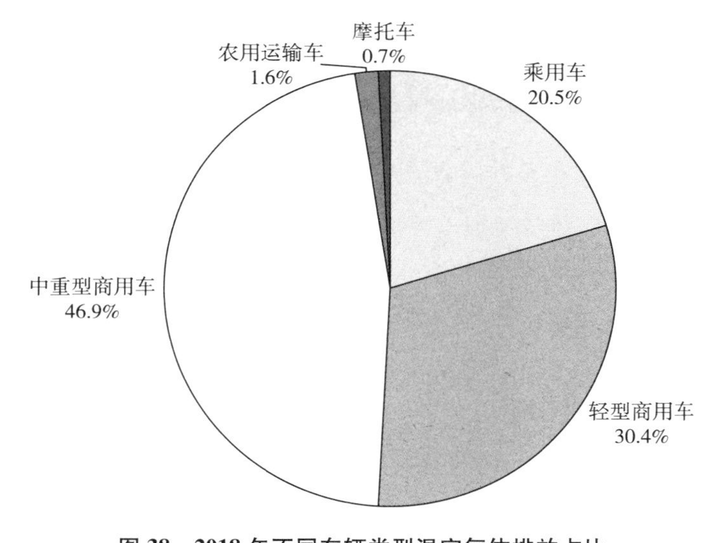

图 38　2018 年不同车辆类型温室气体排放占比

排放数据存在较大差距。

机动车全生命周期碳排放主要包括材料周期 CO_2排放和燃料周期 CO_2 排放两大部分。其中，材料周期涵盖原材料开采与运输、生产与加工、整车制造、零部件替换以及车辆报废回收等过程；燃料周期包括上游阶段和运行阶段，上游阶段包括一次能源的开采、运输和存储，燃料的生产、运输、分配、存储等，运行阶段为机动车运行中的燃料消耗。不同机构机动车 CO_2 排放测算结果如表 1 所示。

表 1　不同机构机动车 CO_2 排放测算结果

单位：亿吨

研究机构	范围	年份	排放量
中国环境科学研究院	燃料周期运行阶段	2019	9.52
中国汽车技术研究中心	燃料周期	2021	9.5
中国汽车技术研究中心	全生命周期	2021	12.1
中国宏观经济研究院能源所	燃料周期运行阶段	2018	9.0
交通运输部科学研究院	燃料周期运行阶段	2018	7.2
世界资源研究所	燃料周期运行阶段	2017	10.9
清华大学	燃料周期运行阶段	2019	7.0

（三）非道路移动源 CO_2 排放

目前我国尚未发布官方的非道路移动源 CO_2 排放统计结果，因此对不同的非道路移动源 CO_2 排放数据以援引各类研究报告、论文结果为主。非道路移动源种类繁多，主要包括非道路移动机械、船舶、铁路机车、民航飞机等，其中非道路移动机械主要包括工程机械、农业机械等。多家研究机构已对我国非道路移动源 CO_2 排放开展了研究，不同机构非道路移动源 CO_2 排放测算结果如表 2 所示。

表 2　不同机构非道路移动源 CO_2 排放测算结果

单位：亿吨

研究机构	范围	年份	排放量
清华大学	非道路移动机械	2020	1.51
中国环境科学研究院	工程机械	2022	1.52
交通运输部水运科学研究院	船舶	2019	0.93

续表

研究机构	范围	年份	排放量
清华大学	船舶	2019	0.91
清华大学	铁路机车	2019	0.25
中国商用飞机有限责任公司	民航飞机	2020	0.82
国际清洁交通委员会	民航飞机	2019	1.03
清华大学	民航飞机	2019	1.14

四 小结

移动源涉及面广，包括机动车、非道路移动机械、船舶、铁路机车和民航飞机。产销量与保有量大，2023 年汽车、摩托车、工程机械、农业机械分别销售 3009.4 万辆、1899.07 万辆、150.2 万台、58.0 万台，汽车、摩托车、农业机械、船舶、铁路机车、民航飞机保有量分别为 3.19 亿辆、0.9 亿辆、5000 余万台、12.2 万艘、2.2 万台、4270 架。未来，我国汽车保有量峰值将超过 5 亿辆，仍有较大增长空间，但随着汽车、非道路移动机械、船舶等电动化和节能技术的发展，移动源温室气体排放将快速达峰并逐步下降。

移动源污染物污染防治效果显著，但环境压力仍然较大。受标准、技术等不断升级因素驱动，我国 2022 年移动源 CO、HC、NO_X 和 PM 排放量分别为 874.4 万吨、233.7 万吨、1000.2 万吨、28.5 万吨。移动源污染物排放量仍然较大，其 NO_X 和 VOCs 约占全行业排放的 60%、24%左右，是大气污染物排放的重要来源。

2018 年我国交通运输 CO_2、CH_4 和 N_2O 排放量分别为 9.8 亿吨、12.9 万吨和 2.3 万吨。其中道路运输占交通运输温室气体排放的 84.1%，是交通运输温室气体排放的重要来源。随着未来汽车保有量的快速增长，道路运输温室气体占比将逐步增大，减排潜力巨大。

推进移动源减污降碳势在必行。移动源是大气污染物和温室气体排放的重要来源。党的二十大报告提出“降碳、减污、扩绿、增长”的总体要求，为实现 2035 年美丽中国，以及 2030 年前碳达峰、2060 年前碳中和的目标，率先推动移动源减污降碳协同增效是未来发展的必然选择。

参考文献

黄志辉、纪亮、尹洁等：《中国道路交通二氧化碳排放达峰路径研究》，《环境科学研究》2022 年第 2 期。

中国汽车技术研究中心：《中国汽车低碳行动计划（2022）》，2022 年 7 月。

刘建国、朱跃中、田智宇：《“碳中和”目标下我国交通脱碳路径研究》，《中国能源》2021 年第 5 期。

袁志逸、李振宇、康利平等：《中国交通部门低碳排放措施和路径研究综述》，《气候变化研究进展》2021 年第 1 期。

彭天铎、袁志逸、任磊等：《中国碳中和目标下交通部门低碳发展路径研究》，《汽车工程学报》2022 年第 4 期。

黄志辉、何卓识、纪亮等：《中国工程机械二氧化碳和污染物排放现状评估》，《环境科学研究》2023 年第 11 期。

李庆祥：《我国水路运输碳排放现状及减碳路径分析》，《交通节能与环保》2021 年第 2 期。

吴光辉、马静华、刘倩等：《民用航空运输业低碳化发展战略研究》，《中国工程科学》2023 年第 5 期。

国家统计局：《2023 中国统计年鉴》，2023 年 10 月。

国家铁路局：《2022 年铁道统计公报》，2023 年 5 月。

中国民用航空局：《2022 年民航行业发展统计公报》，2023 年 5 月。

交通运输部：《2022 年交通运输行业发展统计公报》，2023 年 6 月。

国家统计局：《中国能源统计年鉴 2022》，2023 年 3 月。

生态环境部：《中国移动源环境管理年报（2023 年）》，2023 年 12 月。

生态环境部：《中华人民共和国气候变化第三次两年更新报告》，2023 年 12 月。

Brandon Graver，“CO_2 Emissions from Commercial Aviation”，ICCT2020.

B.2 移动源绿色低碳法律法规分析及建议

马帅　马冬　王宇　张龙平*

摘　要：　本文梳理了《大气污染防治法》《节约能源法》《循环经济促进法》《报废机动车回收管理办法》等法律法规中涉及移动源绿色低碳的法律条款及环保信息公开、达标监管、排放召回、能耗管理、报废回收等配套管理制度的发展概况。我国已初步构建大气污染防治、节能减碳、循环利用等多个领域移动源法律法规及相关配套制度体系，基本涵盖移动源生命周期排放，有效促进了行业可持续发展。为实现美丽中国和“双碳”目标，我国移动源将逐步向减污降碳协同增效转变，建议未来应进一步明确移动源温室气体减排法律法规要求，建立移动源大气污染物与温室气体协同管控体系，加强移动源生命周期减排管理，推动我国移动源减污降碳协同增效。

* 马帅，中国环境科学研究院机动车排污监控中心助理研究员，主要研究方向为移动源污染防治；马冬，中国环境科学研究院正高级工程师，主要研究方向为移动源减污降碳法规标准、技术政策、排放清单等；王宇，中国汽车工程研究院股份有限公司工程师，主要研究方向为汽车碳减排法律法规、技术政策；张龙平，博士，中国汽车工程研究院高级工程师，主要研究方向为汽车碳减排法规政策、绿色低碳数智化应用。

关键词： 移动源　减污降碳　法律法规

一　发展概况

我国颁布实施了《大气污染防治法》《节约能源法》《循环经济促进法》《报废机动车回收管理办法》等法律法规，对移动源减污降碳提出了相关要求。2000 年《大气污染防治法》修订，设置了“机动车船大气污染物控制”章节，对机动车船大气污染防治提出了明确要求；2015 年第二次修订，为移动源大气污染排放控制提出了新要求，全面构建移动源大气污染防治体系。《节约能源法》2007 年第一次修订，历经 2016 年、2018 年两次修正，对移动源能耗标准制定、能耗限值管理、节能与新能源汽车财税优惠补贴等提供了重要的法律支撑。《循环经济促进法》2009 年实施，2018 年第一次修正，对移动源生命周期节能减排提出了明确要求，尤其是对促进移动源报废拆解、回收利用阶段环境管理、资源节约和循环利用发挥了重要作用。《报废机动车回收管理办法》2019 年实施，对报废机动车的回收利用进行了明确规定，对推动报废机动车回收拆解行业可持续发展具有重要意义。根据《报废机动车回收管理办法》，2020 年商务部等七部门制定的《报废机动车回收管理办法实施细则》对报废机动车的回收利用进行了细化，有效促进了报废机动车回收拆解行业企业的规范运行和技术进步。

为贯彻落实《大气污染防治法》《节约能源法》《循环经济促进法》《报废机动车回收管理办法》等法律法规，我国制定实施了一系列移动源领域减排配套制度，绿色低碳管理体系逐步形成。我国已初步建立新生产和在用机动车船、非道路移动机械大气污染物环境管理体系，包括型式检验、环保信息公开、达标监管、排放召回和强制报废等环境管理措施，取得了积极成效。为降低汽车能源消耗、推动新能源汽车发展，2017 年我国发布了《乘用车企业平均燃料消耗量与新能源汽车积分并行管理办法》（简称《双积分管理办法》），充分发挥市场调节机制，有效推动了传统汽车减污降碳和新能源汽车的发展。营运车领域，2009 年实施的“营运客车（货车）燃料消耗量限值及测量方法”禁止高耗能客货车辆进入公路运输行业，有效推动了道路运输行业向资源节约型、环境友好型转变。为促进循环经济发展，2018 年实施的《新能源汽车动力蓄电池回收利用管理暂行办法》加强了新能源汽车动力蓄电池回收利用管理，有效规范了电池回收行业发展。2022 年实施的《报废机动车拆解企业污染控制技术规范》强化了报废机动车拆解企业在建设和运行过程中的环境管理和污染控制，提高了报废机动车资源综合利用率。

二　法律法规及配套制度

《大气污染防治法》《节约能源法》《循环经济促进法》《报废机动车回收管理办法》等法律法规对移动源污染物和温室气体减排提出了明确要求，为加强移动源生命周期污染物和温室气体管控提供了重要的法律支撑。为贯彻落实相关法律，行业主管部门制定实施了一系列配套制度，逐步构建了移动源大气污染物和温室气体减排管理体系。

本部分重点梳理了《大气污染防治法》《节约能源法》《循环经济促进法》《报废机动车回收管理办法》等法律法规中涉及移动源绿色低碳的法律条款以及行业主管部门制定的配套制度等，如型式检验、环保信息公开、排放召回、达标监管、能耗管理、报废回收管理等，基本覆盖了机动车全生命周期排放管理。

（一）大气污染防治

1. 法律法规

1987 年 9 月 5 日，第六届全国人民代表大会常务委员会第二十二次会议审议通过了《中华人民共和国大气污染防治法》（简称《大气污染防治法》），后经 1995 年、2018 年两次修正，2000 年、2015 年两次修订，形成当前八章共一百二十九条的完整法律文本。

《大气污染防治法》于1987年首次颁布，其中在第三十条针对机动车船大气排放提出了原则性的要求（生产和使用环节需满足相关标准）；1995年修订版中提出了对无铅汽油等的要求；2000年修订版则单独设置了“机动车船大气污染物控制”章节，鼓励生产和消费使用清洁能源的机动车船，取得有关主管部门资质认定的单位可按照规范对机动船舶排气污染进行检测；2015年第二次修订，设置了“机动车船等污染防治”章节，对移动源提出了一系列大气污染排放监管新措施，如环保信息公开、排放召回制度、船舶和非道路移动机械排放控制区、非道路移动机械和民用航空器污染防治，着力全面构建移动源的大气污染防治体系。

《大气污染防治法》对移动源污染防治作出系统要求。进一步明确了移动源污染防治主管部门责任，对移动源减污降碳协同管控作出了明确要求，为移动源环保信息公开、新车排放达标监管、在用车排放达标监管等相关法规的建立提供了重要的法律支撑（见表1）。

表1 《大气污染防治法》与移动源环保相关的主要法律条款

序号	条款	具体内容
1	第二条	• 防治大气污染，应当以改善大气环境质量为目标，坚持源头治理，规划先行，转变经济发展方式，优化产业结构和布局，调整能源结构 • 防治大气污染，应当加强对燃煤、工业、机动车船、扬尘、农业等大气污染的综合防治，推行区域大气污染联合防治，对颗粒物、二氧化硫、氮氧化物、挥发性有机物、氨等大气污染物和温室气体实施协同控制
2	第九条	• 国务院生态环境主管部门或者省、自治区、直辖市人民政府制定大气污染物排放标准，应当以大气环境质量标准和国家经济、技术条件为依据
3	第十三条	• 制定燃煤、石油焦、生物质燃料、涂料等含挥发性有机物的产品、烟花爆竹以及锅炉等产品的质量标准，应当明确大气环境保护要求 • 制定燃油质量标准，应当符合国家大气污染物控制要求，并与国家机动车船、非道路移动机械大气污染物排放标准相互衔接，同步实施
4	第四十七条	• 石油、化工以及其他生产和使用有机溶剂的企业，应当采取措施对管道、设备进行日常维护、维修，减少物料泄漏，对泄漏的物料应当及时收集处理 • 储油储气库、加油加气站、原油成品油码头、原油成品油运输船舶和油罐车、气罐车等，应当按照国家有关规定安装油气回收装置并保持正常使用

续表

序号	条款	具体内容
5	第五十条	• 国家倡导低碳、环保出行，根据城市规划合理控制燃油机动车保有量，大力发展城市公共交通，提高公共交通出行比例 • 国家采取财政、税收、政府采购等措施推广应用节能环保型和新能源机动车船、非道路移动机械，限制高油耗、高排放机动车船、非道路移动机械的发展，减少化石能源的消耗 • 省、自治区、直辖市人民政府可以在条件具备的地区，提前执行国家机动车大气污染物排放标准中相应阶段排放限值，并报国务院生态环境主管部门备案 • 城市人民政府应当加强并改善城市交通管理，优化道路设置，保障人行道和非机动车道的连续、畅通
6	第五十一条	• 机动车船、非道路移动机械不得超过标准排放大气污染物 • 禁止生产、进口或者销售大气污染物排放超过标准的机动车船、非道路移动机械
7	第五十二条	• 机动车、非道路移动机械生产企业应当对新生产的机动车和非道路移动机械进行排放检验；经检验合格的，方可出厂销售；检验信息应当向社会公开 • 省级以上人民政府生态环境主管部门可以通过现场检查、抽样检测等方式，加强对新生产、销售机动车和非道路移动机械大气污染物排放状况的监督检查；工业、市场监督管理等有关部门予以配合
8	第五十三条	• 在用机动车应当按照国家或者地方的有关规定，由机动车排放检验机构定期对其进行排放检验；经检验合格的，方可上道路行驶；未经检验合格的，公安机关交通管理部门不得核发安全技术检验合格标志 • 县级以上地方人民政府生态环境主管部门可以在机动车集中停放地、维修地对在用机动车的大气污染物排放状况进行监督抽测；在不影响正常通行的情况下，可以通过遥感监测等技术手段对在道路上行驶的机动车的大气污染物排放状况进行监督抽测，公安机关交通管理部门予以配合
9	第五十四条	• 机动车排放检验机构应当依法通过计量认证，使用经依法检定合格的机动车排放检验设备，按照国务院生态环境主管部门制定的规范，对机动车进行排放检验，并与生态环境主管部门联网，实现检验数据实时共享。机动车排放检验机构及其负责人对检验数据的真实性和准确性负责 • 生态环境主管部门和认证认可监督管理部门应当对机动车排放检验机构的排放检验情况进行监督检查

续表

序号	条款	具体内容
10	第五十五条	• 机动车生产、进口企业应当向社会公布其生产、进口机动车车型的排放检验信息、污染控制技术信息和有关维修技术信息 • 机动车维修单位应当按照防治大气污染的要求和国家有关技术规范对在用机动车进行维修，使其达到规定的排放标准。交通运输、生态环境主管部门应当依法加强监督管理 • 禁止机动车所有人以临时更换机动车污染控制装置等弄虚作假的方式通过机动车排放检验。禁止机动车维修单位提供该类维修服务。禁止破坏机动车车载排放诊断系统
11	第五十六条	• 生态环境主管部门应当会同交通运输、住房城乡建设、农业行政、水行政等有关部门对非道路移动机械的大气污染物排放状况进行监督检查，排放不合格的，不得使用
12	第五十七条	• 国家倡导环保驾驶，鼓励燃油机动车驾驶人在不影响道路通行且需停车三分钟以上的情况下熄灭发动机，减少大气污染物的排放
13	第五十八条	• 国家建立机动车和非道路移动机械环境保护召回制度 • 生产、进口企业获知机动车、非道路移动机械排放大气污染物超过标准，属于设计、生产缺陷或者不符合规定的环境保护耐久性要求的，应当召回；未召回的，由国务院市场监督管理部门会同国务院生态环境主管部门责令其召回
14	第五十九条	• 在用重型柴油车、非道路移动机械未安装污染控制装置或者污染控制装置不符合要求，不能达标排放的，应当加装或者更换符合要求的污染控制装置
15	第六十条	• 在用机动车排放大气污染物超过标准的，应当进行维修；经维修或者采用污染控制技术后，大气污染物排放仍不符合国家在用机动车排放标准的，应当强制报废。其所有人应当将机动车交售给报废机动车回收拆解企业，由报废机动车回收拆解企业按照国家有关规定进行登记、拆解、销毁等处理 • 国家鼓励和支持高排放机动车船、非道路移动机械提前报废
16	第六十一条	• 城市人民政府可以根据大气环境质量状况，划定并公布禁止使用高排放非道路移动机械的区域
17	第六十二条	• 船舶检验机构对船舶发动机及有关设备进行排放检验。经检验符合国家排放标准的，船舶方可运营
18	第六十三条	• 内河和江海直达船舶应当使用符合标准的普通柴油。远洋船舶靠港后应当使用符合大气污染物控制要求的船舶用燃油 • 新建码头应当规划、设计和建设岸基供电设施；已建成的码头应当逐步实施岸基供电设施改造。船舶靠港后应当优先使用岸电
19	第六十四条	• 国务院交通运输主管部门可以在沿海海域划定船舶大气污染物排放控制区，进入排放控制区的船舶应当符合船舶相关排放要求

续表

序号	条款	具体内容
20	第六十五条	●禁止生产、进口、销售不符合标准的机动车船、非道路移动机械用燃料；禁止向汽车和摩托车销售普通柴油以及其他非机动车用燃料；禁止向非道路移动机械、内河和江海直达船舶销售渣油和重油
21	第六十六条	●发动机油、氮氧化物还原剂、燃料和润滑油添加剂以及其他添加剂的有害物质含量和其他大气环境保护指标，应当符合有关标准的要求，不得损害机动车船污染控制装置效果和耐久性，不得增加新的大气污染物排放
22	第六十七条	●国家积极推进民用航空器的大气污染防治，鼓励在设计、生产、使用过程中采取有效措施减少大气污染物排放 ●民用航空器应当符合国家规定的适航标准中的有关发动机排出物要求
23	第八十八条	●重点区域内有关省、自治区、直辖市人民政府应当实施更严格的机动车大气污染物排放标准，统一在用机动车检验方法和排放限值，并配套供应合格的车用燃油
24	第九十六条	●县级以上地方人民政府应当依据重污染天气的预警等级，及时启动应急预案，根据应急需要可以采取责令有关企业停产或者限产、限制部分机动车行驶、禁止燃放烟花爆竹、停止工地土石方作业和建筑物拆除施工、停止露天烧烤、停止幼儿园和学校组织的户外活动、组织开展人工影响天气作业等应急措施

资料来源：《大气污染防治法》，罚则未列入此表，下同。

2. 配套制度

为贯彻落实《大气污染防治法》，我国制定实施了一系列移动源领域大气污染物排放标准并建立配套制度，以汽车为例，建立了型式检验、环保信息公开、达标监管、排放召回和强制报废等环境管理制度。

（1）型式检验

型式检验是机动车的某一车型或发动机在设计完成后，对试制出来的新产品进行的定型试验，以验证产品能否满足排放标准技术要求的检验。新研制的整车或发动机产品必须通过型式检验，才能生产并投入市场。机动车及发动机生产、进口企业应按排放标准要求，确保其产品在正常使用条件下和正常寿命期内，能有效控制其污染物排放在规定的限值内。

轻型汽车主要对整车进行检验。轻型汽车第六阶段排放标准检验试验项目主要包括常温下冷启动后排气污染物排放试验，实际行驶污染物排放试验，曲轴箱污染物排放试验，蒸发污染物排放试验，污染控制装置耐久性试验，低温下冷启动后排气中 CO、THC 和 NO_X 排放试验，加油过程污染物排放试验和 OBD 系统试验等。

重型汽车主要对发动机和整车进行检验。重型汽车第六阶段排放标准检验项目包括标准循环试验、非标准循环试验、曲轴箱污染物排放试验、污染控制装置耐久性试验、OBD 系统试验、NO_X 控制系统试验和整车车载法（PEMS）试验等。

（2）环保信息公开

为贯彻落实《大气污染防治法》，加快推进机动车和非道路移动机械环境管理的系统化、科学化、法治化、精细化和信息化，2016 年 8 月生态环境部发布《关于开展机动车和非道路移动机械环保信息公开工作的公告》（简称《环保信息公开》），机动车生产、进口企业应在产品出厂或货物入境前，以随车清单的方式公开其生产、进口机动车的排放检验信息和污染控制技术信息。自 2017 年 1 月 1 日起，机动车生产、进口企业应将新生产、进口机动车的环保信息按照规定的时间和方式予以公开；自 2017 年 7 月 1 日起，非道路移动机械生产、进口企业应将新生产、进口非道路移动机械的环保信息按照规定的时间和方式予以公开。

各级生态环境主管部门建立了机动车和非道路移动机械检验信息核查机制，通过现场检查、抽样检查等方式开展环保信息公开工作的监督管理，督促机动车和非道路移动机械生产、进口企业按要求进行信息公开。

2022 年，全国共有 1343 家机动车企业 28145 个车型进行了信息公开，包括 151 家进口企业 1130 个车型和 1195 家国内生产企业 27015 个车型。轻型车共有 472 家企业 4734 个车型进行了信息公开，重型车共有 895 家企业 18850 个车型进行了信息公开，摩托车共有 181 家企业 1348 个车型进行了信息公开，电动车共有 319 家企业 3213 个车型进行了信息公开。

2022 年，全国共有 1356 家企业公开随车清单 29527331 张，包括 164 家进口企业公开的 1000698 张随车清单和 1198 家国内生产企业公开的 28526633 张随车清单。轻型车共有 525 家企业公开了 18577441 张随车清单，重型车共有 890 家企业公开了 1234994 张随车清单，摩托车共有 218 家企业公开了 4891208 张随车清单，电动车共有 276 家企业公开了 4823688 张随车清单。①

2022 年机动车不同车类随车清单占比情况见图 1。

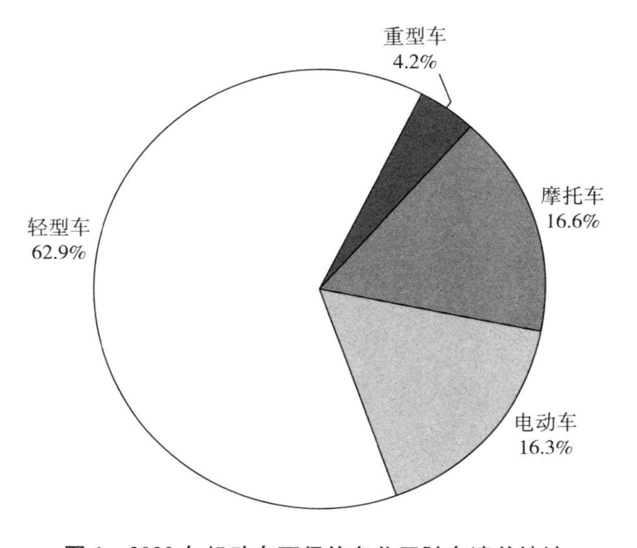

图 1　2022 年机动车环保信息公开随车清单统计

（3）新车达标监管

为加强新生产机动车环境管理，我国初步建立了新生产机动车生产一致性、在用符合性监管等制度，从源头防治机动车污染。

生产一致性。机动车环保生产一致性监管是按照机动车排放标准的要求，对机动车生产企业批量生产、进口、销售的机动车产品进行排放达标监管的环境管理制度，确保批量生产的汽车、系统、部件以及独立技术总成与已型式检验的车型一致。生态环境部门根据企业制定的产品生产一致性保证计划和年度实施情况，对机动车生产企业及其产品进行监督性抽检，以保证进入市场的机动车稳定达到排放标准的要求。生产一致性检查包括新车配置

① 数据来源于《中国移动源环境管理年报（2023）》。

核查、排放检验和 OBD 检查。

汽车生产企业在汽车批量生产前制定生产一致性保证计划书，并报生态环境主管部门备案。如在生产一致性监督检查时发生不达标情况，汽车生产企业应尽快采取整改措施，完善生产一致性保证体系，包括可能会受到同样缺陷影响的同系族车型。生产一致性监管的实施对确保新生产机动车排放达标发挥了重要作用。

在用符合性。依据机动车排放标准要求，机动车生产、进口企业应通过在用符合性自查，全面了解车辆实际使用过程中的排放状况，及时发现和排除排放风险。对已通过污染物排放型式检验的车型，生产企业应采取措施确保车辆的在用符合性。在用符合性检查应覆盖所有车辆的有效寿命，检查包括车辆使用情况核查、维修保养记录、排放检验和 OBD 检测。生产企业应详细记录排放质保相关部件的索赔、修理以及维修过程中记录的 OBD 故障的相关信息，相关部件和系统的故障频率和原因也应详细记录。故障维修率超过 4%的部件，在 30 个工作日内向生态环境主管部门提交报告。

生态环境主管部门对不超过有效寿命的机动车进行在用符合性抽查。在用符合性抽查中需要加抽车辆试验时，若生产企业提出书面申请终止抽车试验，则判定在用符合性检查不合格。如果生态环境主管部门经检查，判定试验结果为不符合，则判定相关车型为不达标车型。生产企业应按标准要求采取补救措施，这些补救措施应包括可能会受到同样缺陷影响的车型。进行在用符合性检查试验时，应使用符合标准要求的市售车用燃料，如生产企业提出书面申请，也可使用符合标准要求的基准燃料。若车辆需要使用标准中未包含的燃料种类，应使用符合相关国家标准规定的市售车用燃料。

（4）在用车达标监管

对机动车进行定期环保检验，是保障在用车排放达标的主要措施之一。2018 年 9 月，生态环境部、国家市场监督管理总局联合发布《汽油车污染物排放限值及测量方法（双怠速法及简易工况法）》（GB 18285-2018）和《柴油车污染物排放限值及测量方法（自由加速法及加载减速法）》（GB 3847-2018），对在用汽油车和柴油车污染物排放限值和测量方法进行了修订。标准基于机动车环境监管需要，借鉴国际经验，进一步细化技术要求。一是加严了污染物排放限值，全国统一执行限值 a，特殊地区可提前执行限值 b；二是增加了车载诊断系统（OBD）检查规定，对部分现有车辆的 OBD 功能及故障报警处理情况进行检查；三是增加了柴油车 NO_X 测试方法和限值要求，解决了对在用柴油车 NO_X 排放无标准可依的问题；四是规范了排放检测的流程和项目，对外观检验、OBD 检查、污染物排放检测的内容及报送进行相关规定；五是对数据记录、保存和记录的内容及时限进行了规范。

2020 年，生态环境部联合交通运输部、国家市场监管总局发布《关于建立实施汽车排放检验与维护制度的通知》（环大气〔2020〕31 号），标志着汽车排放检验与维护制度的正式建立。2021 年 12 月，生态环境部发布《机动车排放定期检验规范》（HJ 1237–2021）和《汽车排放定期检验信息采集传输技术规范》（HJ 1238–2021），自 2022 年 7 月 1 日起正式实施。

《机动车排放定期检验规范》规定了六个方面的技术要求。一是规定检验配备的设备、配套软件和辅助器材组成，提出外观检验、OBD 检查、排气污染物检测的设备功能要求和技术要求。二是提出检验设备的使用和日常维护管理要求，详细规定双怠速检测、稳态工况法检测、简易瞬态工况法检测、自由加速法检测以及加载减速工况法检测对应的设备日常检查项目、检查内容、检查频次等。三是规定检验机构应配备的标准物质，提出标准物质的基本要求和使用管理要求，分别提出标准气体、标准滤光片、标准砝码、转速表以及零气发生器的技术要求。四是规定检验工作按联网核查、外观检验、OBD 检查、污染物检测顺序开展，明确联网核查项目及内容，规范外观检验、OBD 检查、污染物检测详细流程及要求。五是规定检验原始记录和数据修约具体技术要求。六是提出能力验证和比对、视频监控、投诉处理机制等质量保证要求。

《汽车排放定期检验信息采集传输技术规范》规定了三个方面的技术内容。一是构建了数据采集传输框架，明确检验机构与市、省、国家采集传输的流程、频次。二是明确了排放检验采集传输数据项目，规定了外观检验、OBD 检查、蒸发排放检测，按检测方法细化排放检测结果数据要求。三是规范了数据质控和设备维护数据要求，对标准物质、设备检定（校准）、设备维护提出数据规范参考。

2022 年，通过国家—省—市三级联网平台报送机动车定期检验数据 1.3 亿条。其中，汽油车（含燃气车）稳态工况法、简易瞬态工况法、双怠速法检测首检合格率分别为 97.2%、96.9%、96.7%。柴油车加载减速工况法、自由加速法检测首检合格率分别为 96.2%、98.9%。

（5）排放召回

为规范机动车排放召回工作，保护和改善环境，保障人体健康，国家市场监管总局、生态环境部于 2021 年 4 月 27 日发布了《机动车排放召回管理规定》，自 2021 年 7 月 1 日起实施，明确国家市场监管总局会同生态环境部负责机动车排放召回监督管理，将产品召回由安全召回扩展至排放召回。机动车排放召回管理制度初步建立。

《机动车排放召回管理规定》规定了排放召回适用范围、基本概念、监管部门、生产者及经营者义务、召回管理程序以及法律责任。主要内容包括以下几个方面。一是适用范围，适用在中华人民共和国境内开展机动车排放召回及其监督管理；非道路移动机械的排放召回，参照执行。二是职责分工，生产者是机动车排放召回的主体。国家市场监督管理总局与生态环境部建立联合工作机制，共同负责机动车排放召回。三是召回条件，包括由于设计、生产缺陷导致机动车排放大气污染物超过标准；由于不符合规定的环境保护耐久性要求，导致机动车排放大气污染物超过标准；由于设计、生产原因导致机动车存在其他不符合排放标准或不合理排放。四是信息采集渠道，包括主管部门信息收集和共享、生产者信息报告、经营者和零部件生产者信息报告三种信息收集渠道。五是排放召回和安全召回的关系。生产者排放召回义务与安全召回基本一致，仅新增要求生产者报告排放危害相关信息；未新设相关经营者义务。排放召回时限要求也与安全召回一致。六是排放召回和监督检查、排放检验的关系。大气污染防治监督检查中发现机动车可能存在排放危害的，主管部门可以对机动车生产者等进行调查；机动车排放年检时，检验机构要对召回范围内的车主予以提醒，督促车主积极配合完成排放召回。

2021 年 8 月，上汽通用五菱因汽车发动机曲轴箱强制通风阀极端情况下可能存在不合理排放风险，对宝骏 310、宝骏 360、宝骏 510、宝骏 730、宝骏 RS-3、宝骏 RM-5、宝骏 RC-5 系列等多个车型实施召回，召回数量达到 143.6 万辆，成为国内首个因汽车排放问题而召回的品牌。2023 年 1 月，梅赛德斯—奔驰（中国）汽车销售有限公司发现车辆燃油箱压力传感器的固定夹不满足有关耐腐蚀性的要求，极端情况下可能影响燃油箱的密封性，主动召回 639 辆汽车。2023 年 6 月，捷豹路虎（中国）投资有限公司发现车辆燃油加注口盖板未被关闭时仪表板上的故障指示灯（MIL）不会点亮，可能产生过度的燃油蒸汽排放，主动召回 50 辆汽车。2023 年 7 月，江苏悦达起亚汽车有限公司发现后氧传感器加热温度设置偏低，后氧传感器的感应部位可能会诱发中毒，极端情况下可能造成不合理排放，主动召回 800 辆汽车。2023 年 9 月，广汽日野汽车有限公司发现颗粒捕集器（DPF）滤芯被移除的极端情况时，车载诊断系统（OBD）可能在规定的循环内未能及时报警，主动召回 408 辆汽车。排放召回的实施，进一步强化了企业对机动车排放的主体责任，提高了排放关键零部件及整车产品可靠性、耐久性水平，对加强机动车排放源头控制、改善大气环境质量、保障人体健康具有重要意义。

（6）强制报废

为保障道路交通安全、鼓励技术进步、推进生态文明建设，2013 年商务部发布了《机动车强制报废标准规定》，明确规定了根据机动车使用和安全技术、排放检验状况，国家对达到报废标准的机动车实施强制报废。已注册机动车应当强制报废的情况包括：达到规定使用年限；经修理和调整仍不符合机动车安全技术国家标准对在用车有关要求的；经修理和调整或者采用控制技术后，向大气排放污染物或者噪声仍不符合国家标准对在用车有关要求的；在检验有效期届满后连续 3 个机动车检验周期内未取得机动车检验合格标志的。出现以上情形之一的注册机动车应当强制报废，其所有人应当将机动车交售给报废机动车回收拆解企业，由报废机动车回收拆解企业按规定进行登记、拆解、销毁等处理。

《机动车强制报废标准规定》的实施有效推动了黄标车和老旧车淘汰工作。2014 年以来，累计淘汰黄标车和老旧车 2000 多万辆，其中 2017 年淘汰 300 多万辆，圆满完成《大气污染防治行动计划》确定的基本淘汰全国范围内黄标车的任务。

（7）非道路移动机械编码登记

为加强非道路移动机械环境管理，2019 年 7 月，生态环境部发布了《关于加快推进非道路移动机械摸底调查和编码登记工作的通知》（环办大气函〔2019〕655 号），全国范围开始对非道路移动机械进行编码登记。

编码登记信息主要包括基本信息（生产厂家、出厂日期、登记人信息等）和排放控制技术信息［排放阶段、机械类型（按用途分）、燃料类型、污染控制装置等］等。完成信息登记的非道路移动机械按照统一编码规则生成环保号码。环保号码具有唯一性，可以制作成号牌悬挂于机械机身，也可通过粘贴、喷涂等方式固定于机械机身。

截至 2022 年底，31 个省（自治区、直辖市）累计上传非道路移动机械编码登记数据 322. 3 万条，各省份登记情况如图 2 所示。

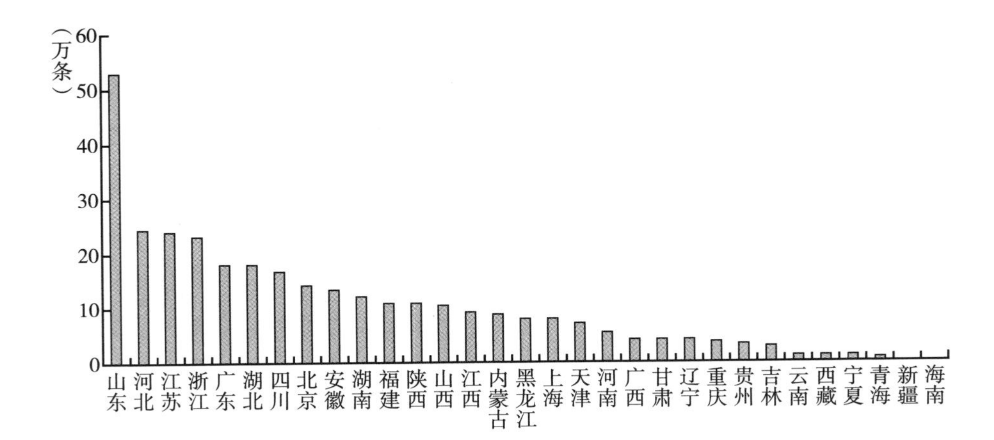

图 2　2022 年各省份非道路移动机械编码登记情况

（二）节能降碳

1. 法律法规

1997 年 11 月 1 日，第八届全国人民代表大会常务委员会第二十八次会议审议通过了《中华人民共和国节约能源法》（简称《节约能源法》），该法自 1998 年 1 月 1 日起施行，后经 2007 年一次修订，2016 年、2018 年两次修正，形成当前七章共八十七条的完整法律文本。

《节约能源法》为推动移动源节能管理提供了重要法律支撑。一是在政策层面，从财税支持高能效产品和强制淘汰低能效产品两端发力，支持移动源领域不断优化用能结构；二是在法规层面，为《双积分管理办法》的顺利出台提供了保障；三是在标准层面，明确要求国家建立产品燃料消耗量限值管理标准体系，并不断加严标准要求，推动产品节能降碳技术水平升级。总体来看，《节约能源法》为出台移动源产品能耗标准、财税补贴、双积分管理等提供了法律支撑（见表 2）。

表 2　《节约能源法》与移动源节能相关的主要法律条款

序号	条款	具体内容
1	第四十一条	• 国务院有关交通运输主管部门按照各自的职责负责全国交通运输相关领域的节能监督管理工作 • 国务院有关交通运输主管部门会同国务院管理节能工作的部门分别制定相关领域的节能规划
2	第四十二条	• 国务院及其有关部门指导、促进各种交通运输方式协调发展和有效衔接，优化交通运输结构，建设节能型综合交通运输体系
3	第四十三条	• 县级以上地方各级人民政府应当优先发展公共交通，加大对公共交通的投入，完善公共交通服务体系，鼓励利用公共交通工具出行；鼓励使用非机动交通工具出行
4	第四十四条	• 国务院有关交通运输主管部门应当加强交通运输组织管理，引导道路、水路、航空运输企业提高运输组织化程度和集约化水平，提高能源利用效率
5	第四十五条	• 国家鼓励开发、生产、使用节能环保型汽车、摩托车、铁路机车车辆、船舶和其他交通运输工具，实行老旧交通运输工具的报废、更新制度 • 国家鼓励开发和推广应用交通运输工具使用的清洁燃料、石油替代燃料

续表

序号	条款	具体内容
6	第四十六条	● 国务院有关部门制定交通运输营运车船的燃料消耗量限值标准；不符合标准的，不得用于营运 ● 国务院有关交通运输主管部门应当加强对交通运输营运车船燃料消耗检测的监督管理
7	第五十八条	● 国务院管理节能工作的部门会同国务院有关部门制定并公布节能技术、节能产品的推广目录，引导用能单位和个人使用先进的节能技术、节能产品 ● 国务院管理节能工作的部门会同国务院有关部门组织实施重大节能科研项目、节能示范项目、重点节能工程
8	第五十九条	● 县级以上各级人民政府应当按照因地制宜、多能互补、综合利用、讲求效益的原则，加强农业和农村节能工作，增加对农业和农村节能技术、节能产品推广应用的资金投入 ● 农业、科技等有关主管部门应当支持、推广在农业生产、农产品加工储运等方面应用节能技术和节能产品，鼓励更新和淘汰高耗能的农业机械和渔业船舶 ● 国家鼓励、支持在农村大力发展沼气，推广生物质能、太阳能和风能等可再生能源利用技术，按照科学规划、有序开发的原则发展小型水力发电，推广节能型的农村住宅和炉灶等，鼓励利用非耕地种植能源植物，大力发展薪炭林等能源林

资料来源：《节约能源法》。

《节约能源法》有效促进各种交通运输方式协调发展和有效衔接，助力优化交通运输结构，加快建设节能型综合交通运输体系。

2. 配套制度

为贯彻落实《节约能源法》，我国不断优化交通运输结构，大力发展公共交通，制定实施车辆燃料消耗量标准，推广应用新能源汽车，加快淘汰老旧运输工具等，能耗水平逐步降低。

（1）燃料消耗量管理

为了有效贯彻落实《节约能源法》，我国制定实施了乘用车、轻型商用车、重型商用车等燃料消耗量标准。2004 年发布的《乘用车燃料消耗量限值》（GB 19578－2004），是我国汽车节能领域第一项强制性国家标准，开始对单车油耗进行限值管理。从 2012 年开始，我国实施乘用车企业平均燃料消耗量管理，将汽车企业作为评价对象，在满足整体油耗下降的前提下，赋予企业更多的灵活性。2007 年和 2011 年分别发布《轻型商用车辆燃料消耗量限值》（GB 20997-2007）和《重型商用车辆燃料消耗量限值（第一阶段）》（QC/T 924-2011）标准，开始对商用车进行油耗限值管理。

通过实施能耗标准和小排量汽车财税减免等措施，先进内燃机、高效变速器、轻量化材料、低风阻以及混合动力等技术得到大力推广，行业油耗水平总体呈下降趋势。工业和信息化部数据显示，中国乘用车企业平均燃料消耗量（含新能源）由 2013 年的 7.33L/100km 降至 2022 年的 4.11L/100km（WLTC 工况），累计下降 43.9%。

为加强营运车辆的燃料消耗量监督管理，实现交通运输领域的节能减排目标，2009 年 6 月，交通运输部发布实施了《道路运输车辆燃料消耗量检测和监督管理办法》（中华人民共和国交通运输部令 2009 年第 11 号），建立了基于《营运客车燃料消耗量限值及测量方法》（JT 711-2008）和《营运货车燃料消耗量限值及测量方法》（JT 719-2008）标准的营运车辆燃料消耗量准入机制；2016 年 1 月，《道路运输车辆技术管理规定》（交通运输部令 2016 年第 1 号）第二章第七条第三款中规定“从事道路运输经营的车辆的燃料消耗量限值应当符合《营运客车燃料消耗量限值及测量方法》（JT 711）、《营运货车燃料消耗量限值及测量方法》（JT 719）的要求”。

2011 年 12 月，为进一步贯彻落实国务院《节能减排“十二五”规划》工作部署，推进交通运输节能，实现交通运输领域节能减排目标，满足行业节能减排形势的发展需求，根据 JT 711、JT 719 两个行业标准实施的经验总结，结合国内外汽车技术水平的迅速提升及道路运输的迅猛发展，交通运输部适时提出了将行业标准 JT 711-2008 和 JT 719-2008 修订的工作计划。依据 2017 年 11 月修订通过的《中华人民共和国标准化法》的要求“行业标准、地方标准是推荐性标准”，行业标准不再设立强制性标准，因此该两项标准最终由交通运输行业强制性标准转化为行业推荐性标准 JT/T 711-2016 和 JT/T 719-2016。两项新标准于 2016 年 12 月发布，2017 年 4 月开始实施。新标准增加了加速试验和怠速试验两个工况，设定了各工况的时间权重系数，引入了更加严格的第三阶段、第四阶段限值。

（2）新能源车推广

为落实《节约能源法》，鼓励开发、生产、使用节能环保型汽车，推动我国新能源汽车产业发展，2017 年 9 月工信部等部门联合公布了《双积分管理办法》并于 2020 年进行第一次修订，于 2022 年 7 月 7 日公布了第二次修订的征求意见稿。

《双积分管理办法》对应设立油耗（简称“CAFC”）积分与新能源（简称“NEV”）积分两种积分，明确积分核算方法，实行 CAFC 和 NEV 积分并行管理，考核达标的企业产生正积分，不达标的企业产生负积分，并允许未达标企业通过购买新能源正积分等方式实现达标。为适应产业发展新形势，进一步优化管理机制，2020 年 6 月第一次修订稿中提高了 2021～2023 年新能源汽车积分比例要求（分别为 14%、16%、18%），并准予新能源正积分在一定条件下向后结转。对不达标企业，将予以暂停超标产品列入《道路机动车辆生产企业及产品公告》等行政处罚（见图 3）。

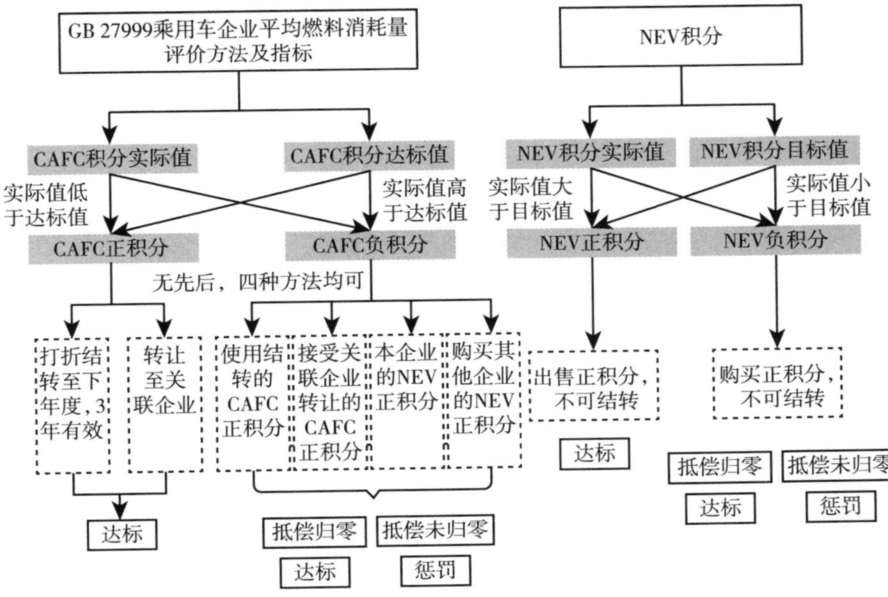

GB 27999乘用车企业平均燃料消耗量评价方法及指标
CAFC积分实际值
CAFC积分达标值
实际值低于达标值
实际值高于达标值
CAFC正积分
CAFC负积分
无先后，四种方法均可
打折结转至下年度，3年有效
转让至关联企业
使用结转的CAFC正积分
接受关联企业转让的CAFC正积分
本企业的NEV正积分
购买其他企业的NEV正积分
达标
抵偿归零
抵偿未归零
达标
惩罚
NEV积分
NEV积分实际值
NEV积分目标值
实际值大于目标值
实际值小于目标值
NEV正积分
NEV负积分
出售正积分，不可结转
购买正积分，不可结转
达标
抵偿归零
抵偿未归零
达标
惩罚

图 3　双积分核算规则

自《双积分管理办法》发布以来，车企加大了新能源汽车的研发力度，推动技术与规模双向提升。一是产业规模持续扩大，2022 年我国新能源乘用车产量 597.7 万辆，连续 8 年保持全球第一，纯电动乘用车产量 451.5 万辆，占新能源乘用车的 75.5%，同比增长 79.1%；插电式混合动力乘用车产量 146.2 万辆，占比 24.5%，同比增长 174.3%；二是新能源汽车产量快速增长，带动行业平均燃料消耗量显著改善，低碳水平不断提升，2022 年乘用车行业平均燃料消耗量为 4.11L/100km，同比下降 19.4%，提前实现《节能与新能源汽车技术路线图 2.0》2025 年 4.60L/100km 油耗目标。

（三）循环利用

1. 法律法规

（1）《循环经济促进法》

2008 年 8 月第十一届全国人民代表大会常务委员会第四次会议正式通过《中华人民共和国循环经济促进法》（简称《循环经济促进法》），自 2009 年 1 月 1 日起施行，并于 2018 年 10 月 26 日修订，形成当前共七章五十八条的完整法律文本。

《循环经济促进法》有效加强了机动车船全生命周期节能减排。一是在设计与应用阶段，重点要求内燃机和机动车等产品满足燃料消耗量标准，尽可能减少使用过程中的汽柴油资源消耗量。二是在拆解报废阶段，重点要求铅酸电池等产品必须进行规范化拆解活动，以减少拆解过程中的各类污染现象。三是在回收利用阶段，明确要求轮胎等产品质量需满足国家标准，并推动汽车回收再制造零部件实行统一编码与标识，以满足产品全生命周期追溯（见表 3）。

（2）《报废机动车回收管理办法》

为规范报废机动车回收活动，保护环境，促进循环经济发展，保障道路交通安全，2019 年 5 月，国务院发布《报废机动车回收管理办法》（简称《办法》），办法自 2019 年 6 月 1 日起施行，同时废止 2001 年发布的《报废汽车回收管理办法》。

表 3 《循环经济促进法》与移动源减污降碳相关的主要法律条款

序号	条款	具体内容
1	第二十一条	• 内燃机和机动车制造企业应当按照国家规定的内燃机和机动车燃油经济性标准,采用节油技术,减少石油产品消耗量
2	第三十八条	• 对废电器电子产品、报废机动车船、废轮胎、废铅酸电池等特定产品进行拆解或者再利用,应当符合有关法律、行政法规的规定
3	第四十条	• 国家支持企业开展机动车零部件、工程机械、机床等产品的再制造和轮胎翻新,销售的再制造产品和翻新产品的质量必须符合国家规定的标准,并在显著位置标识为再制造产品或者翻新产品

《办法》适应发展循环经济需要，规定拆解的报废机动车发动机、方向机、变速器、前后桥、车架等“五大总成”具备再制造条件的，可以按照国家有关规定出售给具备再制造能力的企业予以循环利用，消除了报废机动车零部件再制造的法律障碍。同时建立有效的安全管理制度，要求回收企业如实记录报废机动车“五大总成”等主要部件的数量、型号、流向等信息并上传至回收信息系统，做到来源可查、去向可追。

《办法》强化了环境保护方面的要求，在报废机动车回收企业资质认定条件中，增加了存储拆解场地、设备设施、拆解操作规范等方面的规定。同时进一步明确了生态环境主管部门的事中事后监管职责，加大了对有关违法行为的处罚力度。

根据《报废机动车回收管理办法》，2020 年 7 月商务部等七部门制定《报废机动车回收管理办法实施细则》（简称《实施细则》），并于 2020 年 9 月 1 日起施行。

《实施细则》对报废机动车的回收利用进行了细化，明确指出了汽车发动机、方向机、变速器、前后桥、车架等“五大总成”可以再制造、再利用，回收拆解企业应建立报废机动车零部件销售台账，如实记录报废车“五大总成”数量、型号、流向等信息，并录入全国汽车流通信息管理应用服务系统。《实施细则》促使报废汽车回收企业的管理更加规范。同时，《实施细则》规定拆解经营场地的土地使用权需在 10 年以上，对企业的可持续发展进行了约束，确保企业立足长远发展。

《办法》及《实施细则》有效促进了报废机动车回收拆解的行业竞争和技术进步，提高了报废机动车资源综合利用率，对推动行业可持续发展具有重要意义。

2. 配套制度

为贯彻落实《循环经济促进法》《报废机动车回收管理办法》等法律法规，我国制定实施了《新能源汽车动力蓄电池回收利用管理暂行办法》《报废机动车拆解企业污染控制技术规范》，有效规范了报废机动车拆解与蓄电池回收行业运行。

（1）汽车动力蓄电池回收利用

2018 年 2 月 26 日，为加强新能源汽车动力蓄电池回收利用管理，规范行业发展，推进资源综合利用，保护环境和人体健康，保障安全，促进新能源汽车行业持续健康发展，工业和信息化部、科技部、环境保护部等联合制定了《新能源汽车动力蓄电池回收利用管理暂行办法》（简称《管理办法》）。

《管理办法》具体包括总则、设计生产及回收责任、综合利用、监督管理、附则 5 部分，31 条以及 1 个附录，内容主要体现在确立生产者责任延伸制度、开展动力蓄电池全生命周期管理、建立动力蓄电池溯源信息系统、推动市场机制和回收利用模式创新、实现资源综合利用效益最大化、明确监督管理措施六个方面。同时，将开展建立回收利用体系、实施溯源管理、完善标准体系、抓好试点示范、营造发展环境等重点工作。《管理办法》的出台是落实党中央、国务院决策部署，践行生态文明建设要求，保障新能源汽车产业可持续发展的重要举措。

2022 年我国新能源汽车动力蓄电池回收利用废旧动力电池达到了 10.2 万吨，2023 年 1~5 月，回收利用了 11.5 万吨，回收速度加快。从回收利用率来看，先进企业镍钴资源回收利用率为 95%左右，锂资源回收利用率为 90%以上，落后企业锂资源回收利用率在 70%~80%。

（2）报废机动车拆解企业环境管理

为强化报废机动车拆解企业在建设和运行过程中的环境管理和污染控

制，提升资源利用率，促进循环经济健康发展，生态环境部组织修订并发布了《报废机动车拆解企业污染控制技术规范》（简称《技术规范》），自2022年10月1日起正式实施。

《技术规范》规定了报废机动车拆解总体要求、企业基础设施和拆解过程污染控制要求、污染物排放要求、环境管理要求以及环境监测与突发环境事件应急预案要求。主要内容包括：一是细化了报废机动车拆解企业基础设施和拆解过程污染控制要求及污染物排放要求；二是新增报废机动车拆解企业管理、企业环境监测等要求；三是新增报废电动汽车拆解全过程污染控制要求；四是新增“附录A报废机动车主要拆解产物特性及去向”，对报废机动车主要拆解产物特性及去向提出要求。

三　总结及建议

我国已初步构建涵盖大气污染防治、节能减碳、循环利用等多个领域移动源法律法规及相关配套制度体系，全面保障了移动源减污降碳领域的有效管理和实施，有效促进了社会可持续发展。

基于我国移动源向减污降碳协同增效转变的发展趋势，建议进一步完善我国移动源绿色低碳法律及配套制度体系，推动行业可持续发展。

一是明确移动源温室气体减排要求。《大气污染防治法》提出对机动车船颗粒物、二氧化硫、氮氧化物、挥发性有机物、氨等大气污染物和温室气体实施协同控制，《节约能源法》《循环经济促进法》提出制定实施移动源能耗标准，但是相关法律法规尚未对移动源温室气体减排提出明确规定，移动源二氧化碳排放主要通过油耗间接进行控制，车用空调氢氟碳化物（HFCs）等非二氧化碳温室气体排放也未纳入管控。建议未来在相关法律中进一步明确移动源温室气体减排要求，推动将协同控制温室气体排放纳入生态环境相关法律，为加强移动源温室气体减排提供法律支撑。

二是完善移动源减污降碳协同管理。明确移动源大气污染物和温室气体排放协同控制目标，以移动源环保信息公开、生产一致性和在用符合性检查以及环保召回等管理制度为基础，将温室气体纳入现有污染物排放管理体系进行协同管控，建立统一的移动源大气污染物和温室气体监管机制，实现移动源减污降碳协同增效。研究建立移动源大气污染物和温室气体市场交易体系，充分发挥市场化机制的长效减排优势。

三是加强移动源生命周期减排管理。加强移动源在设计、生产、使用、回收等全生命周期内的大气污染物和温室气体排放控制。开展机动车轻量化、模块化、循环利用等产品生态设计，降低全生命周期内的污染物及温室气体排放。改善生产工艺、采用绿色材料，加强清洁生产技术应用，实现绿色制造。加强新生产及在用移动源排放达标监管，确保使用周期内排放稳定达标。强化移动源生产企业主体责任，研究建立移动源生产者责任延伸制度，加强移动源报废回收环节污染防治，确保移动源报废回收及合理处置。

参考文献

中华人民共和国生态环境部：《中国移动源环境管理年报（2023 年）》，2023 年 12 月。

工业和信息化部装备工业发展中心：《乘用车企业平均燃料消耗量与新能源汽车积分并行管理实施情况年度报告（2023）》，2023 年 4 月。

B.3
移动源绿色低碳政策分析及建议

田 苗　马 冬　杨鹏飞　周 佳*

摘　要： 本文总结梳理了移动源减污降碳综合类和专项类政策，重点对《关于深入打好污染防治攻坚战的意见》、碳达峰碳中和“1+N”政策等综合类政策和新能源汽车推广、交通结构调整等专项类政策进行了深入解析，对《柴油货车污染治理攻坚行动方案》进行了详细介绍。我国已构建了较为完善的移动源大气污染物与温室气体减排、节能与新能源汽车推广、交通结构调整、非道路移动源治理等政策体系，移动源减污降碳不断增强、新能源汽车产业逐渐进入市场化阶段、基础设施配套逐步完善、交通结构调整进一步深入，有效促进了我国移动源绿色低碳发展以及产业升级。未来建议研究制定《国家移动源减污降碳行动计划》，综合运用法规、政策、行政、经济等多种手段，进一步加严移动源污染物和温室气体排放标准，加快推进移动源电动化转型，优化交通运输和交通出行结构，推动移动源清洁低碳转型、构建绿色高效交通运输体系、加快绿色交通基础设施建设等。

关键词： 移动源　节能减排　绿色交通

---

* 田苗，博士，中国环境科学研究院助理研究员，主要研究方向为移动源大气污染物排放特征和管控政策；马冬，中国环境科学研究院正高级工程师，主要研究方向为移动源减污降碳法规标准、技术政策、排放清单等；杨鹏飞，中国汽车工程研究院工程师，主要研究方向为汽车碳减排法律法规、技术政策；周佳，博士，中国汽车工程研究院正高级工程师，主要研究方向为汽车低碳法规政策研究、汽车轻量化技术开发与应用技术研究、低碳用材开发与应用推广。

一 综合类政策

我国移动源减排政策逐步从大气污染物控制向减污降碳协同增效转变。随着国家碳达峰碳中和“1+N”政策的发布与实施，各部门积极贯彻落实低碳发展新理念，减污降碳协同增效成为新的政策方向。本部分重点对《关于深入打好污染防治攻坚战的意见》《关于完整准确全面贯彻新发展理念做好碳达峰碳中和工作的意见》等政策进行解析。

（一）《关于深入打好污染防治攻坚战的意见》

2021年11月，为进一步加强生态环境保护，深入打好污染防治攻坚战，中共中央、国务院印发《关于深入打好污染防治攻坚战的意见》。

在货车污染治理领域，该政策提出持续打好柴油货车污染治理攻坚战，深入实施清洁柴油车（机）行动，全国基本淘汰国三及以下排放标准汽车，推动氢燃料电池汽车示范应用，有序推广清洁能源汽车；进一步推进大中城市公共交通、公务用车电动化进程；不断提高船舶靠港岸电使用率；实施更加严格的车用汽油质量标准；加快大宗货物和中长途货物运输“公转铁”“公转水”，大力发展公铁、铁水等多式联运；“十四五”时期，铁路货运量占比提高0.5个百分点，水路货运量年均增速超过2%。

此外，该政策在交通领域碳达峰及船舶污染治理领域也提出了发展规划，包括：以交通运输等领域为重点，深入开展碳达峰行动；持续打好长江保护修复攻坚战，推进船舶等污染治理工程；着力打好重点海域综合治理攻坚战，加强船舶港口等污染防治。

（二）《关于完整准确全面贯彻新发展理念做好碳达峰碳中和工作的意见》

2021年9月，中共中央、国务院出台了《关于完整准确全面贯彻新发展理念做好碳达峰碳中和工作的意见》（简称《碳达峰碳中和工作意见》），从总体要求、阶段目标、具体举措、保障措施等方面均作出了系统部署，同时兼顾了减污降碳，成为我国全社会长期、有序实现双碳目标的“1+N”政策纲领（见图 1）。

图 1　《碳达峰碳中和工作意见》政策框架

资料来源：《碳达峰碳中和工作意见》。

《碳达峰碳中和工作意见》从推动节能、优化交通运输结构、交通用能清洁化、引导低碳出行等方面针对移动源提出多项要求，并提出从投资、财税政策方面给予支持（见表 1）。

表 1　《碳达峰碳中和工作意见》涉及移动源的主要政策条款

序号	条款	关联内容
1	五、加快构建清洁低碳安全高效能源体系	（十）大幅提升能源利用效率。持续深化交通运输等重点领域节能，加快实施节能降碳改造升级，打造能效“领跑者”
2	六、加快推进低碳交通运输体系建设	（十四）优化交通运输结构。加快建设综合立体交通网，大力发展多式联运，提高铁路、水路在综合运输中承运比重 （十五）推广节能低碳型交通工具。加快发展新能源和清洁能源车船，推广智能交通，推进铁路电气化改造，推动加氢站建设，促进船舶靠港使用岸电常态化。加快构建适度超前的充换电网络体系。提高燃油车船能效标准，健全交通运输装备能效标识制度，加快淘汰高耗能高排放老旧车船 （十六）积极引导低碳出行。加快城市轨道交通等大容量公共交通基础设施建设，加强自行车专用道和行人步道等城市慢行系统建设。加大城市交通拥堵治理力度
3	十二、完善政策机制	（三十）完善投资政策。加大对低碳交通运输装备等项目支持力度 （三十二）完善财税价格政策。落实新能源车船税收优惠

资料来源：《碳达峰碳中和工作意见》。

（三）《打赢蓝天保卫战三年行动计划》

2018 年 7 月，国务院印发《打赢蓝天保卫战三年行动计划》，明确了大气污染防治工作总体思路、基本目标、主要任务和保障措施，提出了打赢蓝天保卫战的时间表和路线图（见图 2）。

《打赢蓝天保卫战三年行动计划》中针对移动源防污治理提出了明确规划，一是优化调整货物运输结构，包括大幅提升铁路货运比例、推动铁路货运重点项目建设、大力发展多式联运；二是加快车船结构升级，包括推广使用新能源汽车、大力淘汰老旧车辆、推进船舶更新升级；三是加快油品质量升级，实现车用柴油、普通柴油、部分船舶用油“三油并轨”；四是强化移动源污染防治，包括严厉打击新生产销售机动车环保不达标等违法行为、加强非道路移动机械和船舶污染防治、推动靠港船舶和飞机使用岸电；五是打好柴油货车污染治理攻坚战，制定柴油货车污染治理攻坚战行动方案；六是完善法律法规标准体系；七是加大经济政策支持力度，支持车船和作业机械使用清洁能源；八是完善环境监测监控网络，加强移动源排放监管能力建设；九是强化科技基础支撑，开展货物运输多式联运、内燃机清洁燃烧等技术研究；十是加大环境执法力度，严厉打击生产销售排放不合格机动车和违反信息公开要求行为，加强对油品制售企业的质量监督管理。

（四）《2030年前碳达峰行动方案》

2021 年 10 月，为深入贯彻落实中共中央、国务院关于碳达峰、碳中和的重大战略决策，扎实推进碳达峰行动，国务院印发《2030 年前碳达峰行动方案》，该方案是我国围绕“1+N”制定的首个具体方案。在该方案第三章重点任务章节中，从能源、制造、运行等多个环节对移动源减污降碳作出重点部署：一是能源绿色低碳转型行动，大力发展新能源、因地制宜开发水电、合理调控油气消费；二是节能降碳增效行动，实施节能降碳重点工程，开展交通等基础设施节能升级改造；三是交通运输绿色低碳行动，推动运输工具装备低碳转型、构建绿色高效交通运输体系、加快绿色

《打赢蓝天保卫战三年行动计划》

主要目标
- ◆ 2020年，SO_2、NO_x排放总量分别比2015年下降15%以上
- ◆ $PM_{2.5}$未达标地级及以上城市浓度比2015年下降18%以上
- ◆ 地级及以上城市空气质量优良天数比例达80%，重度及以上污染天数比例比2015年下降25%以上

调整产业结构	优化能源结构	发展绿色交通	优化用地结构	实施重大专项	其他管理要点
➢ 加严准入门槛，积极推行环评 ➢ 优化区域产能 ➢ 严控“两高”行业产能 ➢ 强化“散乱污”企业综合整治 ➢ 深化工业治污 ➢ 大力培育绿色环保产业	➢ 推进北方地区清洁取暖、天然气建设、农村“煤改电” ➢ 重点区域继续煤炭消费总量控制 ➢ 整治燃煤锅炉 ➢ 提高能源利用效率 ➢ 加快发展清洁能源	➢ 提升铁、水比例 ➢ 加快车船结构升级 ➢ 加快油品质量升级 ➢ 强化移动源污染防治	➢ 实施防风固沙绿化工程 ➢ 推进露天矿山综合整治 ➢ 加强扬尘综合治理 ➢ 加强秸秆综合利用和氨排放控制	➢ 开展重点区域秋冬季攻坚行动 ➢ 打好柴油货车污染治理攻坚战 ➢ 开展工业炉窑治理专项行动 ➢ 实施VOCs专项整治方案	➢ 强化区域联防联控 ➢ 健全法律政策法规体系 ➢ 加强基础能力建设 ➢ 严格环境执法督察 ➢ 动员全社会广泛参与

图 2 《打赢蓝天保卫战三年行动计划》主要内容

资料来源：《打赢蓝天保卫战三年行动计划》。

交通基础设施建设；四是循环经济助力降碳行动，健全资源循环利用体系，推进退役动力电池等新兴产业废物循环利用、促进汽车零部件等再制造产业高质量发展；五是绿色低碳科技创新行动，探索氢能在交通运输等领域规模化应用（见表 2）。

表 2 《2030 年前碳达峰行动方案》第三章涉及移动源的主要政策条款

序号	条款	关联内容
1	(一)能源绿色低碳转型行动	合理调控油气消费。逐步调整汽油消费规模，推进先进生物液体燃料等替代传统燃油。支持车船使用液化天然气燃料
2	(二)节能降碳增效行动	实施节能降碳重点工程。开展交通基础设施节能升级改造
3	(五)交通运输绿色低碳行动	推动运输工具装备低碳转型。扩大电力、氢能、天然气燃料等新能源、清洁能源在交通运输领域应用。到 2030 年，当年新增新能源、清洁能源动力交通工具比例达 40%左右。陆路交通运输石油消费力争 2030 年前达峰 构建绿色高效交通运输体系。大力发展以铁路、水路为骨干的多式联运，加快大宗货物和中长距离货物运输“公转铁”“公转水”。“十四五”期间，集装箱铁水联运量年均增长 15%以上 加快绿色交通基础设施建设。有序推进充电桩、配套电网、加注(气)站、加氢站等基础设施建设。到 2030 年，民用运输机场场内车辆装备等力争全面实现电动化

续表

序号	条款	关联内容
4	（六）循环经济助力降碳行动	健全资源循环利用体系。推进退役动力电池等新兴产业废物循环利用。到2025年，废钢铁、废铜、废锌等9种主要再生资源循环利用量达到4.5亿吨，2030年达5.1亿吨
5	（七）绿色低碳科技创新行动	加快先进适用技术研发和推广应用。加快氢能技术研发和示范应用，探索在交通运输等领域规模化应用

资料来源：《2030年前碳达峰行动方案》。

（五）《“十四五”节能减排综合工作方案》

2021年12月，为认真贯彻落实党中央、国务院重大决策部署，大力推动节能减排，深入打好污染防治攻坚战，加快建立健全绿色低碳循环发展经济体系，推进经济社会发展全面绿色转型，助力实现碳达峰、碳中和目标，国务院印发《“十四五”节能减排综合工作方案》。该方案将交通物流节能减排工程及公共机构能效提升工程作为实施节能减排重点工程，提出了推进充换电，加氢基础设施建设，提高城市公交及出租等车辆使用新能源汽车比例，加快大宗货物和中长途货物运输“公转铁”“公转水”，大力发展铁水、公铁、公水等多式联运，公共机构率先采购使用节能和新能源汽车等内容。

（六）《减污降碳协同增效实施方案》

2022年6月，为深入贯彻落实中共中央、国务院关于碳达峰碳中和决策部署，落实新发展阶段生态文明建设有关要求，协同推进减污降碳，实现一体谋划、一体部署、一体推进、一体考核，生态环境部等七部门联合印发《减污降碳协同增效实施方案》。

《减污降碳协同增效实施方案》提出移动源排放减污降碳协同治理系列工作规划。一是加强源头防控，加快形成绿色生活方式，引导公众优先选择公共交通、自行车和步行等绿色低碳出行方式。探索建立“碳普惠”等公众参与机制。二是突出重点领域，推进交通运输协同增效，加快推进“公转铁”“公转水”，发展城市绿色配送体系，加强城市慢行交通系统建设。加快新能源车发展和老旧车淘汰，推动新能源、清洁能源动力船舶应用，加快港口供电设施建设，推动船舶靠港使用岸电。三是优化环境治理，推进大气污染防治协同控制，推动钢铁行业及锅炉超低排放改造，探索开展大气污染物与温室气体排放协同控制改造提升。四是开展模式创新，开展区域减污降碳协同创新，优化调整交通运输结构，培育绿色低碳生活方式。五是强化支撑保障，加强协同技术研发应用。推广光储直柔、可再生能源与智慧交通、交通能源融合技术，完善减污降碳法规标准。完善汽车等移动源排放标准，推动污染物与温室气体排放协同控制。六是加强组织实施，制定实施方案，细化工作任务。统筹减污降碳工作要求，将温室气体排放控制目标完成情况纳入生态环境相关考核，逐步形成体现减污降碳协同增效要求的生态环境考核体系（见图 3）。

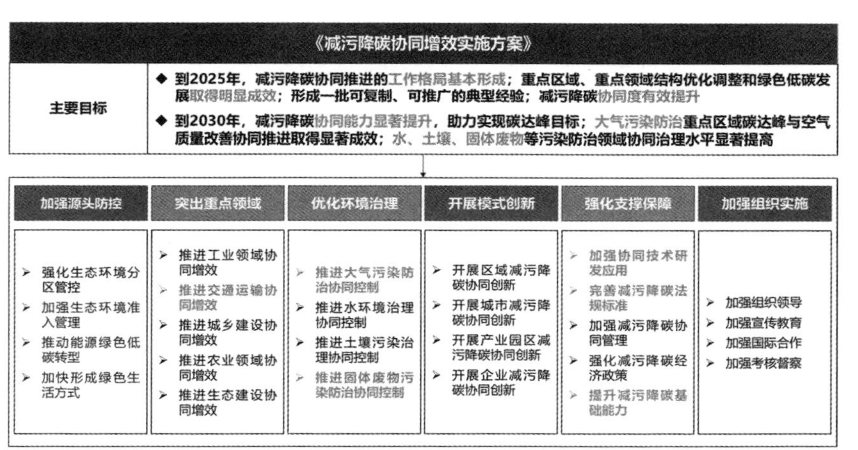

图 3 《减污降碳协同增效实施方案》政策框架

资料来源：《减污降碳协同增效实施方案》。

二 专项类政策

为推动移动源领域能源结构和交通结构调整，我国大力开展新能源汽车推广应用和“公转铁”“公转水”等交通结构调整，对促进产业升级和结构

优化发挥了重要作用。本部分重点对新能源汽车推广和交通结构调整等政策进行解析。

（一）新能源汽车推广政策

发展节能与新能源汽车是汽车产业实现低碳发展的重要举措。2000 年以来，我国发布多项政策推动汽车产业节能与新能源化。我国节能与新能源汽车推广政策整体可分为规划类、试点类、财税类和基础设施类，四类政策协同实施有力推进了我国汽车节能与新能源化发展进程。

1. 规划类

（1）《汽车产业中长期发展规划》

2017 年 4 月，为落实中共中央、国务院关于建设制造强国的战略部署，推动汽车强国建设，工信部、国家发改委和科技部联合印发《汽车产业中长期发展规划》，该规划提出力争经过十年持续努力，迈入世界汽车强国行列：关键技术取得重大突破、全产业链实现安全可控、中国品牌汽车全面发展、新型产业生态基本形成、国际发展能力明显提升、绿色发展水平大幅提高。

《汽车产业中长期发展规划》将新能源汽车、节能汽车发展作为重点任务，一是提出新能源汽车研发和推广应用工程，目标到 2020 年新能源汽车年产销达 200 万辆，动力电池单体比能量达到 300 瓦时/公斤以上，力争实现 350 瓦时/公斤，系统比能量力争达 260 瓦时/公斤、成本降至 1 元/瓦时以下。到 2025 年，新能源汽车占汽车产销 20%以上，动力电池系统比能量达到 350 瓦时/公斤。二是提出先进节能环保汽车技术提升工程，目标到 2020 年，乘用车新车平均燃料消耗量达到 5 升/百公里、怠速启停等节能技术应用率超过 50%；到 2025 年，乘用车新车平均燃料消耗量比 2020 年降低 20%、怠速启停等节能技术实现普遍应用。

（2）《新能源汽车产业发展规划（2021~2035 年）》

2020 年 10 月，为推动新能源汽车产业高质量发展，加快建设汽车强国，国务院办公厅印发《新能源汽车产业发展规划（2021~2035 年）》，提出到 2025 年，纯电动乘用车新车平均电耗降至 12.0 千瓦时/百公里，新能源汽车新车销售量达到汽车新车销售总量的20%左右，高度自动驾驶汽车实现限定区域和特定场景商业化应用。到2035年，纯电动汽车成为新销售车辆的主流，公共领域用车全面电动化，燃料电池汽车实现商业化应用，有效促进节能减排水平和社会运行效率的提升（见图4）。

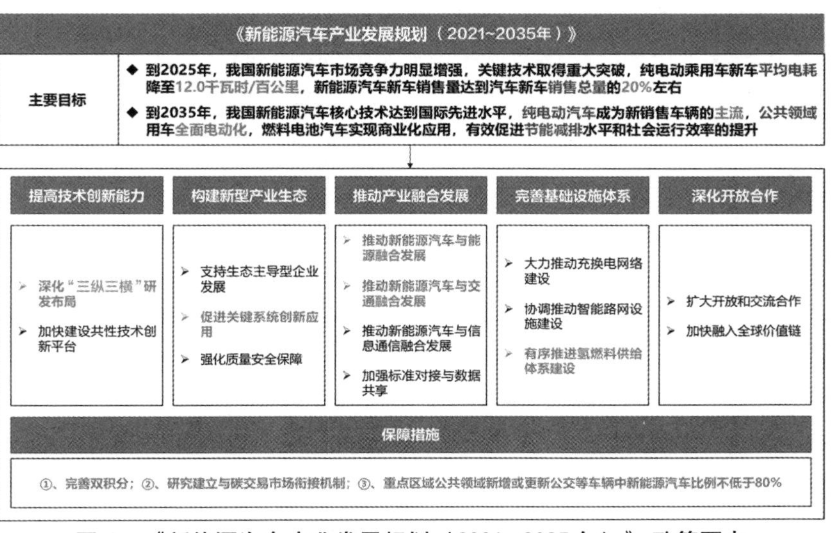

图4 《新能源汽车产业发展规划（2021~2035年）》政策要点

资料来源：《新能源汽车产业发展规划（2021~2035年）》。

《新能源汽车产业发展规划（2021~2035年）》部署了五项战略任务。一是提高技术创新能力。坚持整车和零部件并重，强化整车集成技术创新，提升动力电池、新一代车用电机等关键零部件的产业基础能力，推动电动化与网联化、智能化技术互融协同发展。二是构建新型产业生态。以生态主导型企业为龙头，加快车用操作系统开发应用，建设动力电池高效循环利用体系，强化质量安全保障，推动形成互融共生、分工合作、利益共享的新型产业生态。三是推动产业融合发展。推动新能源汽车与能源、交通、信息通信全面深度融合，促进能源消费结构优化、交通体系和城市智能化水平提升，构建产业协同发展新格局。四是完善基础设施体系。加快推动充换电、加氢等基础设施建设，提升互联互通水平，鼓励商业模式创新，营造良好使用环境。

五是深化开放合作。践行开放融通、互利共赢合作观，深化研发设计、贸易投资、技术标准等领域交流合作，积极参与国际竞争，不断提高国际竞争能力。

2. 试点类

我国新能源汽车试点初期以公共领域电动化为主，逐步拓展到乘用车等领域，推广工作经历了“城市—区域—全国”的变化，试点范围逐步扩大，试点技术路线从以纯电驱动为主逐渐向多种技术路线转变。

2009 年《关于开展节能和新能源汽车示范推广试点工作的通知》发布，正式开启公共领域新能源汽车“十城千辆”推广应用，并在次年将试点城市扩展到 20 个。其后持续鼓励新能源城市公交推广应用试点，并推进公交都市建设。2018 年《打赢蓝天保卫战三年行动计划》将推广范围扩大到京津冀及周边地区、长三角地区、汾渭平原等大气污染防治重点区域，之后又增加了国家生态文明试验区，持续推进有条件、有任务地区在公共服务领域积极应用新能源汽车。2020 年 9 月，工信部等 15 部门印发《推动公共领域车辆电动化行动计划》，提出到 2023 年力争全国公共领域累计推广新能源汽车 100 万辆，公共领域车辆电动化比例显著提高，城市电动化公交比例达到 70%。

为推动我国燃料电池汽车产业持续健康、科学有序发展，2020 年 9 月，财政部等五部门发布《关于开展燃料电池汽车示范应用的通知》，提出选取示范城市群启动燃料电池汽车试点。2021 年 9 月，我国首批三个燃料电池汽车示范城市群获批落地，分别由北京市、上海市和广东省佛山市牵头，2021 年 12 月，国家第二批燃料电池汽车示范应用城市群获批，分别是由郑州市牵头的河南城市群、河北张家口牵头的河北城市群，自此，氢燃料电池示范城市群“3+2”的格局形成，产业化试点正式启动（见图 5）。

3. 财税类

（1）财政补贴政策

从 2009 年到 2021 年，我国共计出台新能源汽车补贴政策 11 项，对新能源汽车推广应用发挥了重要作用。新能源财政补贴大致可划分为三个阶段。

2009~2015 年，补贴从试点到全国，从公共领域扩大到私人领域。2009 年，财政部联合科技部发布《关于开展节能和新能源汽车示范推广试点工作的通

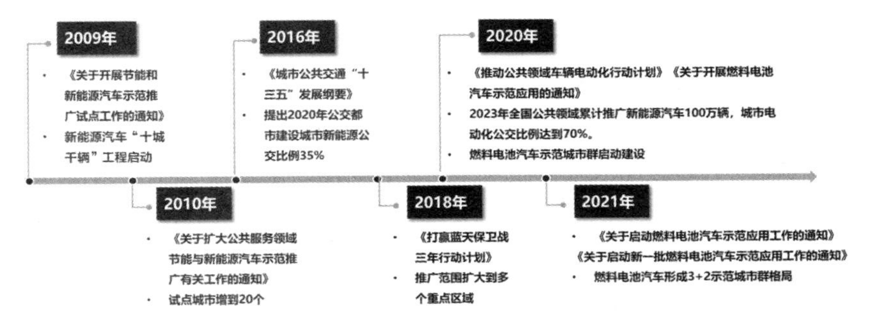

图 5　2009~2021 年新能源汽车推广应用相关政策

资料来源：编制组整理。

知》，明确中央财政将对购置节能与新能源汽车给予补助，正式拉开了新能源汽车补贴时代的序幕。之后，财政部、科技部、工信部、国家发改委持续发布新能源汽车补贴相关政策，补贴范围从试点迈向全国，推广范围由公共领域扩大到私人领域。国家对新能源汽车的大力补贴，催生了一大批新能源汽车企业。

2016~2018 年，以推动技术发展为目标，扶优扶强。2016 年 12 月发布的《关于调整新能源汽车推广应用财政补贴政策的通知》，提高了纯电动乘用车续航里程门槛，以解决新能源汽车一大短板——续航里程。2018 年 2 月发布的《关于调整完善新能源汽车推广应用财政补贴政策的通知》，进一步明确国家鼓励发展长续驶里程、高能量密度、低能耗的技术先进的新能源汽车的态度，体现出“扶优扶强”的政策导向，技术门槛大幅提高的同时，提高了高水平产品的补贴额度，突出补贴政策对技术进步的撬动作用。

2019~2021 年，逐步降低补贴标准，保证产业市场化平稳过渡。2019 年 3 月，《关于进一步完善新能源汽车推广应用财政补贴政策的通知》发布，明确提出“根据新能源汽车规模效益、成本下降等因素以及补贴政策退坡退出的规定，降低新能源乘用车、新能源客车、新能源货车补贴标准，促进产业优胜劣汰，防止市场大起大落”。后续补贴政策也延续了“平缓补贴退坡力度和节奏”原则。新能源汽车补贴逐步退出，推动中国新能源汽车市场由“政策驱动”向“市场驱动”转变（见表 3）。

表 3　2009~2021 年新能源汽车财政补贴政策

序号	发布时间	文件名	主要内容
1	2009 年 1 月	《关于开展节能与新能源汽车示范推广试点工作的通知》	针对公共服务领域开展节能与新能源汽车补贴试点
2	2010 年 5 月	《关于开展私人购买新能源汽车补贴试点的通知》	开放针对私人购买新能源汽车补贴
3	2013 年 9 月	《关于继续开展新能源汽车推广应用工作的通知》	更新补贴方案与产品技术要求,提出 2014 年和 2015 年,补助标准在 2013 年基础上下降 10%和 20%
4	2014 年 1 月	《关于进一步做好新能源汽车推广应用工作的通知》	降低 2014 年与 2015 年补贴退坡幅度
5	2015 年 4 月	《关于 2016~2020 年新能源汽车推广应用财政支持政策的通知》	明确补助对象、产品和标准,并对企业和产品提出质量和售后要求
6	2016 年 12 月	《关于调整新能源汽车推广应用财政补贴政策的通知》	调整完善推广应用补贴政策,落实推广应用主体责任并建立相关违法行为惩罚机制
7	2018 年 2 月	《关于调整完善新能源汽车推广应用财政补贴政策的通知》	逐步提高补贴技术要求,扶优扶强。完善新能源汽车补贴标准,加强推广应用监督管理
8	2019 年 3 月	《关于进一步完善新能源汽车推广应用财政补贴政策的通知》	降低新能源汽车补贴标准,对有运营里程要求的车辆,销售上牌后即预拨部分资金,满足里程要求后按程序清算
9	2020 年 4 月	《关于完善新能源汽车推广应用财政补贴政策的通知》	平缓补贴退坡力度和节奏,原则上 2020~2022 年补贴分别退坡 10%、20%、30%
10	2020 年 12 月	《关于进一步完善新能源汽车推广应用补贴政策的通知》	2021 年,新能源汽车补贴标准在 2020 年基础上退坡 20%;地方可继续对新能源公交车给予购置补贴
11	2021 年 12 月	《关于 2022 年新能源汽车推广应用财政补贴政策的通知》	2022 年新能源汽车补贴标准在 2021 年基础上退坡 30%。2022 年新能源汽车购置补贴政策于 2022 年 12 月 31 日终止,之后上牌车辆不再给予补贴

资料来源：财政部、科技部、工信部、国家发改委等官方网站。

（2）税收优惠及促进政策

节能与新能源汽车税收优惠及促进政策主要包括车船税优惠政策、免征购置税政策等。通过税收调节方式提高节能与新能源汽车相比传统汽车的价格优势，引导推动移动源绿色低碳发展。

节能与新能源车船税优惠政策逐步完善。2012 年 3 月，财政部、国家税务总局、工业和信息化部联合发布《关于节约能源 使用新能源车船车船税政策的通知》，宣布“自 2012 年 1 月 1 日起，对节约能源车船，减半征收车船税；对使用新能源车船，免征车船税”。提出获得许可在中国境内销售的排量为 1.6 升以下（含 1.6 升）的燃用汽油、柴油的乘用车（含非插电式混合动力、双燃料和两用燃料乘用车），综合工况燃料消耗量符合相关标准，可以减半征收车船税。获得许可在中国境内销售的燃用天然气、汽油、柴油的轻型和重型商用车（含非插电式混合动力、双燃料和两用燃料轻型和重型商用车），综合工况燃料消耗量符合相关标准，可以减半征收车船税。免征车船税的新能源汽车是指纯电动商用车、插电式（含增程式）混合动力汽车、燃料电池商用车。纯电动乘用车和燃料电池乘用车不属于车船税征税范围，对其不征车船税。为适应技术进步和标准升级，车船税优惠政策几经调整完善，有力推动节能与新能源汽车产业高质量发展。

2014 年 8 月，财政部、国家税务总局、工业和信息化部首度联合发布《关于免征新能源汽车车辆购置税的公告》，开始对新能源汽车免征车辆购置税。之后，政策历经 2017 年、2020 年及 2022 年三次延期，连续实施至今，为促进我国新能源汽车产业高质量发展和推进我国交通能源战略转型做出了重要贡献（见图 6 和表 4）。

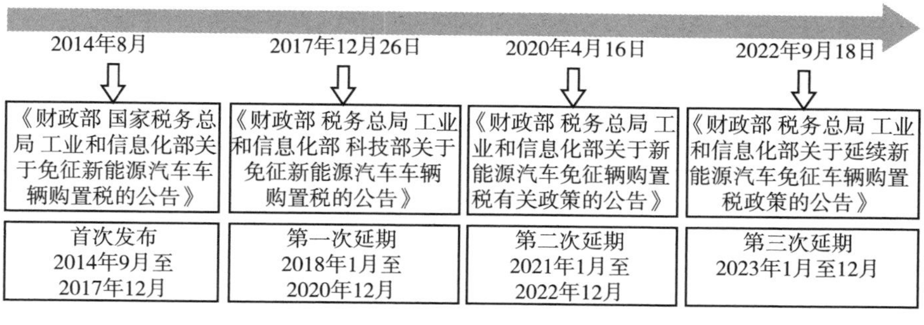

2014年8月	2017年12月26日	2020年4月16日	2022年9月18日
《财政部 国家税务总局 工业和信息化部关于免征新能源汽车车辆购置税的公告》	《财政部 税务总局 工业和信息化部 科技部关于免征新能源汽车车辆购置税的公告》	《财政部 税务总局 工业和信息化部关于新能源汽车免征车辆购置税有关政策的公告》	《财政部 税务总局 工业和信息化部关于延续新能源汽车免征车辆购置税政策的公告》
首次发布 2014年9月至 2017年12月	第一次延期 2018年1月至 2020年12月	第二次延期 2021年1月至 2022年12月	第三次延期 2023年1月至12月

图 6　新能源汽车免征车辆购置税有关政策演进历程

资料来源：编制组整理。

表 4　节能与新能源汽车税收优惠政策

序号	发布时间	文件名称	主要内容
1	2012 年 3 月	《关于节约能源 使用新能源车船车船税政策的通知》	对节约能源车船减半征收车船税。对使用新能源车船免征车船税
2	2015 年 5 月	《关于节约能源 使用新能源车船车船税优惠政策的通知》	完善了享受车船税减半征收的节能型商用车的认定标准制定
3	2018 年 7 月	《关于节能 新能源车船享受车船税优惠政策的通知》	完善了享受车船税免征的新能源船舶的认定标准制定
4	2022 年 1 月	《关于调整享受车船税优惠的节能 新能源汽车产品技术要求的公告》	更新节能乘用车、轻型商用车、重型商用车综合工况燃料消耗量限值标准。调整插电混动（含增程式）乘用车技术要求
5	2022 年 9 月	《关于延续新能源汽车免征车辆购置税政策的公告》	①新能源汽车免征购置税政策期限：购车日期在 2024 年 1 月 1 日之前； ②免征购置税新能源车型：纯电动汽车、插电式混合动力（含增程式）汽车、燃料电池汽车，具体可以参考由工信部发布的《免征车辆购置税的新能源汽车车型目录》

资料来源：财政部、科技部、工信部、国家发改委等官方网站。

4. 基础设施类

基础设施建设是新能源汽车加速发展的基础，为完善基础设施配套，加速我国汽车产业新能源化进程，我国先后发布系列新能源汽车基础设施配套政策。

2022 年 1 月，为全面贯彻落实《国务院办公厅关于印发新能源汽车产业发展规划（2021~2035 年）的通知》，支撑新能源汽车产业发展，突破充电基础设施发展瓶颈，推动构建新型电力系统，助力“双碳”目标实现，国家发改委等十部门发布《关于进一步提升电动汽车充电基础设施服务保障能力的实施意见》，提出到“十四五”末，我国电动汽车充电保障能力进一步提升，形成适度超前、布局均衡、智能高效的充电基础设施体系，能够满足超过 2000 万辆电动汽车充电需求。

2022 年 1 月，国家发改委、国家能源局等十部门印发《关于进一步提升电动汽车充电基础设施服务保障能力的实施意见》，进一步提出加快推进居住社区充电设施建设安装、提升城乡地区充换电保障能力、加强车网互动等新技术研发应用、加强充电设施运维和网络服务、做好配套电网建设与供电服务、加强质量和安全监管、加大财政金融支持力度等体系化政策，明确了各部委落地基础设施政策，推动基础设施建设的主要任务及分工。

2022 年 3 月，国家发改委发布《氢能产业发展中长期规划（2021～2035 年）》，提出统筹规划加氢网络，坚持需求导向，统筹布局建设加氢站，有序推进加氢网络体系建设。坚持安全为先，节约集约利用土地资源，支持依法依规利用现有加油加气站的场地设施改扩建加氢站。探索站内制氢、储氢和加氢一体化的加氢站等新模式。推动完善加氢站等基础设施标准，交通、储能等氢能应用标准，增加标准有效供给。

（二）交通结构调整政策

交通结构调整是移动源领域实现低碳发展的重要手段，通过推行大宗货物“公转铁”“公转水”、公共交通轨道化等，可大幅提升客运、货运效率，降低单位运输能耗，进而实现移动源减污降碳。为推动交通结构优化及调整，我国发布以纲要规划类及行动方案类为主的系列政策，各类政策协同衔接，有效促进了我国移动源绿色低碳发展。

1. 规划类

（1）《交通强国建设纲要》

2019 年 9 月，为统筹推进交通强国建设，中共中央、国务院印发《交通强国建设纲要》，提出了交通领域的发展目标：到 2020 年，完成决胜全面建成小康社会交通建设任务和“十三五”现代综合交通运输体系发展规划各项任务，为交通强国建设奠定坚实基础。到 2035 年，基本建成交通强国，货物多式联运高效经济，智能、平安、绿色、共享交通发展水平明显提高；到 21 世纪中叶，全面建成人民满意、保障有力、世界前列的交通强国。

《交通强国建设纲要》从完善基础设施布局、提高运输服务效率、绿色发展集约、低碳环保方面明确了优化运输结构、“公转铁”，以及推动铁水、公铁、公水、空陆等联运发展等交通领域低碳发展方向（见表 5）。

表 5 《交通强国建设纲要》中优化交通结构政策条款

序号	条款	关联内容
1	二、基础设施布局完善、立体互联	(一)建设现代化高质量综合立体交通网络。统筹铁路、公路、水运、民航、管道、邮政等基础设施规划建设,实现立体互联,增强系统弹性,形成区域交通协调发展新格局 (二)构建便捷顺畅的城市(群)交通网。建设城市群一体化交通网,推进干线铁路、城际铁路、市域(郊)铁路、城市轨道交通融合发展,完善城市群快速公路网络,加强公路与城市道路衔接。推进城市公共交通设施建设,强化城市轨道交通与其他交通方式衔接,完善城市步行和非机动车交通系统 (四)构筑多层级、一体化的综合交通枢纽体系。推进综合交通枢纽一体化规划建设,提高换乘换装水平,完善集疏运体系
2	四、运输服务便捷舒适、经济高效	(二)打造绿色高效的现代物流系统。优化运输结构,加快推进港口集疏运铁路、物流园区及大型工矿企业铁路专用线等"公转铁"重点项目建设,推进大宗货物及中长距离货物运输向铁路和水运有序转移。推动铁水、公铁、公水等联运发展,形成统一多式联运标准和规则 (三)加速新业态新模式发展。大力发展共享交通
3	七、绿色发展节约集约、低碳环保	(一)促进资源节约集约利用。推广施工材料、废旧材料再生和综合利用,推进邮件快件包装绿色化、减量化,提高资源再利用和循环利用水平,推进交通资源循环利用产业发展 (二)强化节能减排和污染防治。优化交通能源结构,推进新能源、清洁能源应用,促进公路货运节能减排。开展绿色出行行动,倡导绿色低碳出行理念

资料来源:《交通强国建设纲要》。

（2）《国家综合立体交通网规划纲要》

2021 年 2 月，为加快建设交通强国，构建现代化高质量国家综合立体交通网，支撑现代化经济体系和社会主义现代化强国建设，中共中央、国务院印发《国家综合立体交通网规划纲要》。规划期为 2021~2035 年，远景展望到 21 世纪中叶。

《国家综合立体交通网规划纲要》在优化国家综合立体交通布局方面，提出到 2035 年，国家综合立体交通网实体线网总规模合计 70 万公里左右，国家综合立体交通网主骨架实体线网里程 29 万公里左右，建设综合交通枢纽集群、枢纽城市及枢纽港站"三位一体"的国家综合交通枢纽系统；在推进综合交通统筹融合发展方面，提出推进多式联运体系建设；在推进综合交通高质量发展方面，提出优化调整运输结构，推进多式联运型物流园区、铁路专用线建设。促进交通能源动力系统清洁化、低碳化、高效化发展（见表6）。

表 6 《国家综合立体交通网规划纲要》主要政策条款

序号	条款	关联内容
1	三、优化国家综合立体交通布局	（一）构建完善的国家综合立体交通网。到 2035 年，国家综合立体交通网实体线网总规模合计 70 万公里左右。其中铁路 20 万公里左右，公路 46 万公里左右，高等级航道 2.5 万公里左右。沿海主要港口 27 个，内河主要港口 36 个，民用运输机场 400 个左右，邮政快递枢纽 80 个左右 （二）加快建设高效率国家综合立体交通网主骨架。国家综合立体交通网主骨架实体线网里程 29 万公里左右，其中国家高速铁路 5.6 万公里、普速铁路 7.1 万公里；国家高速公路 6.1 万公里、普通国道 7.2 万公里；国家高等级航道 2.5 万公里 （三）建设多层级一体化国家综合交通枢纽系统
2	四、推进综合交通统筹融合发展	（一）推进各种运输方式统筹融合发展。统筹综合交通通道规划建设。统筹考虑多种运输方式规划建设协同和新型运输方式探索应用，实现陆水空多种运输方式相互协同、深度融合。推进综合交通枢纽一体化规划建设 （三）推进区域交通运输协调发展。推进城市群内部交通运输一体化发展，推进都市圈交通运输一体化发展 （四）推进交通与相关产业融合发展。推进交通与邮政快递融合发展。发展航空快递、高铁快递，推动邮件快件多式联运。推进交通与现代物流融合发展。优化国家物流大通道和枢纽布局
3	五、推进综合交通高质量发展	（三）推进绿色发展和人文建设。推进绿色低碳发展。优化调整运输结构，推进多式联运型物流园区、铁路专用线建设，形成以铁路、水运为主的大宗货物和集装箱中长距离运输格局。加强可再生能源、新能源、清洁能源装备设施更新利用和废旧建材再生利用

资料来源：《国家综合立体交通网规划纲要》。

（3）《绿色交通“十四五”发展规划》

交通运输部于 2017 年先后印发《推进交通运输生态文明建设实施方案》《关于全面深入推进绿色交通发展的意见》，加快绿色交通运输制度体系建设。为深入贯彻习近平生态文明思想，坚决落实中共中央、国务院关于生态文明建设和碳达峰碳中和战略部署，交通运输部于 2021 年 10 月发布《绿色交通“十四五”发展规划》。

《绿色交通“十四五”发展规划》提出 2025 年“交通运输领域绿色低碳生产方式初步形成，基本实现基础设施环境友好、运输装备清洁低碳、运输组织集约高效，重点领域取得突破性进展，绿色发展水平总体适应交通强国建设阶段性要求”的发展目标，并为此设置了三类预期性指标、提出七项主要任务以及四项重点领域专项行动（见图 7）。

图 7 《绿色交通“十四五”发展规划》重点内容

资料来源：《绿色交通“十四五”发展规划》。

（4）《综合运输服务“十四五”发展规划》

2021 年 11 月，为加快建设交通强国，推进综合运输服务高质量发展，根据《交通强国建设纲要》《国家综合立体交通网规划纲要》部署，按照《“十四五”现代综合交通运输体系发展规划》总体要求，交通运输部印发《综合运输服务“十四五”发展规划》。规划提出两个阶段性目标，一是到 2025 年，综合交通运输基本实现一体化融合发展，智能化、绿色化取得实质性突破，综合能力、服务品质、运行效率和整体效益显著提升，交通运输发展向世界一流水平迈进。高速铁路网对 50 万人口以上城市覆盖率达到

95%以上。二是到2035年，便捷顺畅、经济高效、安全可靠、绿色集约、智能先进的现代化高质量国家综合立体交通网基本建成，“全国123出行交通圈”（都市区1小时通勤、城市群2小时通达、全国主要城市3小时覆盖）和“全球123快货物流圈”（快货国内1天送达、周边国家2天送达、全球主要城市3天送达）基本形成，基本建成交通强国。

《综合运输服务“十四五”发展规划》提出，全面推进绿色低碳转型。一是优化调整运输结构，深入推进运输结构调整，逐步构建以铁路、船舶为主的中长途货运系统。二是推广低碳设施设备，规划建设便利高效、适度超前的充换电网络，推动交通用能低碳多元发展，积极推广新能源和清洁能源运输车辆，稳步推进铁路电气化改造，推动内河船舶更多使用清洁能源，持续推进港口码头岸电设施、机场飞机辅助动力装置替代设施建设。三是加强重点领域污染防治，落实船舶大气污染物排放控制区制度。四是全面提高资源利用效率，推动交通与其他基础设施协同发展，打造复合型基础设施走廊。五是完善碳排放控制政策，实施交通运输绿色低碳转型行动，研究制定交通运输领域碳排放统计方法和核算规则，加强碳排放基础统计核算，建立交通运输碳排放监测平台，推动近零碳交通示范区建设，建立绿色低碳交通激励约束机制，分类完善通行管理、停车管理等措施。

2. 方案类

（1）《关于加快推进铁路专用线建设的指导意见》

2019年9月，为优化调整运输结构、更好发挥铁路在综合交通运输体系中的骨干作用和绿色低碳优势，推进铁路进港口、大型工矿企业和物流园区，解决好铁路运输“最后一公里”问题，促进多式联运，降低物流成本，国家发改委等五部门发布《关于加快推进铁路专用线建设的指导意见》，提出到2020年，沿海主要港口、大宗货物年运量150万吨以上的大型工矿企业、新建物流园区铁路专用线接入比例均达到80%，长江干线主要港口基本引入铁路专用线。到2025年，沿海主要港口、大宗货物年运量150万吨以上大型工矿企业、新建物流园区铁路专用线力争接入比例均达85%，长江干线主要港口全部实现铁路进港。

《关于加快推进铁路专用线建设的指导意见》提出八项重点任务，包含：深入对接需求，各省级部委研究确定铁路专用线建设目标及推进方式；同步规划建设，鼓励铁路专用线与之同步规划设计、同期建成开通；合理确定标准；简化接轨条件；压缩办理时限，按照“最多跑一趟”的目标，精简手续、提高效率；创新运维模式；优化运输服务；提升综合效益。

（2）《推进多式联运发展优化调整运输结构工作方案（2021~2025 年）》

加快多式联运发展、优化调整运输结构是推进现代综合交通运输体系建设的重要抓手，是建设交通强国的重要内容，是服务构建新发展格局、实现碳达峰碳中和目标的重要支撑。

为进一步优化调整运输结构，提升综合运输效率，降低物流成本，2021 年 12 月，国务院办公厅印发《推进多式联运发展优化调整运输结构工作方案（2021~2025 年）》（简称《方案》）。

推动发展铁路和水路运输方式，强化新能源汽车在公路运输中的地位。《方案》明确提出“到 2025 年，我国多式联运发展水平要明显提升，基本形成大宗货物及集装箱中长距离运输以铁路和水路为主的发展格局，全国铁路和水路货运量比 2020 年分别增长 10%和 12%左右”的目标。同时，《方案》指出，要加强新能源汽车在公路运输中的地位，如加强新能源重卡在特定环境中的应用，加强高速公路服务区充换电、加气等配套设施建设，表明公路运输将朝着电动化、智能化、物联化方向发展，新能源汽车将在中短途运输中发挥重要作用。

三　柴油货车污染治理攻坚行动方案

为贯彻落实中共中央、国务院决策部署，打好重污染天气消除、臭氧污染防治、柴油货车污染治理三个标志性战役，解决人民群众关心的突出大气环境问题，持续改善空气质量，2022 年 11 月生态环境部等相关部门印发了《深入打好重污染天气消除、臭氧污染防治和柴油货车污染治理攻坚战行动方案》，其中《柴油货车污染治理攻坚行动方案》为加强移动源减污降碳作

出了具体部署。方案提出到 2025 年，运输结构、车船结构清洁低碳程度明显提高，燃油质量持续改善，机动车船、工程机械及重点区域铁路内燃机车超标冒黑烟现象基本消除，全国柴油货车排放检测合格率超过 90%，全国柴油货车氮氧化物排放量下降 12%，新能源和国六排放标准货车保有量占比力争超过 40%，铁路货运量占比提升 0. 5 个百分点的目标。

《柴油货车污染治理攻坚行动方案》主要包括五项行动，对下阶段治理作出了新的要求：一是运输结构调整落到实处，更加明确地要求重点矿产园区、港区的铁路接入率和重点省份矿产资源铁路运能占比；二是柴油货车清洁化监管力度大幅加严，重点通过加强在用车数字监管和给予违规企业暂停公告等处罚措施，推动传统汽车清洁化和全面达标排放，并加快推动汽车新能源化发展；三是非道路移动源综合治理力度加强，重点实施非道路移动柴油机械第四阶段排放标准，强化排放监管，研究铁路内燃机车排放标准和实施船舶发动机第二阶段标准；四是拓展终端用户管控，监管范围更广，并强化了用能端清洁运输的考核；五是创新协同模式，针对京津冀等不同地区设置不同监管重点，且明确了联合执法的职能职责，加强了监管信息共享（见图 8）。

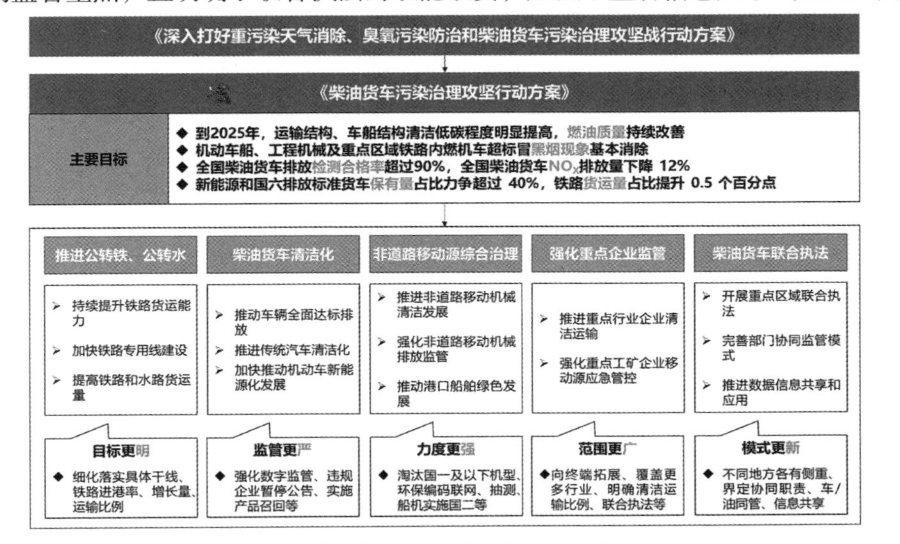

图 8 《柴油货车污染治理攻坚行动方案》政策要点

资料来源：《柴油货车污染治理攻坚行动方案》。

（一）“公转铁”“公转水”行动

1. 持续提升铁路货运能力

推进西部陆海新通道铁路东、中、西主通道建设，形成整体运输能力，提升铁路货运效能。强化专业运输通道，形成沿江沿海等重点方向铁水联运通道，提升集装箱运输网络能力，有序发展双层集装箱运输。推进西部地区能源运输通道建设，完善北煤南运、西煤东运铁路煤炭运输体系。推进既有普速铁路通道能力紧张路段扩能提质，有序实施电气化改造，浩吉、唐呼、瓦日、朔黄等铁路线按最大能力保障运输需求。

2. 加快铁路专用线建设

精准补齐工矿企业、港口、物流园区铁路专用线短板、提升“门到门”服务质量。新建及迁建煤炭、矿石、焦炭大宗货物年运量 150 万吨以上的物流园区、工矿企业，原则上要接入铁路专用线或管道。在新建或改扩建集装箱、大宗干散货作业区时，原则上要同步建设进港铁路。重点推进唐山京唐、天津东疆、青岛董家口、宁波舟山北仑和梅山、上海外高桥、苏州太仓、深圳盐田等重要港区进港铁路建设，实现铁路装卸线与码头堆场无缝衔接、能力匹配，建设轨道货运京津冀、轨道货运长三角。到 2025 年沿海港口重要港区铁路进港率高于 70%。

3. 提高铁路和水路货运量

“十四五”期间，全国铁路货运量增长 10%，水路货运量增长 12%左右。推进多式联运、大宗货物“散改集”，集装箱铁水联运量年均增长 15%以上。京津冀及周边地区、长三角地区、粤港澳大湾区等沿海主要港口利用集疏港铁路、水路、封闭式皮带廊道、新能源汽车运输铁矿石、焦炭大宗货物比例力争达到 80%。晋陕蒙新煤炭主产区出省（区）运距 500 公里以上的煤炭和焦炭铁路运输比例力争达到 90%以上。充分挖掘城市铁路站场和线路资源，创新“外集内配”等生产生活物资公铁联运模式。

（二）柴油货车清洁化行动

1. 推动车辆全面达标排放

加强对本地生产货车环保达标监管，核查车辆的车载诊断系统（OBD）、污染控制装置、环保信息随车清单，在线监控等，抽测部分车型的道路实际排放情况，基本实现系族全覆盖。严厉打击污染控制装置造假、屏蔽 OBD 功能、尾气排放不达标、不依法公开环保信息等行为，依法依规暂停或撤销相关企业车辆产品公告、油耗公告和强制性产品认证。督促生产（进口）企业及时实施排放召回。有序推进实施汽车排放检验和维护制度。加强重型货车路检路查，以及集中使用地和停放地的入户检查。

2. 推进传统汽车清洁化

2023 年 7 月 1 日，全国实施轻型车和重型车国六 b 排放标准。严格执行机动车强制报废标准规定，符合强制报废情形的交报废机动车回收企业按规定回收拆解。发展机动车超低排放和近零排放技术体系，集成发动机后处理控制、智能监管等共性技术，实现规模化应用。

3. 加快推动机动车新能源化发展

以公共领域用车为重点推进新能源化，重点区域和国家生态文明试验区新增或更新公交、出租、物流配送、轻型环卫等车辆中新能源汽车比例不低于 80%。推广零排放重型货车，有序开展中重型货车氢燃料等示范和商业化运营，京津冀、长三角、珠三角研究开展零排放货车通道试点。

（三）非道路移动源综合治理行动

1. 推进非道路移动机械清洁发展

2022 年 12 月 1 日，实施非道路移动柴油机械第四阶段排放标准。因地制宜加快推进铁路货场、物流园区、港口、机场，以及火电、钢铁、煤炭、焦化、建材、矿山等工矿企业新增或更新作业车辆和机械新能源化，鼓励新增或更新的 3 吨以下叉车基本实现新能源化。鼓励各地依据排放标准制定老旧非道路移动机械更新淘汰计划，推进淘汰国一及以下排放标准的工程机械

（含按非道路排放标准生产的非道路用车），具备条件的可更换国四及以上排放标准的发动机。研究非道路移动机械污染防治管理办法。

2. 强化非道路移动机械排放监管

各地每年对本地非道路移动机械和发动机生产企业进行排放检查，基本实现系族全覆盖。进口非道路移动机械和发动机应达到我国现行新生产设备排放标准。2025 年，各地完成城区工程机械环保编码登记三级联网，做到应登尽登。强化非道路移动机械排放控制区管控，不符合排放要求的机械禁止在控制区内使用，重点区域城市制订年度抽查计划，重点核验信息公开、污染控制装置、编码登记、在线监控联网等，对部分机械进行排放测试，比例不得低于 20%，基本消除工程机械冒黑烟现象。研究实施铁路内燃机车大气污染物排放标准。

3. 推动港口船舶绿色发展

实施船舶发动机第二阶段排放标准。提高轮渡船、短途旅游船、港作船等使用新能源和清洁能源比例，研究推动长江干线船舶电动化示范。依法淘汰高耗能高排放老旧船舶，鼓励具备条件的可采用对发动机升级改造（包括更换）或加装船舶尾气处理装置等方式进行深度治理。协同推进船舶受电设施和港口岸电设施改造，提高船舶靠港岸电使用率。

（四）重点用车企业强化监管行动

1. 推进重点行业企业清洁运输

火电、钢铁、煤炭、焦化、有色等行业大宗货物清洁方式运输比例达到70%左右，重点区域达到 80%左右；重点区域推进建材（含砂石骨料）清洁方式运输。鼓励大型工矿企业开展零排放货物运输车队试点。鼓励工矿企业等用车单位与运输企业（个人）签订合作协议等方式实现清洁运输。企业按照重污染天气重点行业绩效分级技术指南要求，加强运输车辆管控，完善车辆使用记录，实现动态更新。鼓励未列入重点行业绩效分级管控的企业参照开展车辆管理，加大企业自我保障能力。

2. 强化重点工矿企业移动源应急管控

京津冀及周边地区、汾渭平原、东北地区、天山北坡城市群全面制定移动源重污染天气应急管控方案，建立用车大户清单和货车白名单，实现动态管理。重污染天气预警期间，加大部门联合执法检查力度，开展柴油货车、工程机械等专项检查；按照国家相关标准和技术规范要求加强运输车辆、厂内车辆及非道路移动机械应急管控。

（五）柴油货车联合执法行动

1. 开展重点区域联合执法

京津冀三省市按照统一标准、统一措施、统一执法原则，依法依规开展移动源监管联防联控、联合执法，对煤炭、矿石、焦炭等大宗货物运输及集疏港货物运输开展联合管控。推进长三角地区集装箱多式联运、移动源联防联控和监管信息共享。山西和陕西等地开展重型货车联合监管行动，重点查处天然气货车超标排放及排放处理装置偷盗、拆除、倒卖问题。京津冀及周边地区、内蒙古自治区中西部城市加强煤炭、焦炭、矿石、砂石骨料等运输的联合管控。珠三角、成渝地区、长江中游城市群等货车保有量大、货运量大的地区加大联合监管力度。

2. 完善部门协同监管模式

完善生态环境部门监测取证、公安交管部门实施处罚、交通运输部门监督维修的联合监管模式，形成部门联合执法常态化路检路查工作机制。对柴油进口、生产、仓储、销售、运输、使用等全环节开展部门联合监管，全面清理整顿无证无照或证照不全的自建油罐、流动加油车（船）和黑加油站点，坚决打击非标油品。燃料生产企业应该按照国家标准规定生产合格的车船燃料。推动相关企业事业单位依法披露环境信息。研究实施降低企业和司机机动车、非道路移动机械防治负担的政策措施。

3. 推进数据信息共享和应用

严格实施汽车排放定期检验信息采集传输技术规范，各地检验信息实现按日上传至国家平台。推动非道路移动机械编码登记信息全国共享，实现一机一档，避免多地重复登记。建设重型柴油车和非道路移动机械远程在线监控平台，探索超标识别、定位、取证和执法的数字化监管模式。研究构建移动源现场快速检测方法、质控体系，提高执法装备标准化、信息化水平，切实提高执法效能。

四　总结与建议

为实现“双碳”目标和美丽中国目标，我国构建了较为完善的移动源大气污染物与温室气体减排、节能与新能源汽车推广、交通结构调整、非道路移动源治理等政策体系。在各项政策协同影响下，我国移动源减污降碳不断增强、新能源汽车产业逐渐进入市场化阶段、基础设施配套逐步完善、交通结构调整进一步深入，有效促进了我国移动源绿色低碳发展以及产业升级。

基于我国移动源绿色低碳发展趋势，助力实现美丽中国和碳达峰碳中和目标，建议研究制定《国家移动源减污降碳行动计划》。综合运用法规、政策、行政、经济等多种手段，进一步加严移动源污染物和温室气体排放标准，加快推进移动源电动化转型，优化交通运输和交通出行结构，推动移动源清洁低碳转型、构建绿色高效交通运输体系、加快绿色交通基础设施建设等。

一是持续推进移动源减污降碳协同发展。协同考虑温室气体减排与空气质量改善目标，以空气质量改善为导向，加快引入温室气体管控要求，实现温室气体与大气污染物的协同减排，构建近、中、远期各阶段目标有序衔接的减排规划。研究制定移动源大气污染物与温室气体协同管控排放标准。尽快启动移动源排放标准制修订工作，将温室气体排放纳入下阶段移动源排放标准体系，开展温室气体排放测试及限值研究。以移动源环保信息公开、生产一致性和在用符合性检查、环保召回、环保定期检验等管理制度为基础，建立统一的移动源大气污染物和温室气体监管机制。

二是加快推进移动源零排放转型。研究制定各交通细分部门（如轻型汽车、重型汽车等）和细分应用领域（如公共交通、市政服务、出租租赁、城市物流、港区短驳等）的零排放车比例要求，通过在城市、港口和物流园区等设置低排放区和零排放区，进一步推动各细分部门零排放车、机械和船舶的使用强度。研究制定新能源汽车分阶段、分区域、分类型导入方案，推动重点区域、重点领域货运全面电动化。强化重点行业绩效分级管控，进一步在绩效分级要求提升新能源汽车比例，加强清洁运输试点示范。综合考虑电力、氢能、合成燃料等技术、经济性、市场成熟度及减排效益，有序推动移动源用能绿色低碳转型。

三是加快推动绿色交通建设。持续推进大宗货物“公转铁”“公转水”，同时增加短驳运输，形成公路、铁路、水路等多式联运体系。推进绿色港口、绿色航道、绿色机场建设，制定港区新能源船舶与机械、船舶岸电使用、飞机辅助动力装置（APU）替代要求。鼓励通过经济激励、强化监管等方式，加速淘汰公交、出租、物流货运等领域高能耗高排放的老旧机动车船。加快城市群轨道交通网络化建设，加强城市步行和非机动车交通系统建设，制定差异化停车收费政策，引导居民绿色出行。

四是加强移动源减污降碳保障。以大气污染物环境统计、总量减排核查等为基础，构建移动源温室气体与大气污染物排放清单和统计核算体系，为移动源温室气体减排政策措施制定与评估提供重要数据支撑。建立健全移动源大气污染物和温室气体减排评价考核机制，压实地方和行业责任。制定大宗货物“公转铁”“公转水”、老旧车船淘汰更新、新能源车船推广等财政补贴、税收优惠、费用减免、便利通行等激励政策。研究建立基于市场的移动源大气污染物和温室气体减排机制，有序开发移动源领域国家核证自愿减排量（CCER）项目，鼓励企业提前导入先进技术，加快零排放技术推广应用，构建碳普惠平台，提高行业和公众参与的积极性。

参考文献

中华人民共和国生态环境部：《中国移动源环境管理年报（2023年）》，2023年12月。

丁焰、尹航、王军方：《中国移动源环境管理（2016～2020）》，中国环境出版集团，2021。

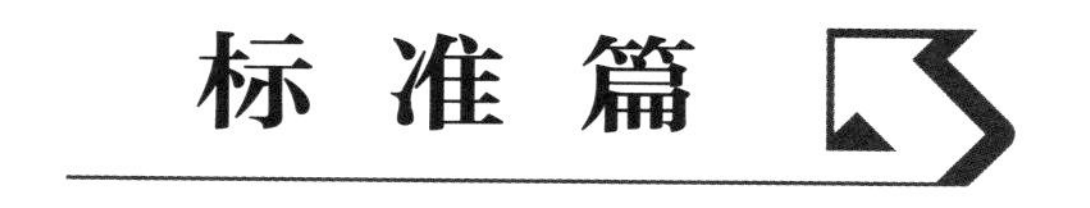

B.4 移动源污染物排放标准研究

谷雪景　郝春晓　田　苗*

摘　要：　本报告系统介绍了我国移动源大气污染物排放标准的发展阶段、实施进程以及标准体系现状，详细阐述了轻型车、重型车、摩托车、非道路移动机械、船舶等新生产产品的排放标准和在用车、在用机械等排放标准，以及燃油标准的具体内容。移动源排放标准和燃油标准的制定和实施极大地促进了污染减排和污染治理技术的进步。基于移动源环境管理现状和行业发展特征，本文提出了未来移动源污染物排放标准的发展建议：一是继续降低污染物排放，二是建立燃料低碳标准。

关键词：　移动源　污染物　排放标准

* 谷雪景，中国环境科学研究院正高级工程师，主要研究方向为移动源污染控制标准；郝春晓，中国环境科学研究院高级工程师，主要研究方向为移动源污染防治；田苗，中国环境科学研究院助理研究员，主要研究方向为移动源大气污染物排放特征和管控政策。

一　移动源排放标准总体情况

（一）发展历程

制定并实施污染物排放标准是开展移动源污染防治工作的基础，对推动移动源污染防治技术进步具有重要意义。我国自1983年发布第一项汽车排放标准以来，在40年的实践中，移动源环保标准和污染防治工作同步发展，在产品覆盖范围、排放控制要求和达标监管制度建设方面不断完善。与世界上主要国家发展历程相似，都经历了先易后难，先尾气排放控制、后全工况全污染物控制的经历；从控制对象来看，由汽车开始逐步扩展到摩托车、三轮汽车和低速货车、非道路移动机械、船舶和内燃机车等各类道路和非道路移动源，建立起较为完善的移动源标准体系。

1983~1998年为第一阶段，即初步建立道路机动车排放控制标准体系。1983年，我国颁布了第一批以汽车排放管控为主的移动源排放标准，其中包括汽油车怠速法、柴油车自由加速烟度和全负荷烟度等6项。20世纪90年代初，我国又先后颁布了涵盖轻型汽车、重型汽油车和摩托车的一系列实施质量控制的污染物排放标准，所控制的污染物范围包括一氧化碳（CO）、碳氢化合物（HC）和氮氧化物（NO_X）；首次提出工况法控制、全部污染物控制的理念，并且提出了定型样车和批量生产的产品要满足环境保护的要求；对汽油车增加了燃油蒸发和曲轴箱排放的控制标准，基本奠定了我国移动源排放控制的范围和技术路线要求。该阶段通常称为国一前排放标准，机动车排放控制水平相当于发达国家20世纪70年代末水平。

1999~2012年为第二阶段，即移动源排放标准体系完善，优化产业促进技术升级阶段。该阶段我国先后发布了23项国家机动车排放标准，标准体系不断健全完善，控制技术水平持续提升，监管制度持续加强。

其中，汽车标准从国一升级到国四，摩托车标准从国一升级到国三，三轮汽车、低速货车标准从无到有；2007 年和 2010 年我国分别发布了非道路柴油移动机械和非道路移动机械小汽油机等 2 项排放标准，使我国的移动源排放控制范围从原来的道路机动车扩展到非道路移动机械等。还修订发布了在用汽车排放标准，为进一步强化在用车辆管理提供了重要技术依据。同时，我国汽车、摩托车全面进入电喷技术时代，逐步形成以环保型式检验、生产一致性和在用车监督检查为基本框架的全链条移动源排放控制管理制度。

2013 年至今为第三阶段，进入排放标准全面聚焦实际排放，关联环境空气质量精准管控阶段。我国发布了轻型车国六、重型车国六、非道路柴油移动机械国四、船舶发动机、摩托车国四、混合动力汽车、在用车和在用非道路移动机械等重要排放标准。铁路内燃机车、大型汽油移动机械和在用船舶等方面标准已启动，我国移动源排放标准体系将在“十四五”期间基本实现全面覆盖。同时，还制定发布了机动车定期检验、信息传输、远程监控等多项技术规范类标准，进一步规范车辆在用环节的排放检验管理。该阶段移动源标准呈现新的特点：一是标准制修订更加注重移动源实际使用中的污染物减排，污染物排放测试由在实验室进行，扩展到在实际道路上进行车载测试；二是重型车国六排放标准提出了发动机和排放数据实时监控并远程传输给监管平台的要求，移动源排放监管中开始应用信息化大数据技术，对解决实际使用过程中排放监管难问题起到至关重要的作用。

（二）实施进程

我国于 2000 年正式实施汽车国一阶段排放标准，2004 年实施国二阶段排放标准，2008 年实施国三阶段排放标准，2011 年实施国四阶段排放标准，2017 年实施国五阶段排放标准，2020 年实施国六阶段排放标准。全国新生产机动车排放标准实施进度如图 1 所示。目前，汽车单车尾气污染物排放已大幅下降，轻型汽车单车尾气 CO 和 HC 排放已下降 95%以上；重型汽车单车 NO_X 排放下降 75%以上，PM 排放下降 95%以上。

与机动车相比，非道路移动机械排放标准相对滞后。非道路移动机械用柴油机于 2008 年正式实施国一阶段排放标准，2010 年实施国二阶段排放标准，2015 年实施国三阶段排放标准。国三阶段及以前基本未安装后处理装置，主要采用发动机机内净化。2020 年 12 月，生态环境部发布《非道路移动机械用柴油机排气污染物排放限值及测量方法（中国第三、四阶段）》（GB 20891-2014）修改单、《非道路柴油移动机械污染物排放控制技术要求》（HJ 1014-2020），明确了第四阶段排放控制要求。自 2022 年 12 月 1 日起，全面实施国四阶段排放标准。全国新生产非道路移动机械和船舶排放标准实施进度如图 2 所示。

（三）标准体系现状

截至 2022 年底，正在实施或即将实施的标准共有 36 项，包括汽车类标准 22 项、摩托车类标准 6 项、农用车类标准 3 项、非道路类标准 4 项、船舶类标准 1 项。移动源大气污染物排放标准体系结构见图 3。

二　主要排放标准

（一）轻型车排放标准

我国从 2000 年开始对轻型汽车正式实施国一阶段的排放标准，到目前已经经历了六个阶段的标准升级。从国一到国六，轻型车排放限值的发展历程如图 4 所示。

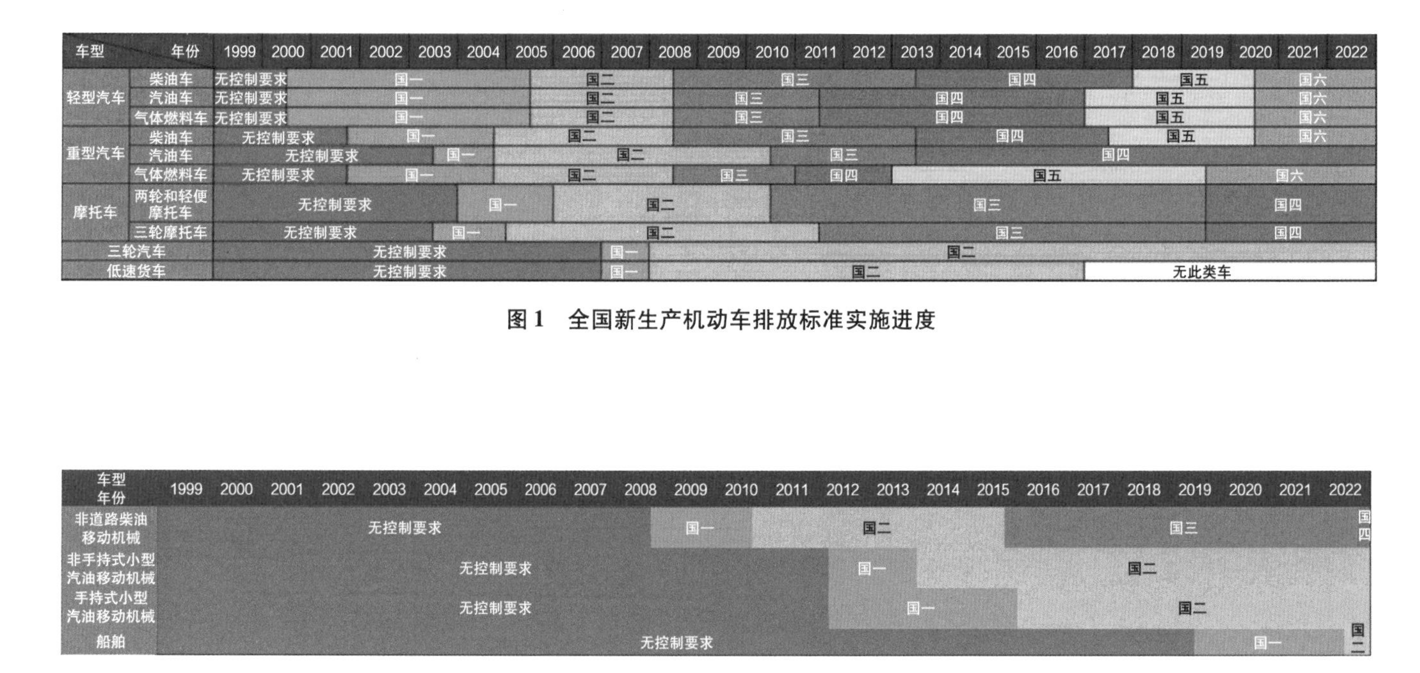

图 1　全国新生产机动车排放标准实施进度

图 2　全国新生产非道路移动机械和船舶排放标准实施进度

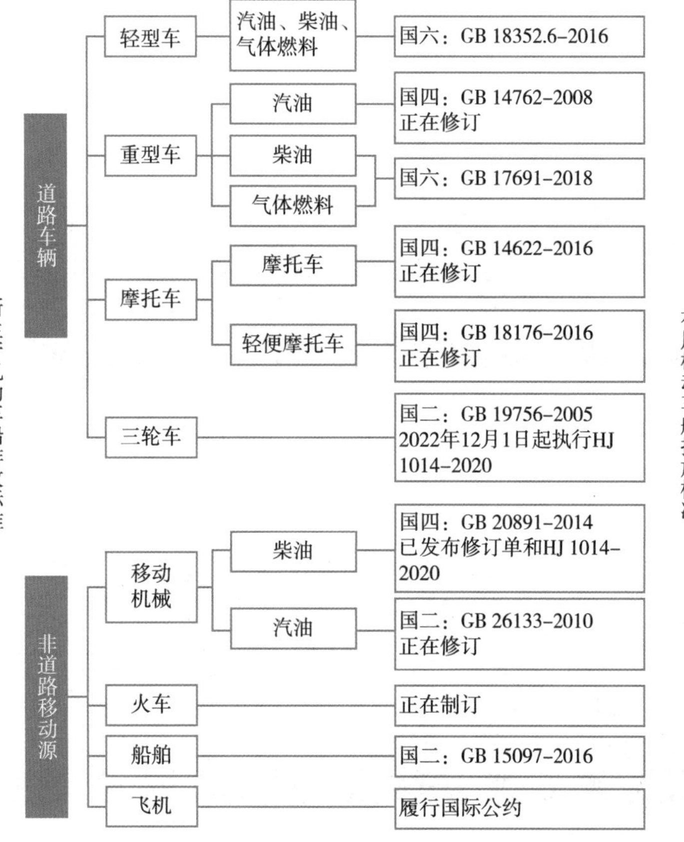

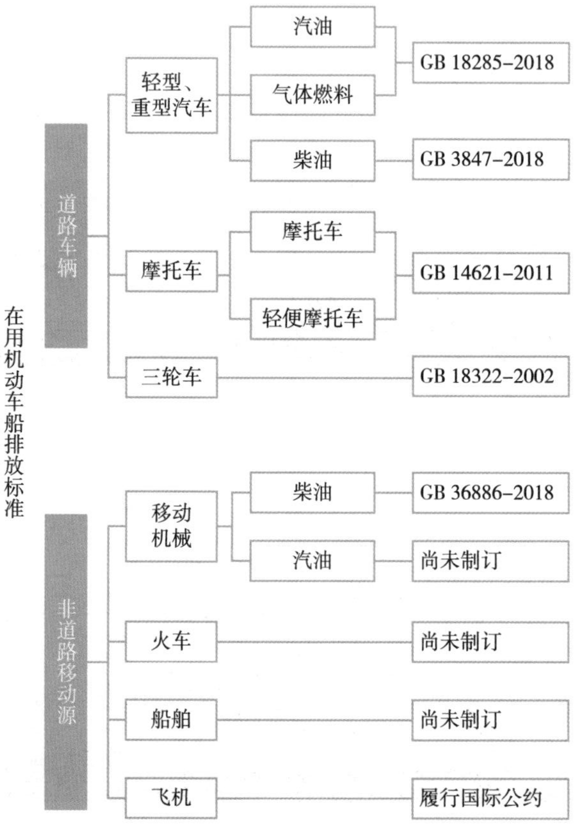

图 3　移动源大气污染物排放标准体系

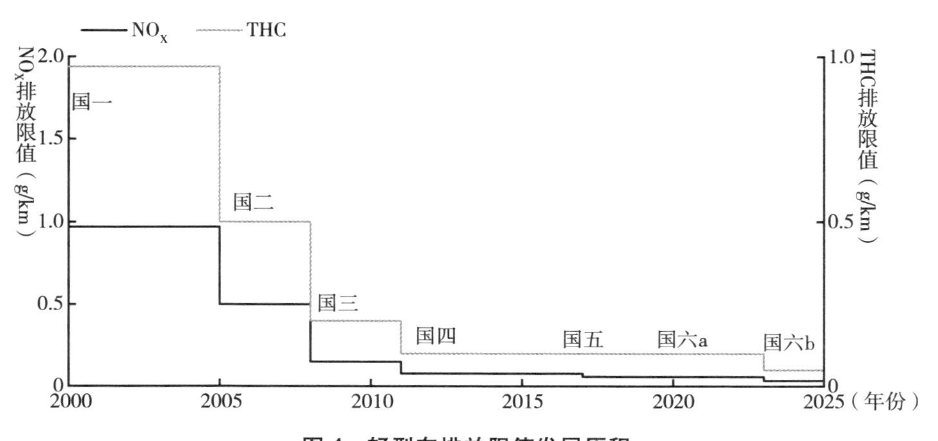

图 4　轻型车排放限值发展历程

2016 年 12 月，环境保护部、国家质检总局联合发布《轻型汽车污染物排放限值及测量方法（中国第六阶段）》（GB 18352. 6-2016）。该标准适用于以点燃式发动机或压燃式发动机为动力、最大设计车速大于或等于50km/h的轻型汽车（包括混合动力电动汽车）。在生产企业的要求下，最大设计总质量超过 3500kg 的 M_1、M_2、N_1 和 N_2 类汽车可按该标准进行型式检验。该标准不适用于已根据 GB 17691 的规定通过第六阶段型式检验的汽车。

标准规定了轻型汽车在常温和低温下排气污染物、实际行驶排放（RDE）排气污染物、曲轴箱污染物、蒸发污染物、加油过程污染物的排放限值及测量方法，污染控制装置耐久性、车载诊断系统（OBD）的技术要求及测量方法，还规定了轻型汽车型式检验的要求和确认、生产一致性和在用符合性的检查与判定方法。该标准要求自 2020 年 7 月 1 日起，所有销售和注册登记的轻型汽车应符合国六 a 限值要求；自 2023 年 7 月 1 日起，所有销售和注册登记的轻型汽车应符合国六 b 限值要求。

不同类型汽车在型式检验时要求进行的检验项目不同，表 1 列出了轻型汽车国六排放标准中的型式检验试验项目，排放限值如表 2 和表 3 所示。

表 1　轻型汽车国六标准（GB 18352. 6-2016）中的型式检验试验项目

型式检验试验类型	装用点燃式发动机的轻型汽车（包括 HEV）			装用压燃式发动机的轻型汽车（包括 HEV）
	汽油车	两用燃料车	单一气体燃料车	
Ⅰ型-气态污染物	进行	进行	进行	进行
Ⅰ型-颗粒物质量	进行	进行（只试验汽油）	不进行	进行
Ⅰ型-粒子数量	进行	进行（只试验汽油）	不进行	进行
Ⅱ型	进行	进行（只试验汽油）	进行	进行
Ⅲ型	进行	进行（只试验汽油）	进行	进行
Ⅳ型	进行	进行（只试验汽油）	不进行	不进行
Ⅴ型	进行	进行（只试验气体燃料）	进行	进行
Ⅵ型	进行	进行（只试验汽油）	进行	进行
Ⅶ型	进行	进行（只试验汽油）	不进行	不进行
OBD 系统	进行	进行	进行	进行

注：Ⅰ型试验：常温下冷启动后排气污染物排放试验；Ⅱ型试验：实际行驶污染物排放试验；Ⅲ型试验：曲轴箱污染物排放试验；Ⅳ型试验：蒸发污染物排放试验；Ⅴ型试验：污染控制装置耐久性试验；Ⅵ型试验：低温下冷启动后排气中 CO、THC 和 NO_X 排放试验；Ⅶ型试验：加油过程污染物排放试验；Ⅳ型试验前，还应按标准的要求对炭罐进行检测，对于使用标准中规定的劣化系数（修正值）通过型式检验的车型，不进行此项试验。

表 2　国六标准（GB 18352. 6-2016）中 I 型试验排放限值（6a 阶段）

车辆类别		测试质量（TM）	限值						
			CO（mg/km）	THC（mg/km）	NMHC（mg/km）	NO_X（mg/km）	N_2O（mg/km）	PM（mg/km）	PN①（个/km）
第一类车		全部	700	100	68	60	20	4. 5	6.0×10^{11}
第二类车	Ⅰ	TM≤1305kg	700	100	68	60	20	4. 5	6.0×10^{11}
	Ⅱ	1305kg<TM≤1760kg	880	130	90	75	25	4. 5	6.0×10^{11}
	Ⅲ	1760kg<TM	1000	160	108	82	30	4. 5	6.0×10^{11}

注：①2020 年 7 月 1 日前，汽油车试用 6.0×10^{12} 个/km 的过渡期限值。

表 3　国六标准（GB 18352.6-2016）中 I 型试验排放限值（6b 阶段）

车辆类别		测试质量（TM）	限值						
			CO（mg/km）	THC（mg/km）	NMHC（mg/km）	NO_X（mg/km）	N_2O（mg/km）	PM（mg/km）	PN[①]（个/km）
第一类车		全部	500	50	35	35	20	3.0	6.0×10^{11}
第二类车	Ⅰ	TM≤1305kg	500	50	35	35	20	3.0	6.0×10^{11}
	Ⅱ	1305kg<TM≤1760kg	630	65	45	45	25	3.0	6.0×10^{11}
	Ⅲ	1760kg<TM	740	80	55	50	30	3.0	6.0×10^{11}

注：①2020 年 7 月 1 日前，汽油车试用 6.0×10^{12} 个/km 的过渡期限值。

与国五标准相比，国六标准主要有八个方面的变化：一是测试循环由 NEDC 循环变为 WLTC 循环，覆盖了更大的发动机工作范围；二是增加了更加严格的测试要求；三是限值加严了 40%~50%，采用燃料中立原则，对汽柴油车采用了相同的限值要求；四是新增加了实际道路行驶排放测试，可有效防止实际排放超标的作弊行为；五是加严了蒸发排放控制要求；六是增加了排放质保期的要求，切实保障车主的权益；七是提高了低温试验要求，CO 和 HC 限值加严 1/3；八是增加了对 NO_X 的控制要求，可有效控制冬天车辆冷启动时的排放。

实施该标准，主要通过改进催化转化器中的催化剂（增加贵金属用量等）、改进燃料喷射方式、改进 ECU 电控单元、改进发动机燃烧室的构造（包括吸气时的控制等）、增大炭罐容积、改进燃油系统密封性、升级 OBD 系统等。对比国际排放标准的控制水平，仅从限值水平来看，轻型汽车 6a 阶段限值略严于欧洲第六阶段排放标准限值水平，比美国 Tier3 排放标准限值要求宽松；6b 阶段限值基本相当于美国 Tier3 排放标准中规定的 2020 年车队平均限值。

（二）重型车排放标准

我国 2001 年发布重型车国一阶段的排放标准，到目前已经经历了六个阶段的标准升级。从国一到国六，重型车排放限值的发展历程如图 5 所示。

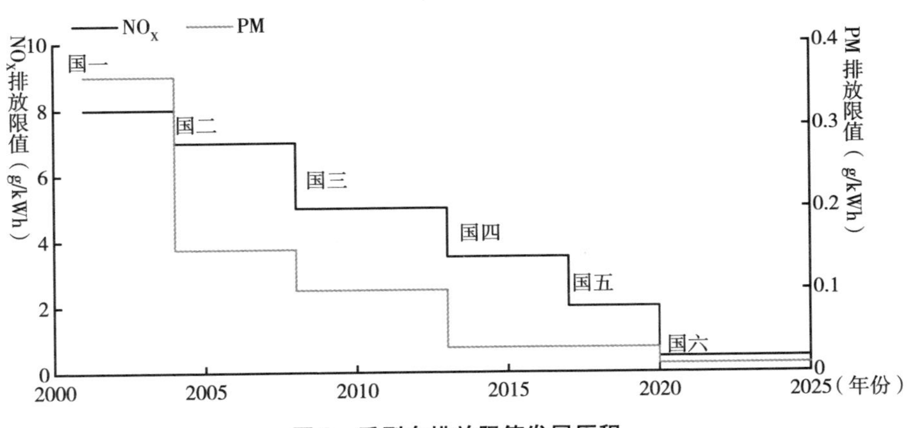

图 5　重型车排放限值发展历程

2018 年 6 月，生态环境部、国家市场监督管理总局联合发布《重型柴油车污染物排放限值及测量方法（中国第六阶段）》（GB 17691-2018）。该标准适用于设计车速大于 25km/h 的装用压燃式、气体燃料点燃式发动机的 M_2、M_3、N_2（但不包括低速货车）和 N_3 类以及总质量大于 3500kg 的 M_1 类重型汽车。

标准规定了装用压燃式发动机汽车及其发动机所排放的气态和颗粒污染物的排放限值及测量方法，以及装用以天然气或液化石油气作为燃料的点燃式发动机汽车及其发动机所排放的气态污染物的排放限值及测量方法。包括了重型柴油车标准循环和非标准循环排气污染物、曲轴箱污染物的排放限值及测量方法，排放控制装置的耐久性、排放质保期、车载诊断系统（OBD）、氮氧化物控制系统等技术要求及测量方法。适用于上述汽车及其发动机的型式检验、生产一致性检查、新生产车排放监督检查和在用符合性检查。该标准分为 6a 和 6b 两个阶段实施，6a 和 6b 阶段主要技术要求的不同点如表 4 所示。自标准规定的实施之日起（见表 5），凡不满足标准相应阶段要求的新车不得生产、进口、销售和注册登记，不满足该标准相应阶段要求的新发动机不得生产、进口、销售和投入使用。

表 4　GB 17691-2018 中 6a 和 6b 阶段主要技术要求的不同点

技术要求	6a 阶段	6b 阶段
PEMS 方法的 PN 要求	无	有
远程排放管理车载终端数据发送要求	无	有
高海拔排放要求	1700m	2400m
PEMS 测试载荷范围	50%～100%	10%～100%

表 5　重型柴油车国六标准（GB 17691-2018）实施时间

标准阶段	车辆类型	实施时间
6a 阶段	燃气车辆	2019 年 7 月 1 日
	城市车辆	2020 年 7 月 1 日
	所有车辆	2021 年 7 月 1 日
6b 阶段	燃气车辆	2021 年 1 月 1 日
	所有车辆	2023 年 7 月 1 日

发动机机型（系族）在型式检验时要求进行的检验项目，如表 6 所示。发动机台架污染物排放试验，气态污染物和颗粒物排放结果乘以劣化系数后，应小于表 7 中给出的排放限值。发动机机型或系族进行非标准循环排放试验（WNTE），其结果应小于表 8 中给出的排放限值要求。整车进行实际道路车载法排放试验，要求 90%以上的有效窗口，小于表 9 中规定的排放限值要求。

表 6　GB 17691-2018 中发动机机型（系族）型式检验的试验项目

型式检验试验项目			柴油机	单一气体燃料机	双燃料发动机[①]
标准循环	稳态工况（WHSC）	气态污染物	进行	—	进行
		颗粒物质量（PM） 粒子数量（PN）			
		CO_2 和油耗			
	瞬态工况（WHTC）	气态污染物	进行	进行	进行
		颗粒物质量（PM） 粒子数量（PN）			
		CO_2 和油耗			

续表

型式检验试验项目			柴油机	单一气体燃料机	双燃料发动机①
非标准循环	发动机台架非标准循环(WNTE)	气态污染物	进行	—	进行
		颗粒物质量(PM)			
	整车车载法(PEMS)试验②		进行	进行	进行
曲轴箱通风			进行	进行	进行
耐久性			进行	进行	进行
OBD			进行	进行	进行
NO_X 控制			进行	—	进行

注：①按标准中的附录 N 要求进行型式检验；②发动机的整车 PEMS 试验，可以是该发动机所安装车型的 PEMS 试验之一。

表 7　GB 17691-2018 中发动机标准循环排放限值

试验	CO (mg/kWh)	THC (mg/kWh)	NMHC (mg/kWh)	CH_4 (mg/kWh)	NO_X (mg/kWh)	NH_3 (ppm)	PM (mg/kWh)	PN (#/kWh)
WHSC 工况 (CI)①	1500	130	—	—	400	10	10	8.0×10^{11}
WHTC 工况 (CI)①	4000	160	—	—	460	10	10	6.0×10^{11}
WHTC 工况 (PI②)	4000	—	160	500	460	10	10	6.0×10^{11}

注：①CI=压燃式发动机；②PI=点燃式发动机。

表 8　GB 17691-2018 中发动机非标准循环（WNTE）排放限值

试验	CO (mg/kWh)	THC (mg/kWh)	NO_X (mg/kWh)	PM (mg/kWh)
WNTE 工况	2000	220	600	16

表 9　GB 17691-2018 中整车试验排放限值①

发动机类型	CO (mg/kWh)	THC (mg/kWh)	NO_X (mg/kWh)	PN② (#/kWh)
压燃式	6000	—	690	1.2×10^{12}
点燃式	6000	240(LPG) 750(NG)	690	—
双燃料	6000	1.5×WHTC 限值	690	1.2×10^{12}

注：①应在同一试验中同时测量 CO_2 并同时记录；②PN 限值从 6b 阶段开始实施。

与国五标准相比，国六标准主要有十个方面的变化：一是大幅加严污染物排放限值，NO_X、PM 限值分别加严 77%、67%，新增粒子数量（PN）限值和 NH_3 排放限值；二是采用全新的发动机标准测试循环，即全球统一重型发动机瞬态测试循环（WHTC）和稳态测试循环（WHSC）；三是增加发动机非标准循环排放控制要求，有效防止车辆只在标准测量循环下排放达标；四是新增整车实际道路测试方法（车载法，PEMS），填补了整车监督执法的测量方法空白；五是进一步强化耐久性要求，可直接选择标准指定的劣化系数，大大降低企业型式检验成本；六是提出更加严格的 OBD 系统要求和 NO_X 控制系统要求；七是增加高海拔排放要求；八是增加防止含钒化合物泄漏的要求；九是规定了排放油耗联合管控的相关要求；十是增加远程排放管理车载终端技术要求。

该标准主要沿用欧洲标准体系，参考欧盟第六阶段排放法规，协调全球统一的重型车排放测试法规，并融合美国 2010 年重型车排放法规中的先进经验及相关技术内容，基于国际上最先进的排放控制技术。为满足该标准要求，采用的污染控制技术主要包括：选择性催化还原装置（SCR）、颗粒捕集器（DPF）、柴油氧化催化器（DOC）和废气再循环（EGR）技术等。后处理系统中的核心零部件主要有：陶瓷载体、催化剂、SCR 尿素计量泵和氮氧传感器等。

（三）摩托车排放标准

我国 2002 年发布摩托车和轻便摩托车国一和国二阶段的排放标准，到目前已经经历了四个阶段的标准升级。从国一到国四，主要排放限值的发展历程如图 6 所示。

2016 年 8 月，环境保护部、国家质检总局发布《摩托车污染物排放限值及测量方法（中国第四阶段）》（GB 14622−2016）和《轻便摩托车污染物排放限值及测量方法（中国第四阶段）》（GB 18176−2016），要求自 2019 年 7 月 1 日起，全面实施摩托车国四排放标准。

上述两项标准分别适用于燃用各类燃料的摩托车和轻便摩托车。对于摩

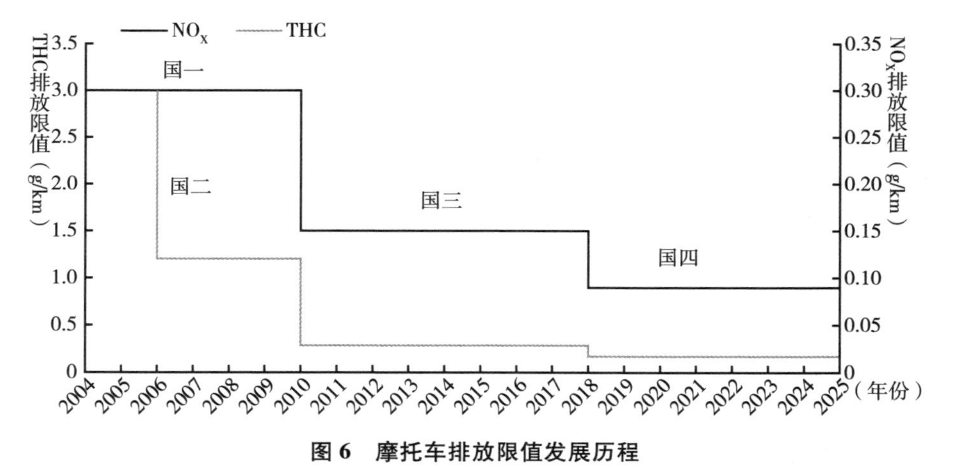

图 6　摩托车排放限值发展历程

注：以两轮摩托车部分车型为例。

托车排放标准，从燃料类型来看，包括汽油车、柴油车、气体燃料车（如天然气、液化石油气）、两用燃料车等，柴油车仅指三轮柴油摩托车。对于轻便摩托车排放标准，从燃料类型来看，包括汽油车、气体燃料车（如天然气、液化石油气）、两用燃料车等。这两项标准适用于新车型式核准、生产一致性检查和在用符合性检查，包括了摩托车和轻便摩托车大气污染物排放控制的各项要求，即排气（尾气排放）、燃油蒸发和曲轴箱污染物排放的限值及测量方法，同时，还规定了污染控制装置耐久性、车载诊断（OBD）系统的技术要求及测量方法。型式检验时，摩托车和轻便摩托车的试验项目如表 10 和表 11 所示。摩托车和轻便摩托车 I 型试验（常温下冷启动后排气污染物排放试验）的排放限值分别如表 12 和表 14 所示，双怠速试验或自由加速烟度试验的排放限值如表 13 所示。

与国三标准相比，主要有五方面的变化：一是扩大标准适用范围，新增柴油三轮摩托车的排放控制要求；二是新增污染物项目，新增了对柴油三轮摩托车颗粒物的污染控制要求；三是污染物限值进一步加严，各项污染物加严了 25%～53%；四是进一步提升了排放控制耐久性要求；五是提出更加完善的环保管理和技术要求。

表 10　GB 14622-2016 中摩托车试验项目

试验类型	装用点燃式发动机的摩托车			装用压燃式发动机的三轮摩托车
	汽油	两用燃料	单一气体燃料	
Ⅰ型试验	进行	进行(两种燃料)	进行	进行
Ⅱ型试验	进行	进行(两种燃料)	进行	进行
Ⅲ型试验	进行	进行(只汽油)	进行	不进行
Ⅳ型试验	进行	进行(只汽油)	不进行	不进行
Ⅴ型试验	进行	进行(只汽油)	进行	进行
OBD 系统试验	进行	进行(两种燃料)	进行	进行

注：Ⅰ型试验：指常温下冷启动后排气污染物排放试验；Ⅱ型试验：对装用点燃式发动机的摩托车，指测定双怠速的 CO、HC 和高怠速的 λ 值（过量空气系数）；对装用压燃式发动机的三轮摩托车，指测定自由加速烟度；Ⅲ型试验：指曲轴箱污染物排放试验；Ⅳ型试验：指蒸发污染物排放试验；Ⅴ型试验：指污染控制装置耐久性试验；Ⅳ型试验前，还应按照标准中的要求对炭罐进行检测；Ⅴ型试验前，还应按照标准中的要求对催化转化器进行检测。

表 11　GB 18176-2016 中轻便摩托车试验项目

试验类型	轻便摩托车		
	汽油	两用燃料	单一气体燃料
Ⅰ型试验	进行	进行(两种燃料)	进行
Ⅱ型试验	进行	进行(两种燃料)	进行
Ⅲ型试验	进行	进行(只汽油)	进行
Ⅳ型试验	进行	进行(只汽油)	不进行
Ⅴ型试验	进行	进行(只汽油)	进行
OBD 系统试验	进行	进行(两种燃料)	进行

注：Ⅰ型试验：指常温下冷启动后排气污染物排放试验；Ⅱ型试验：指测定双怠速的 CO、HC 和高怠速的 λ 值（过量空气系数）；Ⅲ型试验：指曲轴箱污染物排放试验；Ⅳ型试验：指蒸发污染物排放试验；Ⅴ型试验：指污染控制装置耐久性试验；Ⅳ型试验前，还应按照标准中的要求对炭罐进行检测；Ⅴ型试验前，还应按照标准中的要求对催化转化器进行检测。

表 12　GB 14622-2016 中摩托车 I 型试验排放限值

单位：mg/km

车辆类型	车辆分类	排放限值				
		CO	HC	NO_X	HC+NO_X	PM
两轮摩托车	Ⅰ，Ⅱ	1140	380	70	—	—
	Ⅲ	1140	170	90	—	—
三轮摩托车	点燃式发动机	2000	550	250	—	—
	压燃式发动机	740	—	390	460	60

表 13　GB 14622-2016 中摩托车和轻便摩托车Ⅱ型（双怠速法试验）的排放限值（体积分数）

怠速工况		高怠速工况	
CO(%)	HC①(ppm)	CO(%)	HC(ppm)
0.8	150	0.8	150

注：①体积分数值按正己烷当量计。

表 14　GB 18176-2016 中轻便摩托车 I 型试验排放限值

单位：mg/km

车辆分类	排放限值		
	CO	HC	NO_X
两轮轻便摩托车	1000	630	170
三轮轻便摩托车	1900	730	1700

摩托车和轻便摩托车国四排放标准参考借鉴了欧盟第四阶段排放法规，但是排放限值较欧盟法规更为严格。其中，对于两轮摩托车，因冷态循环污染物的计算权重与欧盟不同，国四标准的限值实际严于欧四法规的要求；另外，对于柴油三轮摩托车，其限值也严于欧四标准 25%~30%。随着排放标准的进一步加严，原有的化油器及电控化油器技术路线难以满足排放标准的要求，电控喷射系统（FI）是控制车辆排放状态及保证耐久全过程排放达标的重要手段。

（四）非道路移动机械排放标准

1. 非道路柴油机械排放标准

我国 2007 年发布非道路柴油移动机械国一和国二阶段的排放标准，到目前已经经历了四个阶段的标准升级。从国一到国四，主要排放限值的发展历程如图 7 所示。

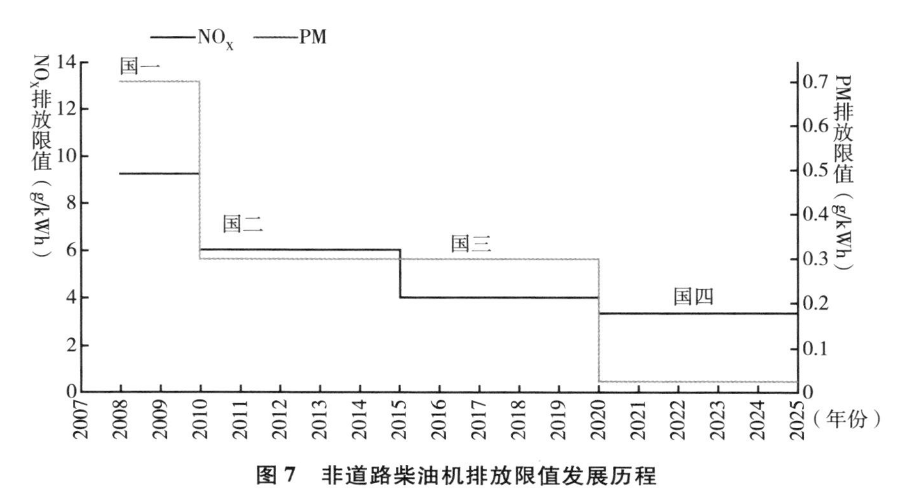

图 7　非道路柴油机排放限值发展历程

注：以 75≤Pmax<130 发动机为例。

2014 年 5 月，环境保护部发布《非道路移动机械用柴油机排气污染物排放限值及测量方法（中国第三、四阶段）》（GB 20891-2014），提出了第四阶段预告性要求，明确第四阶段实施时间另行规定。2020 年 12 月，生态环境部与国家市场监督管理总局联合发布了《非道路移动机械用柴油机排气污染物排放限值及测量方法（中国第三、四阶段）》（GB 20891-2014）修改单，并发布了其配套技术规范《非道路柴油移动机械污染物排放控制技术要求》（HJ 1014-2020）。自 2022 年 12 月 1 日起，所有生产、进口和销售的 560kW 以下（含 560kW）非道路移动机械及其装用的柴油机应符合国四标准要求。560kW 以上非道路移动机械及其装用的柴油机第四阶段实施时间另行公告。

非道路移动机械第四阶段标准修改采用欧盟非道路移动机械第Ⅲ B、Ⅳ及Ⅴ阶段的相关要求，同时参考了 EPA 对排放关键零部件质保期的要求，规定了非道路移动机械及其装用的柴油机的排放限值及测量方法。根据功率段的不同，排放限值及试验方法均有差异。具体试验项目见表 15，标准限值见表 16。

表 15　非道路移动机械用柴油机型式检验项目

<table>
<tr><th>循环</th><th>循环类别</th><th>型式检验项目</th></tr>
<tr><td rowspan="8">标准循环</td><td rowspan="4">稳态循环
（NRSC）</td><td>气态污染物</td></tr>
<tr><td>颗粒物质量（PM）
粒子数量（PN）①</td></tr>
<tr><td>氨（NH_3）浓度②</td></tr>
<tr><td>CO_2和油耗</td></tr>
<tr><td rowspan="4">瞬态循环
（NRTC）⑤</td><td>气态污染物</td></tr>
<tr><td>颗粒物质量（PM）
粒子数量（PN）</td></tr>
<tr><td>氨（NH_3）浓度②</td></tr>
<tr><td>CO_2和油耗</td></tr>
<tr><td rowspan="2">非标准循环⑥</td><td rowspan="2">稳态单点测试</td><td>气态污染物</td></tr>
<tr><td>颗粒物质量（PM）</td></tr>
<tr><td colspan="3">耐久性</td></tr>
<tr><td colspan="3">NO_X 控制②,③</td></tr>
<tr><td colspan="3">PM 控制④</td></tr>
</table>

注：①PN 测量适用于 37kW≤P_{max}≤560kW 的柴油机；②采用反应剂后处理系统需进行的检验项目；③采用 EGR 系统需进行的检验项目；④采用颗粒物后处理系统需进行的检验项目；⑤不适用于 P_{max}<19kW 的单缸柴油机和 P_{max}>560kW 的柴油机；⑥适用于电控燃油系统柴油机。

表 16　非道路移动机械用柴油机排气污染物排放限值（国四）

<table>
<tr><th>额定功率 P_{max}
（kW）</th><th>CO
（g/kWh）</th><th>HC
（g/kWh）</th><th>NO_X
（g/kWh）</th><th>HC+NO_X
（g/kWh）</th><th>PM
（g/kWh）</th><th>NH_3
（ppm）</th><th>PN
（#/kWh）</th></tr>
<tr><td>P_{max}>560</td><td>3.5</td><td>0.40</td><td>3.5，0.67①</td><td>—</td><td>0.10</td><td rowspan="5">25②</td><td>—</td></tr>
<tr><td>130≤P_{max}≤560</td><td>3.5</td><td>0.19</td><td>2.0</td><td>—</td><td>0.025</td><td rowspan="3">$5×10^{12}$</td></tr>
<tr><td>56≤P_{max}<130</td><td>5.0</td><td>0.19</td><td>3.3</td><td>—</td><td>0.025</td></tr>
<tr><td>37≤P_{max}<56</td><td>5.0</td><td>—</td><td>—</td><td>4.7</td><td>0.025</td></tr>
<tr><td>P_{max}<37</td><td>5.5</td><td>—</td><td>—</td><td>7.5</td><td>0.60</td><td>—</td></tr>
</table>

注：①适用于可移动式发电机组用 P_{max}>900kW 的柴油机；②适用于使用反应剂的柴油机。

与三阶段标准相比，该标准主要有如下变化：增加了 NCD/PCD、车载排放终端、卫星精准定位系统、新生产机械排放达标自查及监督抽查、在用符合性检查及 PEMS 试验等要求；增加了粒子数量（PN）和 NH_3污染物的管控；增加了瞬态循环及非标准循环；提出了排放关键零部件质保期的概念，机械生产企业应保证排放相关零部件的材料、制造工艺及产品质量，能确保其在机械有效寿命期内的正常功能。

随着排放控制要求的逐步提高，排放控制技术不断进步。国四标准的实施将进一步推动电控共轨、增压进气、SCR、DPF 等排放关键技术的广泛应用。

2. 非道路小型汽油机械排放标准

2010 年 12 月 30 日，环境保护部、国家质检总局发布《非道路移动机械用小型点燃式发动机排气污染物排放限值与测量方法（中国第一、二阶段）》（GB 26133-2010）。该标准规定了净功率不大于 19kW 的非道路移动机械用小型点燃式发动机第一、二阶段的排气污染物排放限值和测量方法。自 2011 年 3 月 1 日起非手持式和手持式发动机型式核准实施第一阶段，自 2013 年 1 月 1 日起非手持式发动机型式核准实施第二阶段，自 2015 年 1 月 1 日起手持式发动机型式核准实施第二阶段。

标准的技术内容主要采用 GB/T 8190.4《往复式内燃机　排放测量　第 4 部分：不同用途发动机的试验循环》的运转工况，修改采用欧盟（EU）指令 97/68/EC 及其修正案 2002/88/EC《关于协调各成员国采取措施防治非道路移动机械用内燃机气体污染物和颗粒物排放的法律》、美国法规 40CFR Part90《非道路点燃式发动机排放控制》的相关技术内容。发动机的分类见表 17。

表 17　发动机类别

单位：cm^3

发动机类别代号	工作容积 V	发动机类别代号	工作容积 V
SH1	V<20	FSH2	66≤V<100
SH2	20≤V<50	FSH3	100≤V<225
SH3	V≥50	FSH4	V≥225
FSH1	V<66		

标准第一、二阶段对发动机排气污染物中 CO、HC、NO_X 规定的排放控制要求见表 18 和表 19。试验采用 GB/T 8190 规定的 D2、G1、G2、G3 循环，根据发动机机型的主要用途选择试验循环。此外，标准要求制造企业采取措施保证发动机的生产一致性，并规定了监督检查方法。

表 18 发动机排气污染物排放限值（GB 26133-2010 第一阶段）

单位：g/kWh

发动机类别代号	污染物排放限值			
	一氧化碳（CO）	碳氢化合物（HC）	氮氧化物（NO_X）	碳氢化合物+氮氧化物（$HC+NO_X$）
SH1	805	295	5. 36	—
SH2	805	241	5. 36	—
SH3	603	161	5. 36	—
FSH1	519	—	—	50
FSH2	519	—	—	40
FSH3	519	—	—	16. 1
FSH4	519	—	—	13. 4

表 19 发动机排气污染物排放限值（GB 26133-2010 第二阶段）

单位：g/kWh

发动机类别代号	污染物排放限值		
	一氧化碳（CO）	碳氢化合物+氮氧化物（$HC+NO_X$）	氮氧化物（NO_X）
SH1	805	50	10
SH2	805	50	
SH3	603	72	
FSH1	610	50	
FSH2	610	40	
FSH3	610	16. 1	
FSH4	610	12. 1	

（五）船舶排放标准

1. 内河、沿海船舶排放标准

2016 年 8 月 22 日，环境保护部、国家质检总局发布了《船舶发动机排气污染物排放限值及测量方法（中国第一、二阶段）》（GB 15097-2016），规定了船舶装用的压燃式发动机、点燃式气体燃料及双燃料发动机排气污染物排放限值及测量方法。该标准适用于具有中国船籍在我国水域航行或作业的船舶［如内河船、沿海船、江海直达船、海峡（渡）船和各类渔船］装用的额定净功率大于 37 千瓦、新生产船用发动机的环境管理，不适用于远洋船舶，远洋运输船舶执行国际公约的相关规定。标准还规定了船舶使用燃料的要求以及船舶和船机实施大修后的排放要求。自 2019 年 7 月 1 日起实施第一阶段要求，2022 年 7 月 1 日起实施第二阶段要求。

标准对发动机排气污染物中 CO、$HC+NO_X$、CH_4、PM 规定了排放控制要求，具体排放限值见表 20 和表 21。第二阶段的排放控制要求和第一阶段相比较，$HC+NO_X$ 总体加严了 20%以上，PM 加严了 40%。根据船机的不同用途，排气污染物测量方法采用四工况、五工况或八工况进行。各污染物的排放结果计算可以使用标准指定的劣化系数，也可根据标准方法确定劣化修正值。标准对船机的耐久性、在用符合性、硫氧化物排放、生产一致性及大修、更换也做出了要求。

表 20　船机排气污染物排放限值（GB 15097-2016 第一阶段）

船机类型	单缸排量（SV）（L/缸）	额定净功率（P）（kW）	CO（g/kWh）	$HC+NO_X$（g/kWh）	CH_4[①]（g/kWh）	PM（g/kWh）
第 1 类	SV<0.9	P≥37	5.0	7.5	1.5	0.40
	0.9≤SV<1.2		5.0	7.2	1.5	0.30
	1.2≤SV<5		5.0	7.2	1.5	0.20
第 2 类	5≤SV<15		5.0	7.8	1.5	0.27
	15≤SV<20	P<3300	5.0	8.7	1.6	0.50
		P≥3300	5.0	9.8	1.8	0.50
	20≤SV<25		5.0	9.8	1.8	0.50
	25≤SV<30		5.0	11.0	2.0	0.50

注：①仅适用于 NG（含双燃料）船机。

表 21　船机排气污染物排放限值（GB 15097-2016 第二阶段）

船机类型	单缸排量（SV）（L/缸）	额定净功率（P）（kW）	CO（g/kWh）	$HC+NO_X$（g/kWh）	$CH_4$①（g/kWh）	PM（g/kWh）
第 1 类	SV<0.9	P≥37	5.0	5.8	1.0	0.3
	0.9≤SV<1.2		5.0	5.8	1.0	0.14
	1.2≤SV<5		5.0	5.8	1.0	0.12
第 2 类	5≤SV<15	P<2000	5.0	6.2	1.2	0.14
		2000≤P<3700	5.0	7.8	1.5	0.14
		P≥3700	5.0	7.8	1.5	0.27
	15≤SV<20	P<2000	5.0	7.0	1.5	0.34
		2000≤P<3300	5.0	8.7	1.6	0.50
		P≥3300	5.0	9.8	1.8	0.50
	20≤SV<25	P<2000	5.0	9.8	1.8	0.27
		P≥2000	5.0	9.8	1.8	0.50
	25≤SV<30	P<2000	5.0	11.0	2.0	0.27
		P≥2000	5.0	11.0	2.0	0.50

注：①仅适用于 NG（含双燃料）船机。

标准中没有规定二氧化硫（SO_2）的排放限值，对 SO_2 的控制是通过控制船舶使用的燃料来实现的。标准中对船舶使用燃料作出了规定：内河船、江海直达船和在内河作业的渔业船舶，应使用符合 GB 252 标准的柴油；沿海船、海峡（渡）船和在近海作业的渔业船舶，若船机设计需要使用船用燃料油，应使用符合国家标准及法规规定的低硫船用燃料油。船用燃料的规定，不仅适用于新生产的船舶，同时也适用于正在使用的所有船舶。

标准的技术内容主要采用欧盟（EU）指令 97/68/EC（2004/26/EC）《关于协调各成员国采取措施防治非道路移动机械用压燃式发动机气态污染物和颗粒物排放的法律》有关船机的技术内容，第二阶段的排放限值要求参照美国 EPA 法规 40CFR Part 1042《压燃式船用发动机排放控制》及 40CFR Part 94《压燃式船用发动机排放控制》的相关规定。

2. 远洋船舶排放标准

对于国际远洋航行船舶，我国作为国际海事组织（IMO）A 类理事国，往来的远洋船舶统一执行国际公约。另外，国际公约规定各国政府可以向 IMO 申请设立排放控制区（ECA），在 ECA，远洋船舶的污染控制要求严于国际公约，进入该区域的远洋船舶需要切换至低硫燃油和具备符合要求的后处理设施。

MARPOL73/78 公约附则 VI 对氮氧化物的排放控制要求分为 3 个阶段，目前执行第 2 阶段，第 3 阶段只适用于对 ECA 的要求，具体要求见表 22。

表 22　排放限值

单位：g/kWh

发动机额定转速 n	第 1 阶段	第 2 阶段	第 3 阶段
	NO_X		
n<130r/min	17.0	14.4	3.4
130r/min≤n<2000r/min	$45\times n^{-0.2}$	$44\times n^{-0.23}$	$9\times n^{-0.2}$
n≥2000r/min	9.8	7.7	2.0

MARPOL73/78 公约附则 VI 通过对燃料中硫含量的限制控制 SO_X 排放。从 2020 年 1 月 1 日起，在世界范围内燃料的硫含量上限从 3.5%降至 0.5%。从 2015 年 1 月 1 日起，SO_X 排放控制区的船用燃料硫含量上限要求为 0.1%。

我国先后划定排放控制区，对降低船舶硫氧化物（SO_X）和颗粒物（PM）排放发挥了重要作用。2015 年 12 月，交通运输部发布《珠三角、长三角、环渤海（京津冀）水域船舶排放控制区实施方案》，自 2019 年起，所有船舶进入排放控制区应使用硫含量不高于 0.5%m/m 的燃油。2018 年 11 月，交通运输部发布《船舶大气污染物排放控制区实施方案》，船舶排放控制区范围扩大到全国和内河区域，要求：2019 年 1 月 1 日起，海船进入排放控制区，应使用硫含量不大于 0.5%m/m 的船用燃油；2020 年 1 月 1 日起，海船进入内河控制区，应使用硫含量不大于 0.1%m/m 的船用燃油；要求 2022 年 1 月 1 日及以后建造或进行船用柴油发动机重大改装的、进入沿海控制区海南水域和内河控制区的中国籍国内航行船舶，所使用的单缸排量大于或等于 30 升的船用柴油发动机应满足《国际防止船舶造成污染公约》第三阶段氮氧化物排放限值要求。

（六）在用车和在用柴油机械排放标准

1. 在用汽油车排放标准

2018 年 9 月 27 日，生态环境部、国家市场监督管理总局联合发布《汽油车污染物排放限值及测量方法（双怠速法及简易工况法）》（GB 18285-2018）。该标准规定了点燃式发动机汽车双怠速法、稳态工况法、瞬态工况法和简易瞬态工况法四种污染物排气测量方法和排放限值。同时规定了汽油车外观检验、OBD 检查、燃油蒸发排放控制系统检测的方法和判定依据，适用于新生产汽车下线检验、注册登记检验和在用汽车检验。

针对在用汽油车检验，国外普遍采用双怠速法测量。美国在 1994 年研究开发了机动车尾气排放简易工况法检测技术，并于 2003 年后在美国推广使用这种技术。欧洲也在 2000 年后逐步使用了简易工况法。简易工况法分为瞬态加载工况法（IM240）、稳态加载加速工况法（ASM）和简易瞬态加载工况法（VMAS）。该标准除双怠速法、稳态工况法、简易瞬态工况法外，还规定了更为严格的瞬态工况法，限值更为严格，同时还增加了对 NO_X 排放限值的规定。

该标准为修订标准，主要修订内容包括：加严了污染物排放限值，并提出了较为严格的限值 b；增加了外观检验、车载诊断系统（OBD）检查、燃油蒸发检测等内容；增加检验项目和检验流程；增加了检测记录项目和检测软件要求；明确环保监督抽测内容和方法。汽车环保检验项目如表 23 所示，标准规定了限值 a（见表24）和 b 两类，自 2019 年 5 月 1 日起实施限值 a，限值 b 在全国范围的实施时间，将由国务院生态环境主管部门另行发布。

2. 在用柴油车排放标准

2018 年 9 月 27 日，生态环境部、国家市场监督管理总局联合发布《柴油车污染物排放限值及测量方法（自由加速法及加载减速法）》（GB 3847-2018）。该标准规定了压燃式发动机汽车自由加速法和加载减速法两种排气污染物测量方法和排放限值，规定了新生产和在用压燃式发动机汽车检验项目和检验流程。适用于新生产车辆下线检验、注册登记检验和在用汽车检验，不适用于低速货车和三轮汽车。

表 23　汽车环保检验项目

检验项目	新生产汽车下线	进口车入境	注册登记①	在用汽车①
外观检验(含对污染控制装置的检查和环保信息随车清单检查)	进行	进行	进行	进行②
车载诊断系统(OBD)检查	进行	进行	进行	进行③
排气污染物检测	抽测④	抽测④	进行	进行⑤
燃油蒸发检测	不进行	不进行	按照标准中具体规定进行	按照标准中具体规定进行

注：①符合免检规定的车辆，按照免检相关规定进行；②查验污染控制装置是否完好；③适用于装有 OBD 的车辆；④混合动力汽车的污染物排放抽测应在最大燃料消耗模式下进行；⑤变更登记、转移登记检验按有关规定进行。

表 24　排气污染物排放限值（GB 18285-2018）

检测方法		CO	HC①	NO	$HC+NO_X$	NO_X
双怠速法	怠速	0.6%	80×10^{-6}	—	—	—
	高怠速	0.3%	50×10^{-6}	—	—	—
稳态工况法	ASM5025	0.50%	90×10^{-6}	700×10^{-6}	—	—
	ASM2540	0.40%	80×10^{-6}	650×10^{-6}	—	—
瞬态工况法		3.5g/km	—	—	1.5g/km	—
简易瞬态工况法		8.0g/km	1.6g/km	—	—	1.3g/km

注：①对以天然气为燃料的点燃式发动机汽车，该项目为推荐性要求。

目前国际上对在用柴油车测量方法以自由加速烟度为主，但自由加速烟度法仍是一种空载状态下的测量方法，对于车辆有负载时的排放情况仍然难以反映出来，尤其是对于采用涡轮增压技术的柴油车，因为其比自然吸气式的柴油车需要更长的起效时间。而且自由加速法对测量过程中油门是否踩到底缺乏量化的测量指标，对检测过程中的弄虚作假无法控制。GB 3847-2018 制定中增加了采用了加载减速法来测量柴油车烟度，同时增加了对 NO_X 排放限值的要求，对柴油车的要求与国际上同类标准相比更为严格。

该标准为修订标准，主要修订内容包括：加严了污染物排放限值，并提出了较为严格的限值 b；增加了外观检验、车载诊断系统（OBD）检查等内容；增加检验项目和检验流程；增加了氮氧化物排放限值及测量方法，并调整了烟度限值；增加了检测记录项目和检测软件要求；明确环保监督抽测内容和方法；删除了关于压燃式发动机以及新生产汽车型式核准的要求。汽车环保检验项目如表 25 所示，标准规定了限值 a 和 b 两类（见表 26），自 2019 年 5 月 1 日起实施限值 a，限值 b 在全国范围的实施时间，将由国务院生态环境主管部门另行发布。

表 25　汽车环保检验项目

检验项目	新生产汽车下线	进口车入境	注册登记①	在用汽车①
外观检验（含对污染控制装置的检查和环保信息随车清单检查）	进行	进行	进行	进行②
车载诊断系统（OBD）检查	进行	进行	进行	进行③
排气污染物检测	抽测④	抽测④	进行	进行⑤

注：①符合免检规定的车辆，按照免检相关规定进行；②查验污染控制装置是否完好；③适用于装有 OBD 的车辆；④混合动力汽车的污染物排放抽测应在最大燃料消耗模式下进行；⑤变更登记、转移登记检验按有关规定进行。

表 26　在用汽车和注册登记排放检验排放限值（GB 3847-2018）

类别	自由加速法	加载减速法		林格曼黑度法
	光吸收系数（m^{-1}）或不透光度（%）	光吸收系数（m^{-1}）或不透光度（%）①	氮氧化物②（$\times10^{-6}$）	林格曼黑度（级）
限值 a	1.2（40）	1.2（40）	1500	1
限值 b	0.7（26）	0.7（26）	900	

注：①海拔高于 1500m 的地区加载减速法可以按照每增加 1000m 增加 $0.25m^{-1}$ 幅度调整，总调整不得超过 $0.75m^{-1}$；②2020 年 7 月 1 日前限值 b 过渡限值为 1200×10^{-6}。

3. 在用非道路柴油机械排放标准

2018 年 9 月 27 日，生态环境部、国家市场监督管理总局联合发布

《非道路移动柴油机械排气烟度限值及测量方法》（GB 36886-2018）。该标准为首次制订，规定了非道路柴油移动机械和车载柴油机设备的排气烟度限值及测量方法，适用于在用非道路柴油移动机械和车载柴油机设备的排气烟度检验。标准明确了非道路柴油移动机械实际工作状态下烟度测量方法，采用不透光烟度法和林格曼烟度法。为满足各地落实《大气污染防治法》关于划定禁止使用高排放非道路移动机械区域的规定，该标准按照非道路柴油移动机械的排放阶段设定不同排放限值，并针对低排放控制区要求制订了更加严格的排放限值，具体限值如表 27 所示。该标准自 2018 年 12 月 1 日起实施。

该标准参照采用欧洲委员会指令 77/537/EEC《关于各成员国测量农用或林用轮式拖拉机用柴油机污染物排放的法律》和《车用压燃式发动机和压燃式发动机汽车排气烟度排放限值及测量方法》（GB 3847-2018）的相关技术内容。目前国际上对非道路柴油机械的排放控制，以新生产柴油机排放控制为主，采用型式核准和生产一致性检查的方法对新生产非道路柴油机进行排放控制，还没有关于在用非道路移动机械排放控制的相关法规。

表 27 非道路移动柴油机械排气烟度限值（GB 36886-2018）

类别	额定净功率（P_{max}）（kW）	光吸收系数（m^{-1}）	林格曼黑度级数
Ⅰ类	$P_{max}<19$	3.00	1
	$19\leq P_{max}<37$	2.00	
	$37\leq P_{max}\leq 560$	1.61	
Ⅱ类	$P_{max}<19$	2.00	1
	$19\leq P_{max}<37$	1.00	1（不能有可见烟）
	$P_{max}\geq 37$	0.80	
Ⅲ类	$P_{max}\geq 37$	0.50	1（不能有可见烟）
	$P_{max}<37$	0.80	

注：GB 20891-2007 第二及以前阶段排放标准的非道路柴油移动机械，执行Ⅰ类限值；GB 20891-2007 第三及以后阶段排放标准的非道路柴油移动机械，执行Ⅱ类限值；城市人民政府可以根据大气环境质量状况，划定并公布禁止使用高排放非道路柴油移动机械的区域，限定区域内可选择执行Ⅲ类限值。

三 燃油标准

（一）车用汽柴油标准

针对市售车用燃料强制性要求的标准，分别是《车用汽油》（GB 17930）和《车用柴油》（GB 19147），上述两项标准的更新与汽车排放标准不断加严密切相关。车用燃料标准与排放标准基本同步，确保车辆在使用过程中的排放控制装置有效发挥作用，实现排放水平稳定达标。

我国从开始引入国Ⅰ排放标准起，车用汽油标准不断升级。国一汽油标准规定铅含量不得高于5mg/L，升级为无铅汽油，同时增加了芳烃、烯烃以及苯含量等指标要求。国Ⅰ阶段的汽油硫含量，要求北京、上海、广州等于2000年7月1日起执行800ppm的限值要求，全国从2003年1月1日起全面执行硫含量限值800ppm要求。2005年7月1日起，国二汽油标准进一步升级，要求硫含量不大于500ppm；随后，从国三、国四、国五到国六阶段汽油标准要求不断升级。除了硫含量以外，其他指标控制如烯烃、芳烃、锰含量等也不断加严。

柴油方面，我国于2002年实施国一阶段车用柴油标准，此后不断升级，2019年起全面实施第六阶段车用柴油标准，硫含量从国一阶段的≤2000mg/kg降至≤10mg/kg。同时，取消了普通柴油，实现车用柴油、普通柴油、部分船舶用油“三油并轨”。

车用汽油、柴油环保指标的升级情况如表28所示。

车用燃油标准随着汽车排放控制要求的不断加严而逐步升级。从升级进程来看，最初油品标准稍落后于排放标准实施进程；从国六排放标准开始，车用油品标准能够满足排放标准实施要求。车用汽油标准（GB 17930）升级进程与我国轻型汽油车排放标准（GB 18352）升级对比如图8所示，车用柴油标准（GB 19147）升级进程与我国重型柴油车排放标准（GB 17691）升级对比如图9所示。

表 28 车用汽柴油环保指标升级情况

车用汽油标准（与乙醇汽油标准相应指标一致）							
指标	国一	国二	国三	国四	国五	国六 a	国六 b
硫含量（mg/kg）	≤1000	≤500	≤150	≤50	≤10	≤10	≤10
夏季蒸气压（kPa）	≤74	≤74	≤72	40~68	40~65	40~65	40~65
烯烃（%）	≤35	≤35	≤30	≤28	≤24	≤18	≤15
锰含量（mg/L）	≤18	≤18	≤16	≤8	≤2	≤2	≤2
芳烃（%）	≤40	≤40	≤40	≤40	≤40	≤35	≤35
车用柴油标准（与生物柴油标准相应指标一致）							
指标	国一	国二	国三	国四	国五	国六	
硫含量（mg/kg）	≤2000	≤500	≤350	≤50	≤10	≤10	
十六烷值	≥45	≥49	≥49	≥49	≥51	≥51	
密度（kg/m^3）	/	820~860	810~850	810~850	810~850	810~845	
多环芳烃（%）	/	/	≤11	≤11	≤11	≤7	
润滑性磨痕直径（μm）	/	≤460	≤460	≤460	≤460	≤460	

（二）其他车用燃料相关标准

除了上述车用汽油和车用柴油标准之外，我国还制定了标准《车用乙醇汽油》（GB 18351）。GB 18351 适用于在不添加含氧化合物的车用乙醇汽油调和组分油中加入一定量变性燃料乙醇及改善性能添加剂组成的车用乙醇汽油（E10）。该标准历经 GB 18351-2001、GB 18351-2004、GB 18351-2010、GB 18351-2013、GB 18351-2015、GB 18351-2017 等各版本更新，更新的主要目的是与车用汽油标准实施阶段和指标要求保持一致。现行的 GB 18351-2017 中规定的 E10 汽油适用于国六排放标准的点燃式发动机汽车。

我国最早的车用燃气的强制性国家标准主要有《车用压缩天然气》（GB 18047-2000）和《车用液化石油气》（GB 19159-2003）两个标准。其

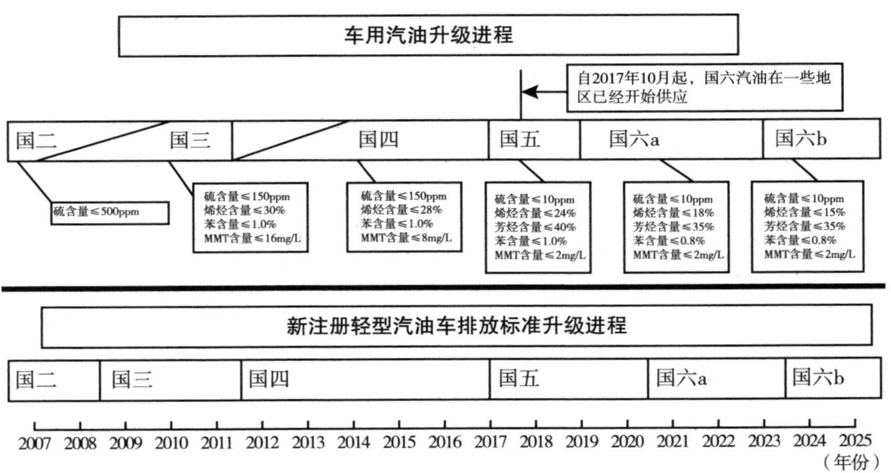

图 8　车用汽油标准升级进程与轻型汽油车排放标准升级进程对比

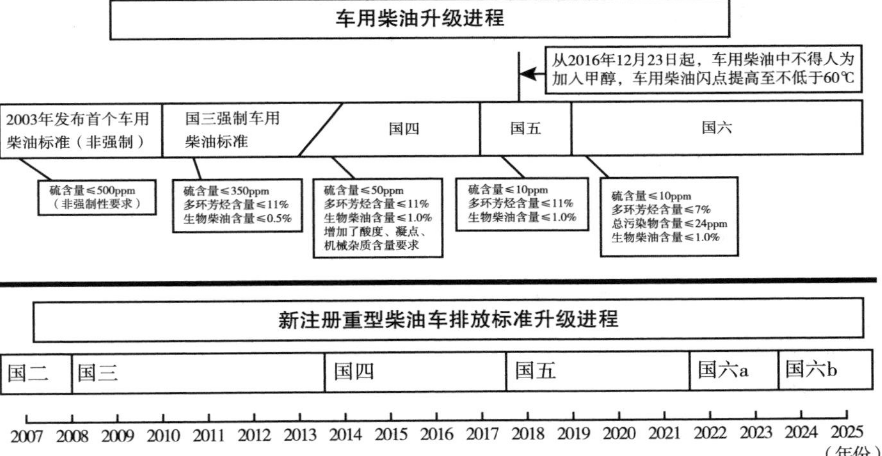

图 9　车用柴油标准升级进程与重型柴油车排放标准升级进程对比

中 GB 18047-2000 已经修订，最新版本为《车用压缩天然气》（GB 18047-2017），规定了车用压缩天然气的技术要求和试验方法，适用于压力不大于 25MPa 作为车用燃料的压缩天然气。到目前为止，除市场上仍有天然气汽车在使用外，仍有企业开发使用天然气燃料的新车型。GB 19159-2003 也已经被修订，其最新版本为《车用液化石油气》（GB 19159-2012），规定了车用液化石油气的分类和标记、技术要求和试验方法、检验规则、标志、储存和运输、安全和健康等要求，适用于点燃式内燃机使用的车用液化石油气。

此外，收集了其他涉及车用燃料的国家标准，如表 29 所示。

表 29　其他车用燃料标准

序号	标准号	标准名称	适用车辆类型	归口部门
1	GB 35793-2018	《车用乙醇汽油 E85》	适用于由变性燃料乙醇和汽油调和的专用点燃式内燃机的汽车燃料	国家能源局
2	GB/T 23799-2021	《车用甲醇汽油(M85)》	适用于车用甲醇汽油(M85)点燃式发动机汽车使用的燃料	全国石油产品和润滑剂标委会
3	GB/T 23510-2009	《车用燃料甲醇》	用于调配生产车用燃料甲醇的原料	全国化学标委会有机分委会
4	GB/T 26127-2010	《车用压缩煤层气》	适用于压力不大于 20MPa 的作为车用燃料的压缩煤层气	全国煤炭标委会
5	GB/T 34537-2017	《车用压缩氢气天然气混合燃气》	适用于压力不大于 35MPa，氢含量不大于 25%(体积比)的车用压缩氢气天然气混合气	全国氢能标委会
6	GB/T 37244-2018	《质子交换膜燃料电池汽车用燃料氢气》	适用于聚全氟磺酸类质子交换膜燃料电池汽车用燃料氢气的品质要求	全国氢能标委会
7	GB/T 40045-2021	《氢能汽车用燃料液氢》	适用于贮罐贮存、管道或罐车输送的质子交换膜燃料电池汽车用燃料液氢	全国氢能标委会
8	GB/T 40510-2021	《车用生物天然气》	适用于使用压力不大于 25MPa(表压)，作为车用燃料的生物天然气	全国能源基础与管理标委会
9	GB 22030-2017	《车用乙醇汽油调和组分油》	适用于由石油制取的液体烃类或由石油制取的液体烃类及改善使用性能添加剂组成的，作为调和满足 GB 18351 要求的车用乙醇汽油(E10)的组分油	全国石油产品和润滑剂标准化技术委员会

（三）船用燃料油标准

船用燃料油执行标准《船用燃料油》（GB 17411-2015）。该标准对馏分燃料油硫含量规定了三个等级，其中Ⅰ级为 1.0%或 1.5%，与 ISO/CD 8217：2015 年船用馏分燃料油硫含量要求一致；Ⅱ级为 0.5%，符合国际海事组织（IMO）拟定的 2020 年（或 2025 年）船舶行驶在普通区域对燃料油硫含量的要求；Ⅲ级为 0.1%，符合目前船舶行驶在 SO_X 排放控制区内对燃料油硫含量的要求。

标准对残渣燃料油硫含量也规定了三个等级，其中Ⅰ级为 3.5%，符合目前 IMO 船舶行驶在普通区域对燃料油硫含量的要求；Ⅱ级为 0.5%，符合 IMO 拟定的 2020 年（或 2025 年）船舶行驶在普通区域对燃料油硫含量的要求；Ⅲ级为 0.1%，符合目前船舶行驶在 SO_X 排放控制区内对燃料油硫含量的要求。

2018 年 12 月，生态环境部等 11 个部门联合印发《柴油货车污染治理攻坚战行动计划》，要求自 2019 年 1 月 1 日起，全国全面供应符合国六标准的车用汽柴油，停止销售普通柴油和低于国六标准的车用汽柴油，取消普通柴油标准，实现车用柴油、普通柴油、部分船舶用油“三油并轨”。同时，要求加快制定实施内河大型船舶用燃料油标准。国家市场监督管理总局、国家标准化管理委员会发布国家标准 2018 年第 17 号公告，批准实施船用燃料油（GB 17411-2015）第 1 号修改单，增加了内河船用燃料油的要求与试验方法（见表 30），明确内河船用燃料油硫含量限值与车用柴油相同。

表 30　内河船用燃料油要求和试验方法

项目	指标		试验方法
	DMA(S10)	DMB(S10)	
运动黏度(40℃)(mm^2/s)	2.000~6.000	2.000~11.00	GB/T 265
密度(20℃)(kg/m^3)不大于	886.5	896.5	GB/T 1884 和 GB/T 1885①
十六烷指数不小于	42	40	SH/T 0694
硫含量(mg/kg)不大于	10		SH/T 0689②
闪点(闭口)(℃)不低于	60.0		GB/T 261(步骤 A)
酸值(以 KOH 计)(mg/g)不大于	0.5		GB/T 7304
氧化安定性(以总不溶物计)(mg/100mL)不大于	2.5		SH/T 0175

续表

项目	指标		试验方法
	DMA(S10)	DMB(S10)	
10%蒸余物残炭(质量分数)(%)不大于	0.30	—	GB/T 17144
残炭(质量分数)(%)不大于	—	0.30	
冷滤点[3](℃)	报告		SH/T 0248
倾点[3](℃)不高于			
冬季	-6	0	GB/T 3535
夏季	0	6	
外观	清澈透明[4]		目测
灰分(质量分数)(%)不大于	0.010		GB/T 508
润滑性校正磨痕直径(WS1.4)(60℃)(μm)不大于	520		SH/T 0765

注：①测定方法也包括 SH/T 0604，结果有争议时，以 GB/T 1884 和 GB/T 1885 为仲裁方法；②测定方法也包括 GB/T 11140、SH/T 0253，NB/SH/T 0842，结果有争议时，以 SH/T 0689 为仲裁方法，采用试验前各方认可的有证的硫标准物质；③买方应确保冷滤点、倾点适合船上设备要求，尤其是船舶运行在寒冷气候环境下；④样品注入 100mL 量筒中，在 20~25℃温度下，在光线好的地方（非强光和黑暗）观察，应无可见沉淀物、杂质和水。

（四）航空燃料标准

航空燃料主要包括供点燃式活塞发动机用的航空汽油和供燃气涡轮发动机用的喷气燃料（俗称航空煤油）。

活塞式发动机燃料执行标准《航空活塞式发动机燃料》（GB 1787-2018），该标准的历史版本为 GB 1787-1979 和 GB 1787-2008。GB 1787-2018 规定了通过国家规定的程序鉴定的原料和工艺生产的、加入适当添加剂调和而成的航空活塞式发动机燃料的分类和标记、要求和试验方法、检验规则、标志、包装、运输和贮运及安全。航空活塞式发动机燃料根据马达法辛烷值不同分为 75 号、UL91 号、95 号、100 号和 100LL 号五个牌号，其中“UL”代表无铅，“LL”代表低铅，具体技术要求和试验方法见表 31。

表 31　航空活塞式发动机燃料的技术要求和试验方法

项目	质量指标					试验方法
	75 号	UL91 号	95 号	100 号	100LL 号	
马达法辛烷值不小于	75.0	91.0	95.0	99.6	99.6	GB/T 503
品度不小于	—	—	130	130	130	SH/T 0506
铅含量①						ASTM D5059
四乙基铅(g/kg)不大于	—	0.028	3.2	2.4	1.2	
铅(g/L)不大于	—	0.013	1.48	1.12	0.56	
净热值②(MJ/kg)不小于	—	43.5	43.5	43.5	43.5	GB/T 384
颜色	无色	无色	橙色	绿色	蓝色	ASTM D2392
染色剂加入量(mg/L)不大于						
蓝色	—	—	—	2.7	2.7	—
黄色	—	—	—	2.8	—	—
橙色	—	—	14.5	—	—	—
密度③(20℃)(kg/m³)	报告					GB/T 1884、GB/T 1885
馏程						GB/T 6536
初馏点(℃)不低于	40	报告	40	报告		
10%蒸发温度(℃)不高于	80	75	80	75		
40%蒸发温度(℃)不低于	—	75	—	75		
50%蒸发温度(℃)不高于	105	105	105	105		
90%蒸发温度(℃)不高于	145	135	145	135		
终馏点(℃)不高于	180	170	180	170		
10%与 50%蒸发温度之和(℃)不低于	—	135	—	135		
残留量(体积分数)(%)不大于	1.5	1.5	1.5	1.5		
损失量(体积分数)(%)不大于	1.5	1.5	1.5	1.5		
蒸气压④(kPa)	27.0~48.0	38.0~49.0	27.0~48.0	38.0~49.0		SH/T 0794
酸度⑤(以 KOH 计)(mg/100mL)不大于	1.0	—	1.0	—		GB/T 258
冰点⑥(℃)不高于	−58.0					GB/T 2430
硫含量⑦(质量分数)(%)不大于	0.05					SH/T 0689

续表

项目	质量指标					试验方法
	75 号	UL91 号	95 号	100 号	100LL 号	
氧化安定性(5h 老化)潜在胶质(mg/100mL)不大于	6					SH/T 0585
显见铅沉淀(mg/100mL)不大于	—		3			
铜片腐蚀(100℃,2h)(级)不大于	1					GB/T 5096
水溶性酸或碱	无					GB/T 259
机械杂质及水分	无					目测⑧
芳烃⑨(体积分数)(%)不大于	30	—	35	—		GB/T 11132
水反应 体积变化(mL)不大于	±2					GB/T 1793

注：允许加入的抗氧剂为 2，6-二叔丁基对甲酚；允许加入成品中的蓝色染料为 1，4-二烷基氨基蒽醌；黄色染料为对二乙基氨偶氨苯（颜色索引号 No. 11021）或为 1，3-间苯二酚-2，4-二偶氨烷基酚；橙色染料为油溶黄；与用户协商加入抗静电剂，应符合有关规定的要求。①也可采用 GB/T 2432 方法测定，当测试结果发生争议时，以 ASTM D5059 为仲裁方法；当样品的铅含量大于 1. 32g/L 时，应采用 GB/T 2432 方法测定。②净热值应在加乙基液前测定，也可采用 GB/T 2429、ASTM D3338 方法测定，当净热值测试结果发生争议时，以 GB/T 384 为仲裁方法，采用 GB/T 2429 测定净热值时，方法中硫含量的测定除 GB/T 380 以外，还可采用 GB/T 11140、GB/T 17040、SH/T 0253、SH/T 0689、NB/SH/T 0842 等方法，当硫含量的测试结果发生争议时，以 SH/T 0689 为仲裁方法。③也可采用 SH/T 0604 方法测定，当测试结果发生争议时，以 GB/T 1884、GB/T 1885 为仲裁方法。④也可采用 GB/T 8017 方法测定，当测试结果发生争议时，以 SH/T 0794 为仲裁方法。⑤酸度应在加乙基液前测定。⑥当冷却至-58℃下还没有结晶出现时，可以报告冰点小于-58℃，也可采用 SH/T 0770 方法测定，当测试结果发生争议时，以 GB/T 2430 为仲裁方法。⑦也可采用 GB/T 380、GB/T 11140、GB/T 17040、SH/T 0253、SH/T 0689、NB/SH/T 0842 等方法测定，当测试结果发生争议时，以 SH/T 0689 为仲裁方法。⑧将油样注入 100ml 的玻璃量筒中观察，应当透明，没有悬浮和沉降的机械杂质及水，对实验结果有异议时，以 GB/T 511 和 GB/T 260 为仲裁方法。⑨芳烃应在加乙基液前测定。

航空涡轮式发动机燃料执行标准《3 号喷气燃料》（GB 6537-2018），该标准的历史版本为 GB 6537-1994 和 GB 6537-2006。GB 6537-2018 规定了由天然原油或其馏分油加工制得的 3 号喷气燃料以及其与合成烃煤油馏分调和而成的 3 号喷气燃料的要求和试验方法、检验规则、标志、包装、运输、贮存及安全。具体技术要求和试验方法见表 32。

表 32　3 号喷气燃料的技术要求和试验方法

项目	指标	试验方法
外观	室温下清澈透明，目视无不溶解水及固体物质	目测
颜色不小于	+25①	GB/T 3555
组成		
总酸值（以 KOH 计）（mg/g）不大于	0.015	GB/T 12574
芳烃（体积分数）（%）不大于	20.0②	GB/T 11132
烯烃（体积分数）（%）不大于	5.0	GB/T 11132
总硫（质量分数）（%）不大于	0.20	SH/T 0689③
硫醇硫④（质量分数）（%）不大于	0.0020	GB/T 1792
或博士试验	通过	NB/SH/T 0174
直馏组分体积分数（%）	报告	—
加氢精制组分体积分数（%）	报告	—
加氢裂化组分体积分数（%）	报告	—
合成烃组分体积分数（%）	报告	—
挥发性		
馏程：		GB/T 6536⑤
初馏点（℃）	报告	
10%回收温度（℃）不高于	205	
20%回收温度（℃）	报告	
50%回收温度（℃）不高于	232	
90%回收温度（℃）	报告	
终馏点（℃）不高于	300	
残留量（体积分数）（%）不大于	1.5	
损失量（体积分数）（%）不大于	1.5	
闪点（闭口）（℃）不低于	38	GB/T 21789⑥
密度（20℃）（kg/m^3）	775～830	GB/T 1884、GB/T 1885⑦
流动性		
冰点（℃）不高于	-47	GB/T 2430⑧
运动黏度（mm^2/s）		GB/T 265⑨
（20℃）不小于	1.25⑩	
（-20℃）不大于	8.0	
燃烧性		
净热值（MJ/kg）不小于	42.8	GB/T 384⑪
烟点（mm）不小于	25.0	GB/T 382
或烟点最小为 20mm 时，		
萘系烃含量（体积分数）（%）不大于	3.0	SH/T 0181

续表

项目	指标	试验方法
腐蚀性		
铜片腐蚀(100℃,2h)(级)不大于	1	GB/T 5096
银片腐蚀⑫(50℃,4h)(级)不大于	1	SH/T 0023
安定性		
热安定性(260℃,2.5h)		GB/T 9169
压力降(kPa) 不大于	3.3	
管壁评级(级)	小于3,且无孔雀蓝色或异常沉淀物	
洁净性		
胶质含量(mg/100mL)不大于	7	GB/T 8019⑬
水反应⑭		GB/T 1793
界面情况(级) 不大于	1b	
分离程度(级) 不大于	2	
固体颗粒污染物含量(mg/L)不大于	1.0	SH/T 0093
导电性		
电导率⑮(pS/m)	50~600	GB/T 6539
水分离指数		SH/T 0616
未加抗静电剂不小于	85	
或加入抗静电剂不小于	70	
润滑性		
磨痕直径 WSD(mm)不大于	0.365⑯	SH/T 0687

注：经铜精制工艺的喷气燃料，油样应按 SH/T 0182 方法测定铜离子含量，不大于 150ug/kg。含有合成烃的喷气燃料要求应符合 GB 6537-2018 中 4.3 的要求。①民用喷气燃料颜色为“报告”。从供应商输送到客户过程中，客户接收喷气燃料时，颜色若出现变化，执行以下要求：初始赛波特颜色大于+25，变化不大于 8；初始赛波特颜色在 25~15 区间，变化不大于 5；初始赛波特颜色小于 15 时，变化不大于 3。②对于民用航空燃料规定为体积分数不大于 25.0%。③硫含量的测定也可采用 GB/T 380、GB/T 11140、GB/T 17040、SH/T 0253、NB/SH/T 0842，有争议时以 SH/T 0689 为准。④硫醇硫和博士试验可任做一项，当硫醇硫和博士试验发生争议时，以硫醇硫为准。⑤所有符合本标准的燃料在 GB/T 6536 方法中应分在第四组，冷凝管温度为 0~4℃。⑥闪点的测定也可以采用 GB/T 21929 和 GB/T 261，如有争议时以 GB/T 21789 为准。⑦密度的测定也可采用 SH/T 0604 方法，如有争议时以 GB/T 1884、GB/T 1885 为准。⑧冰点的测定也可采用 SH/T 0770 方法，如有争议时以 GB/T 2430 为准。⑨黏度的测定也可采用 GB/T 30515 方法，如有争议时以 GB/T 265 为准。⑩对于民用航空燃料，20℃的黏度指标不作要求。⑪净热值的测定也可采用 GB/T 2429、ASTM D 3338 方法，如有争议时以 GB/T 384 为准。⑫对于民用航空燃料，此项指标可不要求。⑬胶质的测定也可采用 GB/T 509，如有争议时以 GB/T 8019 为准。⑭对于民用航空燃料，对此项指标不作要求。⑮燃料离厂时要求大于 150pS/m（20℃）。如燃料不要求加抗静电剂，对此项指标不作要求。⑯民用航空燃料要求 WSD 不大于 0.85mm。

四　未来发展建议

（一）继续降低污染物排放

进一步控制轻型车挥发性有机物（VOCs）、重型车和非道路移动机械氮氧化物（NO_X）及颗粒物排放，特别是在实际行驶（使用）过程中的污染排放。由于新技术的应用，还应关注 NH_3等非常规污染物排放，以及电动车电池耐久性要求等。

关注由于刹车磨损和轮胎磨损产生的非尾气颗粒物排放。2022 年 11 月最新发布的欧七法规中，已经明确增加非尾气颗粒物（刹车磨损和轮胎磨损颗粒物）排放要求。在全球统一的机动车排放法规中，污染与能源工作组（GRPE）下属颗粒物测试规程工作组（PMP 组）已经完成了机动车刹车磨损颗粒物排放测试规程草案的编写。非尾气颗粒物排放已成为国际上控制机动车颗粒物排放的重要内容。

关注车用空调氢氟碳化物（HFCs）管控。HFCs 既是重要的车用空调制冷剂，又是重要的温室气体，具有高全球升温潜能值（GWP），是二氧化碳的几十至上万倍。欧盟、美国通过立法分别从 2017 年、2021 年起，禁止所有新生产轻型车使用高 GWP 制冷剂，要求选用低 GWP 制冷剂。研究对车用空调制冷剂类型、性能、全球升温潜能值、泄漏率等提出明确要求。

（二）建立燃料低碳标准

按照生态环境部等七部门联合发布的《减污降碳协同增效实施方案》要求，已经启动汽车下一阶段排放标准研究工作，建议推进下一阶段车用汽油、柴油标准的研究制定。从欧美等发达国家和地区推进移动源碳减排的路径可以看出，其都是在推动电动化发展的同时，对内燃机低碳技术给予了高度重视，主要包括内燃机高效燃烧、采用低碳和零碳燃料等，针对低碳燃料专门制定了相关标准，有效促进了低碳燃料技术提升。我国应推进低碳燃料标准制订，将低碳和零碳燃料纳入下一阶段油品质量标准体系，促进燃料低碳化、零碳化发展。

另外，国外在氢燃料内燃机方面的研究项目逐年增多，多集中在重型商用车的开发上，也有少量乘用车氢内燃机的开发项目。为了降低使用端的碳排放，国内氢内燃机的研究也在不断推进。目前我国尚未出台内燃机用氢燃料标准，建议基于氢气内燃机技术的发展，适时启动相关标准的制订工作。欧盟通过了将在2035年以后禁止销售有CO_2排放的新车的议案，提出2035年后注册仅使用二氧化碳中性燃料车辆的建议。建议针对CO_2中性燃料以及其他低碳或零碳车用燃料的发展开展相关的研究。

B.5
移动源低碳标准研究

纪 亮 郝春晓 谷雪景*

摘 要： 本报告系统介绍了国外移动源低碳标准的总体情况，以及我国汽车、摩托车、非道路移动机械以及船舶的燃料及能源消耗量标准的总体情况，详细阐述了乘用车、轻型商用车和重型商用车节能标准的发展历程。虽然当前我国还没有车辆碳排放标准，但近20年来我国不断提升车辆燃料消耗量要求，极大地促进了道路车辆的实际降碳效果。基于移动源环境管理现状和行业发展特征，建议尽快完善移动源低碳标准体系：尽快制定移动源温室气体排放标准体系，关注实际燃料消耗量控制，研究制定移动源温室气体排放核算方法，关注移动源全生命周期碳排放研究。

关键词： 移动源 低碳标准 碳排放

一 国外移动源低碳标准总体情况

碳排放标准体系，主要是指针对机动车碳排放要求的标准体系。从全球对机动车碳排放要求的角度来看，欧盟主要是控制车队二氧化碳（CO_2）排放，而美国既有燃料经济性标准也有CO_2排放要求，分别简介如下。

欧盟最早采用CO_2减排的自愿承诺协议，2009年发布了对乘用车的企业平均CO_2排放法规（EC）No. 43/2009，2011年发布了轻型商用车的企业

* 纪亮，中国环境科学研究院研究员，主要研究方向为移动源污染防治；郝春晓，中国环境科学研究院高级工程师，主要研究方向为移动源污染防治；谷雪景，中国环境科学研究院正高级工程师，主要研究方向为移动源污染控制标准。

平均 CO_2 排放法规（EC）No. 510/2011，后续也不断修订加严。要求在 2021 年对所有新生产乘用车车队平均 CO_2 排放量（基于 NEDC）实现 95g/km，所有新生产轻型商用车车队平均 CO_2 排放量（基于 NEDC）实现 147g/km。目前，欧盟相关排放测试已切换到 WLTP 规程，进一步提出了到 2025 年和 2030 年，新生产乘用车车队平均 CO_2 排放量分别在 2021 年的水平上下降 15%和 55%；新生产轻型商用车在 2021 年水平上分别下降 15%和 50%，近几年欧盟对乘用车和轻型商用车的 CO_2 车队目标要求的进程如图 1 所示。

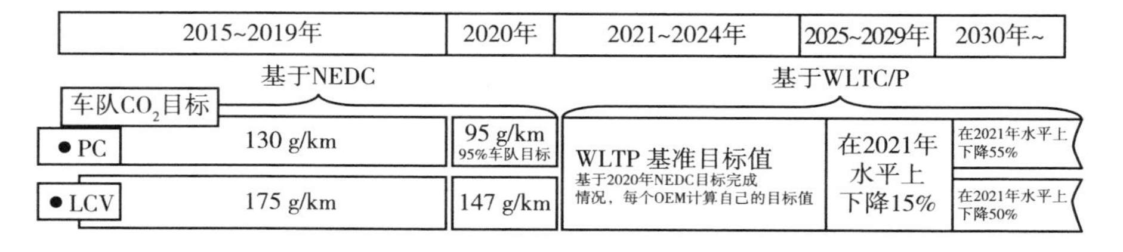

图 1　欧盟乘用车和轻型商用车 CO_2 车队目标要求实施进程

图 1 中，WLTP 基准目标值按 2020 年的 NEDC 目标值以及 2020 年 NEDC 测试完成情况，2020 年 WLTC 测试情况按如下公式计算得出：

$$WLTP_{ref.\ target} = WLTP_{2020\_CO_2} \cdot (NEDC_{2020\_target}/NEDC_{2020\_CO_2})$$

欧盟最新提出降低 CO_2 的新法案建议，要求从 2035 年起，新的乘用车和轻型商用车的 CO_2 排放都减少 100%。

美国国家交通安全署（NHTSA）自 20 世纪 70 年代就引入了针对乘用车和轻型商用车的企业平均燃料经济性（CAFE）法规，此后除了要求不断加严以外法规没有重大调整。直到 2011 年美国将 NHTSA 负责的 CAFE 法规与环保署负责的温室气体排放法规进行了协调，制定了 MY2012-2016 要求，即到 2016 年温室气体的目标要求是 250g/英里；CAFE 目标要求为 34. 1mpg（相当于 261g/英里），这两者之间的差异主要是先进的汽车空调技术可以获得部分 CO_2 排放积分，而 CAFE 核算没有考虑该技术。2012 年发布碳排放要求 MY17-25，EPA 提出到 2025 年乘用车和轻型商用车的总目标是 163g/英里，如果全部转换为燃料消耗量则为54.5mpg；NHTSA提出到2025年乘用车的CAFE目标为56mpg，轻型商用车的目标为40.3mpg。截至2025年美国乘用车和轻型卡车的CO_2车队要求如图2所示。

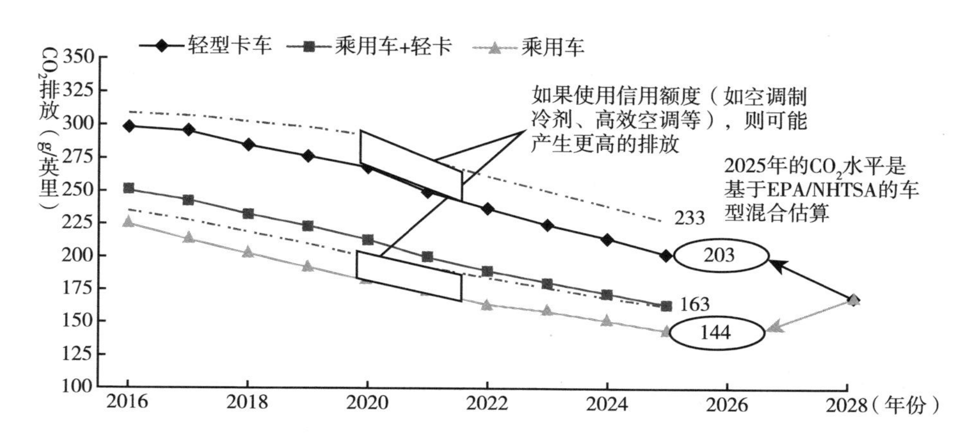

图2　截至2025年美国乘用车和轻型卡车的CO_2车队要求

其他国家，如日本、印度等，也分别制定了车辆燃料消耗量标准，但没有直接针对CO_2排放的要求。

目前，我国尚未出台移动源碳排放标准，而是通过制定和实施燃料消耗量等节能标准来削减移动源使用过程中的碳排放。以下，将简要介绍我国各类移动源能耗标准的内容。

二　我国移动源主要能耗标准

（一）乘用车燃料消耗量标准

对于燃料消耗量的控制，乘用车采用“单车油耗限值+企业平均燃料目标值”的管理模式，且乘用车是我国最早实施燃料消耗量限值强制性标准要求的车辆，现阶段为第五阶段，发展历程见表1。

表 1　我国乘用车燃料消耗量要求的标准发展历程

实施阶段	实施时间	燃料消耗量要求		测试循环
	新车型/所有车型	单车限值	CAFC—企业平均燃料消耗量导入	
1	2005 年 7 月 1 日/2006 年 7 月 1 日	有	无	NEDC
2	2008 年 7 月 1 日/2009 年 1 月 1 日	有	无	NEDC
3	2012 年 7 月 1 日到 2015 年 12 月 31 日 CAFC 达标	同第二阶段限值	2012 年下半年、2013 年、2014 年和 2015 年目标值，分别为 2015 年目标值的 109%、106%、103%和 100% 2015 年目标：6.9L/100km	NEDC
4	2016 年 1 月 1 日/2018 年 1 月 1 日 限值达标 2016 年 1 月 1 日到 2020 年 12 月 31 日 CAFC 达标	限值采用了第三阶段的 2015 年 CAFC 目标值	2016～2020 年，每年的目标分别为 2020 年目标值的 134%、128%、120%、110%和 100% 2020 年目标：5.0L/100km	NEDC
5	2021 年 1 月 1 日/2023 年 1 月 1 日 限值达标 2021 年 1 月 1 日到 2025 年 12 月 31 日 CAFC 达标	工况变化而调整限值，严格程度同第四阶段	2021～2025 年，每年目标值分别为 2025 年目标值的 123%、120%、115%、108%和 100%。 2025 年目标：4.0L/100km（NEDC） 4.6L/100km（WLTC）	WLTC

表 1 中的 GB 19578 标准是针对单车型的油耗限值要求，《乘用车燃料消耗量限值》（GB 19578-2004）规定了我国乘用车第一、二阶段的单车油耗限值；第三阶段仍沿用第二阶段的单车油耗限值；《乘用车燃料消耗量限值》（GB 19578-2014）规定了我国乘用车第四阶段的单车油耗限值；《乘用车燃料消耗量限值》（GB 19578-2021）规定了我国乘用车第五阶段的单车油耗限值。其中，第五阶段的单车油耗限值其严格程度与第四阶段单车限值保持一致，但由于导入新的测试工况而对限值进行调整。

《乘用车燃料消耗量评价方法及指标》（GB 27999-2011）引入了“企业平均燃料消耗量目标值”要求，从第三阶段开始实施，同时仍保留了第二阶段的单车限值要求。《乘用车燃料消耗量评价方法及指标》（GB 27999-2014）规定了第四阶段的企业平均燃料消耗量目标值的要求，并进一步加严了单车油耗限值要求。《乘用车燃料消耗量评价方法及指标》（GB 27999-2019）规定了第五阶段的企业平均燃料消耗量目标值要求（基于新的 WLTC 测试工况）。

在第四阶段和第五阶段，随着国家对新能源汽车的鼓励，新能源汽车占比逐年增加，为了进一步鼓励新能源汽车的发展，在 CAFC 核算中，对纯电动乘用车的电能消耗/氢能消耗量按零计算，此外，对满足要求的 NEV 汽车，在核算 CAFC 时，还给予一定的产量优惠倍数；对满足条件的低油耗车在核算 CAFC 时也给予产量上优惠倍数。

我国乘用车从第一阶段到第四阶段燃料消耗量要求的变化如图 3 所示。

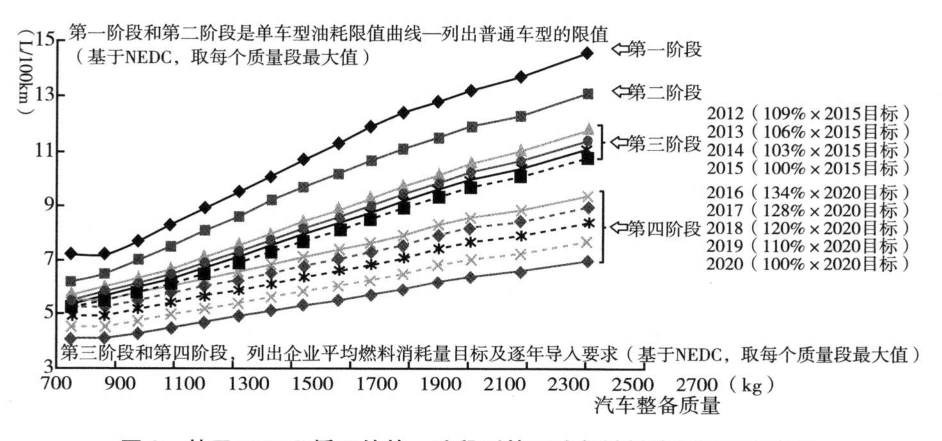

图 3　基于 NEDC 循环的第一阶段到第四阶段燃料消耗量要求变化

第五阶段对单车限值和企业平均燃料消耗量目标值要求进行了调整，主要是由于测试循环由原来的 NEDC 切换到 WLTC，以便与排放标准测试工况相统一；另外还将原来由十几个小质量段的油耗要求调整为根据车辆的整备质量由线性公式计算确定。第五阶段常规车辆的单车限值如下，其中：CM 为车辆整备质量（kg），FC_L为油耗限值（L/100km）：

当 CM≤750，　　　　$FC_L=6.27$

当 750<CM≤2510，　　$FC_L=0.0042\times(CM-1415)+9.06$

当 CM>2510，　　　　$FC_L=13.66$

第五阶段企业平均燃料消耗量仍采用逐步导入的方式，即 2021～2025 年的目标值分别为 2025 年目标值的 123%、120%、115%、108%和 100%。

2025 年目标值要求如下，其中：CM 为车辆整备质量（kg），T 为车型燃料消耗量目标值（L/100km）：

当 CM≤1090，　　　T=4.02

当 1090<CM≤2510，　T=0.0018×（CM−1415）+4.60

当 CM>2510，　　　T=6.57

企业平均燃料消耗量目标值是用该企业各车型燃料消耗量目标值与对应年度生产或进口量乘积之和除以该企业乘用车年度生产或进口总量计算得出：$T_{CAFC}=\frac{\sum_i^N T_i \times V_i}{\sum_i^N V_i}$

企业的平均燃料消耗量则是根据该企业的各车型燃料消耗量与对应年度生产或进口量乘积之和除以该企业乘用车年度或进口总量计算得出：

$$CAFC = \frac{\sum_i^N FC_i \times V_i}{\sum_i^N V_i \times W_i}$$

上述两个公式中：

T_{CAFC}：企业平均燃料消耗量目标值，单位：L/100km。

T_i：第 i 个车型对应的燃料消耗量目标值，单位：L/100km。

$CAFC$：企业平均燃料消耗量，单位：L/100km。

i：乘用车车型序号。

FC_i：第 i 个车型燃料消耗量，单位：L/100km。

V_i：第 i 个车型年度生产或进口量。

W_i：第 i 个车型对应的倍数（该倍数是新能源汽车或节能汽车的优惠倍数，逐年递减，到 2025 年倍数为 1）。

目前，正在制订乘用车第六阶段的燃油消耗量目标要求，起草组当前的草案建议是：2030 年目标值为 3.5L/100km。考虑到未来传统节能技术降低燃油消耗量的潜力有限，混合动力以及纯电动有可能成为未来大幅度降低油耗的主要路径。为进一步提升新能源汽车能耗要求，未来也会考虑将电耗折算油耗计入企业平均燃料消耗量要求。

（二）商用车燃料消耗量标准

1. 轻型商用车燃料消耗量限值标准

从 2008 年开始，我国对轻型商用车实施燃料消耗量限值要求，目前实施的是轻型商用车第三阶段油耗限值标准。与乘用车相比，目前实施的要求中只有单车燃料消耗量限值，主要发展历程见表 2。

表 2　我国轻型商用车燃料消耗量要求的标准发展历程

实施阶段	实施时间	燃料消耗量要求		测试循环
	新车型/所有车型	单车限值	企业平均燃料消耗量	
1	对 2008 年 2 月 1 日前认证的车型，自 2009 年 1 月 1 日起所有新生产应满足第一阶段要求	国一限值	无	NEDC
2	2008 年 2 月 1 日/2011 年 1 月 1 日	国二限值	无	NEDC
3	2018 年 1 月 1 日/2020 年 1 月 1 日	国三限值	无	NEDC

《轻型商用车辆燃料消耗量限值》（GB 20997-2007）规定了第一和第二阶段的单车限值要求，限值要求是根据车辆的最大设计总质量段以及每个总质量段的发动机排量大小设置。《轻型商用车辆燃料消耗量限值》（GB 20997-2015）规定了第三阶段的单车限值要求，限值设置则参考了乘用车相关标准，根据车辆的整备质量段来设定，其限值总体上与第二阶段相比下降了 18%~27%。

针对轻型商用车，依据不同车辆类型使用的燃料不同，其限值有所不同。表 3 列出了第三阶段的燃料消耗量限值。

2. 重型商用车燃料消耗量限值标准

我国自 2012 年开始对重型商用车实施燃料消耗量限值要求，目前实施的是第三阶段重型车油耗限值标准，标准适用于包括货车、半挂牵引车、客车、自卸汽车和城市客车在内的燃用汽油和柴油的商用车辆。重型商用车采用单车限值的控制模式，其主要发展进程见表 4。

表 3　轻型商用车第三阶段燃料消耗量限值

单位：L/100km

车辆整备质量(CM)	(GB 20997-2015)燃料消耗量限值			
	N_1		M_2	
	汽油车	柴油车	汽油车	柴油车
CM≤750kg	5.5	5.0	5.0	4.7
750kg<CM≤865kg	5.8	5.2	5.4	5.0
865kg<CM≤980kg	6.1	5.5	5.8	5.3
980kg<CM≤1090kg	6.4	5.8	6.2	5.6
1090kg<CM≤1205kg	6.7	6.1	6.6	5.9
1205kg<CM≤1320kg	7.1	6.4	7.0	6.2
1320kg<CM≤1430kg	7.5	6.7	7.4	6.5
1430kg<CM≤1540kg	7.9	7.0	7.8	6.8
1540kg<CM≤1660kg	8.3	7.3	8.2	7.1
1660kg<CM≤1770kg	8.7	7.6	8.6	7.4
1770kg<CM≤1880kg	9.1	7.9	9.0	7.7
1880kg<CM≤2000kg	9.6	8.3	9.5	8.0
2000kg<CM≤2110kg	10.1	8.7	10.0	8.4
2110kg<CM≤2280kg	10.6	9.1	10.5	8.8
2280kg<CM≤2510kg	11.1	9.5	11.0	9.2
2510kg<CM	11.7	10.0	11.5	9.6

注：①车型说明：N_1 类汽车：指最大设计总质量不超过 3500kg 的载货汽车；M_2 类汽车：指包括驾驶员座位在内座位数超过 9 个，且最大设计总质量不超过 5000kg 的载客车辆。②对于具有下面一种或多种结构的车辆，限值为上表的限值乘以 1.05：N_1 类全封闭厢式车辆；N_1 类罐式车辆；全轮驱动车辆。

表 4　我国重型商用车燃料消耗量要求的标准发展历程

实施阶段	实施时间	燃料消耗量要求		测试循环
	新车型/所有车型	单车限值	企业平均燃料消耗量	
1	2012 年 7 月 1 日/2014 年 7 月 1 日	国一限值	无	C-WTVC
2	2014 年 7 月 1 日/2015 年 7 月 1 日	国二限值	无	C-WTVC
3	2019 年 7 月 1 日/2021 年 7 月 1 日	国三限值	无	C-WTVC

《重型商用车辆燃料消耗量限值（第一阶段）》（QC/T 924-2011）规定了重型商用车第一阶段燃料消耗量限值，该标准的限值较为宽松，当时的

大部分新车型可以满足要求。

《重型商用车燃料消耗量限值》（GB 30510-2014）规定了重型商用车第二阶段的单车限值要求。从第二阶段限值起，重型商用车辆燃料消耗量限值开始以强制性国家标准的形式提出，第二阶段限值在第一阶段限值的基础上加严了约10%。

《重型商用车燃料消耗量限值》（GB 30510-2018）规定了重型商用车第三阶段的单车限值要求；第三阶段限值在第二阶段限值基础上加严了10%~18%。图4给出了重型柴油货车的燃料消耗量限值从第一阶段到第三阶段的变化过程。表5和表6分别列出了重型商用车第三阶段的货车和客车的限值要求。

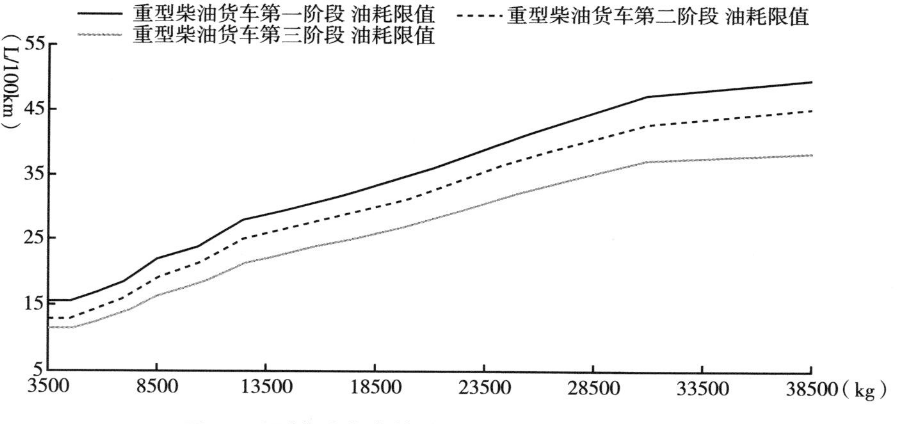

图4　重型柴油货车的燃料消耗量限值的发展历程

目前第四阶段的重型商用车燃料消耗量限值标准正在制订中，相对应的测量方法标准《重型商用车燃料消耗量测量方法》（GB/T 27840-2021）已修订发布，引入了中国工况（CHTC）的内容。根据目前的研究情况，重型商用车第四阶段仍然可能采用分质量段的单车限值要求，总体将在第三阶段的基础上加严15%。

表 5　重型货车第三阶段燃料消耗量限值

单位：L/100km

车辆最大设计总质量(GVW)	(GB 30510-2018)燃料消耗量限值	
	货车(柴油车)	自卸汽车(柴油车)
3500kg<GVW≤4500kg	11.5*	13.0
4500kg<GVW≤5500kg	12.2*	13.5
5500kg<GVW≤7000kg	13.8*	15.0
7000kg<GVW≤8500kg	16.3*	17.5
8500kg<GVW≤10500kg	18.3*	19.5
10500kg<GVW≤12500kg	21.3*	22.0
12500kg<GVW≤16000kg	24.0	25.0
16000kg<GVW≤20000kg	27.0	29.5
20000kg<GVW≤25000kg	32.5	37.5
25000kg<GVW≤31000kg	37.5	41.0
31000kg<GVW	38.5	41.5

注：* 对于汽油车，其限值为表中相应限值乘以 1.2。

表 6　重型客车第三阶段燃料消耗量限值

单位：L/100km

车辆最大设计总质量(GVW)	(GB 30510-2018)燃料消耗量限值	
	客车(柴油车)	城市客车(柴油车)
3500kg<GVW≤4500kg	10.6*	11.5
4500kg<GVW≤5500kg	11.5*	13.0
5500kg<GVW≤7000kg	13.3*	14.7
7000kg<GVW≤8500kg	14.5	16.7
8500kg<GVW≤10500kg	16.0	19.4
10500kg<GVW≤12500kg	17.7	22.3
12500kg<GVW≤14500kg	19.1	25.5
14500kg<GVW≤16500kg	20.1	28.0
16500kg<GVW≤18000kg	21.3	31.0
18000kg<GVW≤22000kg	22.3	34.5
22000kg<GVW≤25000kg	24.0	38.5
25000kg<GVW	25.0	41.5

注：* 对于汽油车，其限值为表中相应限值乘以 1.2。

（三）电动汽车能耗标准

为推动电动汽车节能降耗，推进新能源汽车产业健康发展，2018 年 12 月 28 日国家市场监管总局、国家标准化管理委员会发布《电动汽车能量消耗率限值》（GB/T 36980-2018），规定了电动汽车能量消耗率限值，适用于最大设计总质量不超过 3500kg 的 M_1 类纯电动汽车，能量消耗率限值要求如表 7 所示。该标准是全球首个针对纯电动乘用车的能耗要求标准。对电动车提出电耗要求的意义，一方面是我国新能源汽车高速发展，需要引领节能技术进步；另一方面从碳排放的全生命周期出发，控制电动车的碳排放问题。

该标准采用的测试工况为 NEDC 工况，而自 2021 年起我国节能标准的测试工况由 NEDC 切换到 CLTC（纯电动车）或 WLTC（除纯电动汽车、燃料电池汽车以外的轻型车），因此该标准一直没有强制实施，目前该标准正在修订中。

表 7　电动汽车能量消耗率限值

单位：kW · h/100km

整车装备质量(CM)	车型能量消耗率限值(第一阶段)	车型能量消耗率限值(第二阶段)
CM≤750kg	13.1	11.2
750kg<CM≤865kg	13.6	11.6
865kg<CM≤980kg	14.1	12.1
980kg<CM≤1090kg	14.6	12.5
1090kg<CM≤1205kg	15.1	13.0
1205kg<CM≤1320kg	15.7	13.4
1320kg<CM≤1430kg	16.2	13.9
1430kg<CM≤1540kg	16.7	14.3
1540kg<CM≤1660kg	17.2	14.8
1660kg<CM≤1770kg	17.8	15.2
1770kg<CM≤1880kg	18.3	15.7
1880kg<CM≤2000kg	18.8	16.1
2000kg<CM≤2110kg	19.3	16.6
2110kg<CM≤2280kg	20.0	17.1
2280kg<CM≤2510kg	20.9	17.9
2510kg<CM	21.9	18.8

（四）摩托车燃料消耗量标准

我国摩托车燃油消耗标准的发展经历了三个阶段。

第一阶段为1996年5月1日实施的《摩托车和轻便摩托车燃油消耗量限值》（GB 15744-1995）。该标准按照不同的车辆类型和排量进行油耗限值规定，且考虑到当时的行业情况，对于装有二冲程发动机的摩托车的油耗限值进行了一定程度的放松。该标准的限值相对宽松，且采用的是等速油耗测试方法，大部分新车型可以满足要求。

第二阶段为2009年7月1日实施的《摩托车燃油消耗量限值及测量方法》（GB 15744-2008）和《轻便摩托车燃油消耗量限值及测量方法》（GB 16486-2008），上述两项标准分别规定了摩托车和轻便摩托车第二阶段的燃油消耗量限值。这一阶段的油耗标准采用了等速行驶与工况行驶相结合的试验方法，通过综合油耗评定油耗水平。该试验方法相对于之前的等速法有了很大的变化和进步。工况法油耗测试方法的增加，体现出用户在实际使用中摩托车的真实油耗水平。

第三阶段为现行标准《摩托车和轻便摩托车燃油消耗量限值及测量方法》（GB 15744-2019），该标准为2020年7月1日实施。该标准适用于以点燃式发动机为动力的摩托车和轻便摩托车，以及以压燃式发动机为动力的正三轮摩托车。该标准的发布和实施使我国的摩托车油耗测试标准与国际接轨，且充分考虑行业发展情况，增加了装有压燃式发动机的正三轮摩托车燃料消耗的测试。对于两轮摩托车试验循环采用WMTC循环，油耗试验和排放试验可以同步进行。限值如表8至表11所示。

目前，全球技术法规GTR No. 2规定了装有点燃式或压燃式发动机的两轮摩托车气体污染物排放、二氧化碳排放和燃料消耗的测量程序，试验循环采用WMTC循环，油耗试验和排放试验可以同步进行。

表 8　装载点燃式发动机的两轮摩托车和边三轮摩托车［采用手（脚）动变速器］燃油消耗量限值

发动机实际排量(mL)	50~100	100~125	125~150	150~200	200~300	300~400	400~500
燃油消耗量限值(L/100km)	2.0	2.3	2.5	2.8	3.6	4.3	4.8
发动机实际排量(mL)	500~650	650~800	800~1000	1000~1250	1250~1500	≥1500	—
燃油消耗量限值(L/100km)	5.3	5.6	5.8	6.0	6.3	6.5	—

表 9　装载点燃式发动机的两轮摩托车和边三轮摩托车（采用自动变速器）燃油消耗量限值

发动机实际排量(mL)	50~100	100~125	125~150	150~200	200~300	300~400	400~500
燃油消耗量限值(L/100km)	2.1	2.5	2.7	3.0	3.9	4.6	5.1
发动机实际排量(mL)	500~650	650~800	800~1000	1000~1250	1250~1500	≥1500	—
燃油消耗量限值(L/100km)	5.6	5.9	6.1	6.3	6.6	6.8	—

表 10　装载点燃式发动机的正三轮摩托车燃油消耗量限值

发动机实际排量(mL)	50~100	100~125	125~150	150~200	200~300
燃油消耗量限值(L/100km)	3.0	3.5	3.8	4.3	5.0
发动机实际排量(mL)	300~400	400~500	500~650	650~800	≥800
燃油消耗量限值(L/100km)	6.0	6.5	7.0	7.5	8.0

注：由于柴油与汽油的热值不同，装载压燃式发动机的正三轮摩托车燃油消耗量限值等于装载点燃式发动机的正三轮摩托车燃油消耗量限值除以 1.2，限值修约至小数点后一位。

表 11　轻便摩托车燃油消耗量限值

车型	发动机实际排量(mL)	燃油消耗限值(L/100km)
两轮轻便摩托车	≤50	1.8
正三轮轻便摩托车	≤50	2.1

欧洲第五阶段法规中，不仅规定了内燃机式摩托车和轻便摩托车的油耗试验方法，还规定了混合动力电动摩托车和混合动力电动轻便摩托车的试验方法。试验循环都采用 WMTC 循环，油耗试验和排放试验可以同步进行。油耗值应在车辆进行型认证时，根据测得的 HC、CO 和 CO_2 排放量计算得出。尽管在型式认证过程中没有油耗限值的要求，但要求测试并报告。欧洲法规可以影响很多地区摩托车性能控制标准的技术发展轨迹，对于全球范围内促进摩托车节能技术的发展具有十分重要的意义。

（五）非道路移动机械燃料消耗量标准

（1）总体情况

我国非道路移动机械种类众多，在评价不同机械能效等级或油耗水平的时候存在较大差异，因此非道路移动机械行业又根据机械类别细分了众多能效等级或油耗水平的相关标准。按照类别，可以分为工程机械用、农业机械用、林业机械用和工业车辆等。目前涉及的具体标准如表 12 所示，这些标准目前均为推荐性标准。

表 12　非道路移动机械燃油消耗相关标准

机械类型	标准号	名称	实施时间	内容
农业机械	GB/T 15370.1-2012	《农业拖拉机 通用技术条件 第 1 部分:50kW 以下轮式拖拉机》	2013 年 7 月 1 日	限值和测量方法
	GB/T 15370.2-2009	《农业拖拉机 通用技术条件 第 2 部分:50～130kW 轮式拖拉机》	2010 年 5 月 1 日	
	GB/T 15370.3-2012	《农业拖拉机 通用技术条件 第 3 部分:130kW 以上轮式拖拉机》	2013 年 7 月 1 日	
	GB/T 15370.4-2012	《农业拖拉机 通用技术条件 第 4 部分:履带拖拉机》	2012 年 10 月 1 日	
	GB/T 15370.5-2012	《农业拖拉机 通用技术条件 第 5 部分:皮带传动轮式拖拉机》	2013 年 7 月 1 日	
	GB/T 15370.6-2016	《农业拖拉机 通用技术条件 第 6 部分:四轮船式拖拉机》	2016 年 9 月 1 日	
	GB/T 15370.7-2018	《农业拖拉机 通用技术条件 第 7 部分:三轮船式拖拉机》	2018 年 4 月 1 日	

续表

机械类型	标准号	名称	实施时间	内容
农业机械	NY/T 2207-2019	《轮式拖拉机能效等级评价》	2019年11月1日	限值和测量方法
	GB/T 29002-2012	《全喂入联合收割机 燃油消耗量指标及测量方法》	2013年7月1日	
	GB/T 29003-2012	《半喂入联合收割机 燃油消耗量指标及测量方法》	2013年7月1日	
	GB/T 29004-2021	《水稻插秧机 燃油消耗量指标及测量方法》	2022年7月1日	
	GB/T 33004-2016	《自走式玉米收获机械 燃油消耗量指标及测量方法》	2017年5月1日	
	GB/T 33005-2016	《微型耕耘机 燃油消耗量指标及测量方法》	2017年5月1日	
	NY/T 1932-2010	《联合收割机燃油消耗量评价指标及测量方法》	2010年9月1日	
工程机械	GB/T 36694-2018	《土方机械 履带式推土机燃油消耗量试验方法》	2019年4月1日	测量方法
	GB/T 36695-2018	《土方机械 液压挖掘机燃油消耗量试验方法》	2019年4月1日	
	GB/T 36696-2018	《土方机械 轮胎式装载机燃油消耗量试验方法》	2019年4月1日	
	GB/T 36978-2018	《土方机械 轮胎式叉装机燃油消耗量试验方法》	2019年7月1日	
	GB/T 41109-2021	《土方机械 平地机燃油消耗量试验方法》	2022年7月1日	
	GB/T 39416-2020	《汽车起重机燃油消耗量试验方法》	2021年6月1日	
	JB/T 11988-2014	《内燃平衡重式叉车能效测试方法》	2014年10月1日	
	JB/T 11764-2018	《内燃平衡重式叉车能效限额》	2018年10月1日	限值
林业机械	LY/T 1444.2-2015	《林区木材生产能耗 第2部分：油锯燃料消耗量》	2016年1月1日	限值
	LY/T 1444.3-2015	《林区木材生产能耗 第3部分：集材机械燃料消耗量》	2016年1月1日	
	LY/T 1444.4-2015	《林区木材生产能耗 第4部分：伐区装车机械燃料消耗量》	2016年1月1日	

续表

机械类型	标准号	名称	实施时间	内容
林业机械	GB/T 18516-2017	《便携式油锯 锯切效率和燃油消耗率试验方法工程法》	2017 年 12 月 1 日	测量方法
	LY/T 3019-2018	《林业机械 以汽油机为动力的便携式割灌机和割草机 切割效率和切割燃油消耗率测试方法》	2019 年 5 月 1 日	
	LY/T 3165-2019	《林业机械 便携式割灌机和割草机发动机性能和燃油消耗》	2020 年 4 月 1 日	限值
矿卡	QC/T 76.6-1993	《矿用自卸汽车试验方法 燃料消耗量试验》	1994 年 1 月 1 日	测量方法
发动机	GB/T 28239-2020	《非道路用柴油机燃料消耗率限值及试验方法》	2020 年 11 月 1 日	限值和测量方法
	GB/T 38750.1-2020	《往复式内燃机能效评定规范 第 1 部分：柴油机》	2020 年 11 月 1 日	
	GB/T 37692-2019	《非道路移动机械用小型点燃式发动机工况法燃料消耗率限值与测量方法》	2020 年 11 月 1 日	
	GB/T 38750.2-2020	《往复式内燃机能效评定规范 第 2 部分：汽油机》	2020 年 11 月 1 日	

（2）以机械作为评价对象

目前涉及农业机械的油耗标准有两类，一类适用于拖拉机，另一类适用于收获类机械。针对拖拉机的油耗相关标准又有两类，分别是 GB/T 15370 系列标准和农业农村部发布的《轮式拖拉机能效等级评价》（NY/T 2207-2019）。农业机械的油耗标准均为基于动力输出轴输出动力来评价油耗，但评价指标有差异。GB/T 15370 系列标准基于发动机每输出 1 千瓦功 1 小时消耗燃油的量（评价单位：g/kWh）。收获类机械的试验方法基于机械实际作业情况进行，分别对田地坡度、面积、土壤硬度，以及庄稼的均匀度、高度、产量水平等提出具体要求。

目前涉及工程机械的油耗标准共 8 项，燃油消耗量的评价指标各不相同。履带式推土机标准 GB/T 36694-2018 和平地机标准 GB/T 41109-2021 是基于发动机每输出 1 千瓦功 1 小时消耗燃油的量（评价单位：g/kWh）；

液压挖掘机标准 GB/T 36695-2018 和轮式叉装车标准 GB/T 36978-2018 是基于机械完成每个标准动作消耗燃油的量（评价单位：kg/标准动作）；轮胎式装载机标准 GB/T 36696-2018 是基于运输每吨货物需要消耗燃油的量（评价单位：g/t）；叉车能效等级标准 JB/T 11764 是基于消耗单位柴油输出功的多少（评价单位：J/L）等。上述标准的评价指标虽然不同，但其试验方法的思路基本相似，即进行标准作业工况或标准工况模拟，在机械怠速、高怠速下进行燃油消耗量测试。

另外还有涉及林业机械和矿用自卸汽车的燃油消耗量标准。其中林业机械根据机械类型又细分为油锯、集材机械、伐区装车机械、便携式割灌机和割草机等。

（3）以发动机作为评价对象

非道路移动机械类型众多，油耗采用不同的评价方法，但发动机的评价相对简单。其中针对柴油机的标准是《非道路用柴油机燃料消耗率限值及试验方法》（GB/T 28239-2020）和《往复式内燃机能效评定规范 第 1 部分：柴油机》（GB/T 38750.1-2020），针对汽油机的标准是《非道路移动机械用小型点燃式发动机工况法燃料消耗率限值与测量方法》（GB/T 37692-2019）和《往复式内燃机能效评定规范 第 2 部分：汽油机》（GB/T 38750.2-2020）。

非道路用发动机的燃料消耗率标准与排放标准采用相同的测量工况，当前的非道路用发动机普遍能满足 3 级能效要求；在现有水平上能耗降低 3% 则能满足 2 级能效要求，可评定为节能产品；在现有水平上能耗降低 5%~6%则能满足 1 级能效要求，可评定为优级节能产品。

非道路用柴油机加权燃料消耗率限值和各等级的平均燃料消耗率规定值如表 13 和表 14 所示。非道路移动机械用小型点燃式发动机工况法燃料消耗率限值和各等级的燃料消耗率规定值如表 15 和表 16 所示。

表 13　非道路用柴油机加权燃料消耗率限值

单位：g/(kW·h)

标定功率 P	加权燃料消耗率限值	
	直喷机	非直喷机
P<4.5kW	375	
4.5kW≤P<8kW	326	358
8kW≤P<19kW	279	307
19kW≤P<37kW	273	300
37kW≤P<75kW	262	288
75kW≤P<130kW	260	
130kW≤P<225kW	255	
225kW≤P<450kW	238	
450kW≤P≤560kW	228	

表 14　各等级能效非道路用柴油机多工况平均燃料消耗率规定值

单位：g/(kW·h)

标定功率 P	直喷机			非直喷机		
	1 级	2 级	3 级	1 级	2 级	3 级
P<4.5kW	353	364	375	353	364	375
4.5kW≤P<8kW	306	316	326	337	347	358
8kW≤P<19kW	262	271	279	289	298	307
19kW≤P<37kW	257	265	273	282	291	300
37kW≤P<75kW	246	254	262	271	279	288
75kW≤P<130kW	244	252	260	244	252	260
130kW≤P<225kW	240	247	255	240	247	255
225kW≤P<450kW	224	231	238	224	231	238
450kW≤P≤560kW	214	221	228	214	221	228

表 15　小型点燃式发动机工况法燃料消耗率限值

发动机类别代号	工作容积 V(cm^3)	工况法燃料消耗率限值[g/(kW·h)]
SH1	V<20	—
SH2	20≤V<50	780
SH3	V≥50	600
FSH1	V<66	700
FSH2	66≤V<100	700
FSH3	100≤V<225	600
FSH4	V≥225	600

表 16　30kW 以下各等级能效通用汽油机工况法燃料消耗率规定值

发动机类别代号	汽油机排量 V(cm^3)	30kW 以下通用汽油机燃料消耗率规定值[g/(kW·h)]		
		1 级	2 级	3 级
SH1	V<20	—	—	—
SH2	20≤V<50	741	757	780
SH3	V≥50	570	582	600
FSH1	V<66	665	679	700
FSH2	66≤V<100	665	679	700
FSH3	100≤V<225	570	582	600
FSH4	225≤V<1000	570	582	600
FSH5	V≥1000	559	570	588

（六）船舶燃料和能源消耗量相关标准

我国船舶燃油消耗量计算方法系列标准为 GB/T 7187，其中 GB/T 7187.1 适用于海洋船舶，GB/T 7187.2 适用于内河船舶，上述两项标准规定了运输船舶燃油消耗量的计算方法，没有限值要求。GB/T 21392-2008 规定了营业性船舶运输能源消耗统计分析方法，包括船型分类、统计指标、调查方法、指标计算及能源消耗分析等。

交通运输部还制定了一系列配套的技术标准，包括《营运船舶燃料消耗限值及验证方法》（JT/T 826-2012）、《营运船舶 CO_2 排放限值及验证方法》（JT/T 827-2012）、《船舶能耗数据收集和报告技术要求》（JT/T 1340-2020）等，规定了营运船舶燃料消耗和 CO_2 排放限值的确定方法、船舶能耗数据收集范围、方法、报告要求，以及相关指数的计算公式及验证方法等，详细信息见表 17。

营运船舶燃料消耗限值按下列公式计算，适用船舶载重吨范围如表 18 所示。

$$\text{Limit}FC = a \times DWT^{-c}$$

表 17　船舶燃油和能源消耗量相关标准

标准号	名称	实施时间	发布部门	内容
GB/T 7187.1-2021	《运输船舶燃油消耗量 第 1 部分:海洋船舶计算方法》	2022 年 3 月 1 日	国家市场监督管理总局 国家标准化管理委员会	统计核算
GB/T 7187.2-2010	《运输船舶燃油消耗量 第 2 部分　内河船舶计算方法》	2011 年 7 月 1 日	国家市场监督管理总局 国家标准化管理委员会	
GB/T 21392-2008	《船舶运输能源消耗统计及分析方法》	2008 年 8 月 1 日	国家质量监督检验检疫总局、国家标准化管理委员会	
JT/T 1340-2020	《船舶能耗数据收集与报告技术要求》	2021 年 2 月 1 日	交通运输部	
JT/T 1225.1-2018	《内河船舶能耗在线监测 第 1 部分:平台技术要求》	2018 年 12 月 1 日	交通运输部	能耗在线监测
JT/T 1225.2-2018	《内河船舶能耗在线监测 第 2 部分:数据交换》	2018 年 12 月 1 日	交通运输部	
JT/T 826-2012	《营运船舶燃料消耗限值及验证方法》	2012 年 9 月 1 日	交通运输部	能耗限值
JT/T 827-2012	《营运船舶 CO_2 排放限值及验证方法》	2012 年 9 月 1 日	交通运输部	碳排放限值

表 18　适用船舶载重吨范围

单位：吨

航区	船型		
	干散货船	集装箱船	油船
内河 A 级航区	DWT≤10000	DWT≤9000	DWT≤4500
内河 B 级航区	DWT≤5000		
近海、沿海、遮蔽水域	DWT≤60000	DWT≤22000	DWT≤90000

上式中：LimitFC 为燃料消耗限值，单位为克每吨海里［g/（t · n mile）］；

DWT 为载重吨，单位为吨（t）；

a、c 为常数，根据船型、航区按照表 19 选取。

表 19　不同船型、航区船舶的 a、c 值

实施阶段	航区	船型					
		干散货船		集装箱船		油船	
		a	c	a	c	a	c
第一阶段	内河 A 级航区	24.23	0.2025	937.1	0.5920	145.9	0.4132
	内河 B 级航区	114.0	0.4352				
	近海、沿海、遮蔽水域	243.2	0.4705	364.7	0.4458	194.3	0.4351
第二阶段	内河 A 级航区	24.23	0.2025	893.0	0.5991	147.0	0.4256
	内河 B 级航区	114.0	0.4352				
	近海、沿海、遮蔽水域	243.2	0.4705	327.8	0.4414	137.2	0.4068

注：跨航区船舶以高等级航区为准，等级分布由高到低依次为近海、沿海、遮蔽水域、内河 A、内河 B；第一阶段、第二阶段执行时间按照实施方案相关规定执行。

三　未来发展建议

目前，我国缺少碳排放标准和低碳燃料标准，尚未建立移动源碳排放的法规体系，碳排放管理主要通过控制车辆燃料消耗量间接管控。应借鉴发达国家和地区的经验，尽快完善移动源低碳标准体系。

一是尽快制定移动源温室气体排放标准体系。在轻型车、重型车、非道路移动机械等污染物排放标准中增加温室气体相关指标，明确污染物和温室气体排放协同控制目标，将温室气体纳入现有污染物排放标准体系进行协同管控，统一测试规程、方法和要求，制订污染物和温室气体协同的排放标准，实现与国际法规体系的一致。

二是关注实际燃料消耗量控制。目前，我国对于燃料消耗量的控制主要通过认证环节进行管理，这与车辆在行驶过程中的实际燃料消耗量存在较大差异。建议开展车辆道路行驶、非道路移动机械实际运行条件下能源消耗量监测标准研究，通过提供实际油耗、电耗、CO_2排放数据，并对车辆（机械）使用过程的碳排放进行大数据评估。

三是研究制定移动源温室气体排放核算方法。加强移动源领域温室气体减排，深入了解移动源温室气体排放现状，亟须建立完善移动源温室气体碳排放统计核算方法，建立移动源温室气体排放因子库，建立精细化的移动源温室气体清单，为国家和地方开展移动源温室气体减排提供技术支撑。

四是关注移动源全生命周期碳排放研究。“世界车辆法规协调论坛”（简称 WP. 29）的污染与能源工作组（简称 GRPE）已经启动对汽车产品的全生命周期温室气体（GHG）排放评估方法（简称 A-LCA）研究，目标是制定汽车产品从生产、使用到报废全生命周期碳足迹的评估方法。我国已经加入 A-LCA 非正式小组，建议深度参与该方法的研究，为我国后续实现移动源全生命周期碳排放管理提供支撑。

技术篇

B.6 轻型车绿色低碳技术发展趋势分析

彭頔　刘明　余浩　王宏丽*

摘　要： 环保和节能等相关法律法规、政策和标准的协同推进，加快了轻型车减污降碳技术的快速发展与应用。2017~2022年，轻型车大型化趋势明显，整备质量提升与车身尺寸持续增长，发动机、电机额定功率呈现上升趋势，但单位功率油耗呈现不断降低的趋势。从传统燃油车来看，缸内直喷与增压器等技术配置已成为主流，进气道喷射加缸内直喷的比例逐步增加；轻型汽油车均搭载三元催化器，汽油车颗粒捕集器市场渗透率显著提升；轻型柴油车颗粒捕集器和选择性还原催化转化器迅速普及。另外，混合动力与纯电动技术快速应用，混合动力车电池质量、电机峰值功率与扭矩大幅提高；纯电动汽车续航里程、标称电压与带电量稳步提升。

关键词： 轻型车　污染物排放控制技术　节能降碳技术

* 彭頔，中国环境科学研究院助理研究员，主要研究方向为轻型车污染物及温室气体排放控制；刘明，中国汽车工程研究院股份有限公司工程师，主要研究方向为轻型车绿色低碳测试评价；余浩，博士，中国汽车工程研究院股份有限公司高级工程师，主要研究方向为汽车绿色低碳测试评价、碳排放核算；王宏丽，中国环境科学研究院高级工程师，主要研究方向为移动源环境管理大数据应用。

一　轻型车基本参数变化趋势

本部分对2017~2022年轻型车的整备质量、外形尺寸、发动机气缸数和排量等基本参数进行统计分析，结果表明我国轻型车大型化趋势明显，顺应了消费者对车辆舒适性和动力性的需求。与此同时，轻型车平均升功率不断提升、平均单位功率油耗持续下降，轻型车平均二氧化碳排放呈逐年降低趋势。

（一）整备质量

汽车整备质量指的是包括润滑油、燃料、随车工具、备胎等汽车完全装备好的质量。2017~2022年，轻型车平均[①]整备质量呈上升趋势，M_1[②]、N_1[③]类轻型车平均整备质量的年平均增长率分别为2.1%、2.2%，2022年M_1、N_1类轻型车的平均整备质量分别为1588kg、1577kg，均达到了历史最高水平（见图1）。

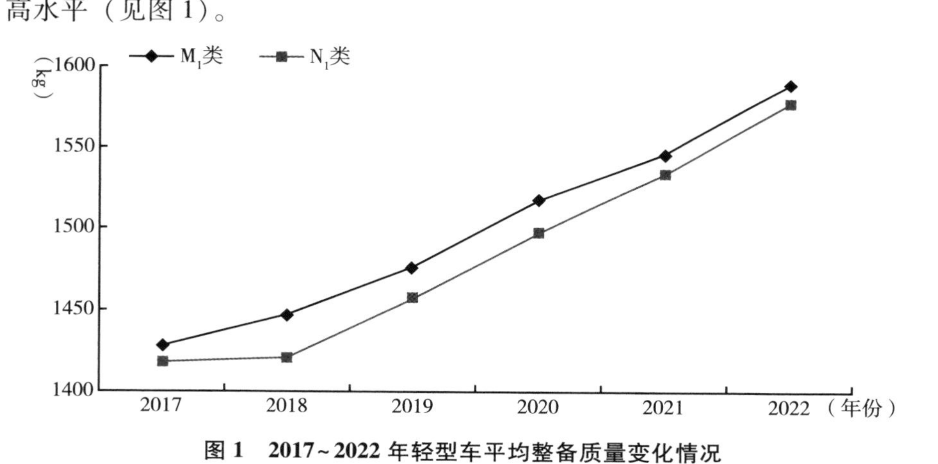

图1　2017~2022年轻型车平均整备质量变化情况

注：若无特别说明，本报告中的图均由新车环保信息公开数据统计分析获得。

① 文中提及的平均值均为相关参数与各年的清单数加权平均计算而得。

② M_1类车是指包括驾驶员在内，座位数不超过九座的载客汽车。

③ N_1类车指最大设计总质量不超过3500kg的载货车辆。

2017~2022 年，轻型车整备质量（CM）处于 1000~1500kg 区间的占比从 60%下降至 41%，1500kg≤CM<2000kg 的轻型车占比从 35%增至 48%，2000kg≤CM<2500kg 的轻型车占比从 4%提升至 10%（见图 2）。这些数据反映出我国轻型车大型化趋势正在加强，轻型车整备质量提升趋势明显。

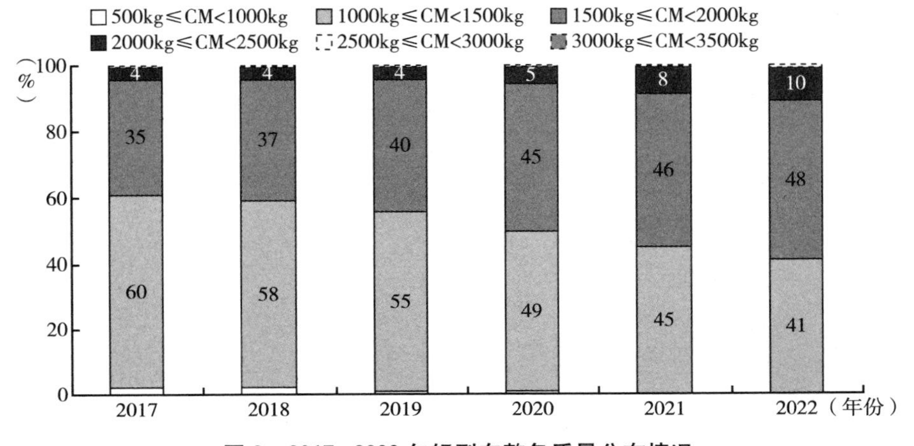

图 2　2017~2022 年轻型车整备质量分布情况

（二）外形尺寸

根据车辆的外形尺寸，M_1 类轻型车划分为 A0（小型车，长 4100~4400mm）、A（紧凑型车，长 4400~4600mm）、B（中型车，长 4600~4900mm）、C（中大型车，长 4900~5000mm）、D（豪华车，长 5000mm 以上）五个车型级别。①

2017~2022 年的 M_1 类轻型车平均车长逐年增加，由 2017 年的 4580mm 增至 2022 年的 4713mm（见图 3）。A 级车的占比由 2017 年的 39.2%降至 2022 年的 19.9%，B 级车的占比由 2017 年的 41.5%增至 2022 年的 56.8%，C 级和 D 级车均有不同程度的增长（见图 4）。从外形尺寸的变化来看，M_1 类轻型车呈现大型化的趋势。

① 闫志强：《我国车辆分类方法和标准研究与分析》，大连理工大学硕士学位论文，2014。

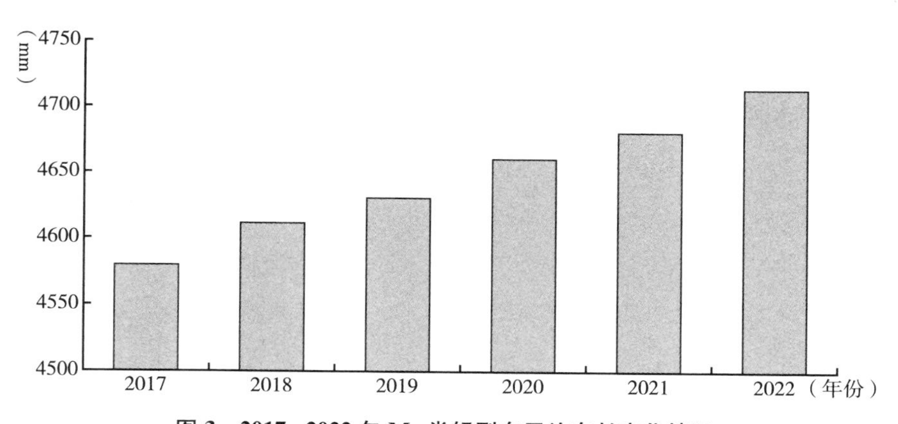

图 3　2017~2022 年 M_1 类轻型车平均车长变化情况

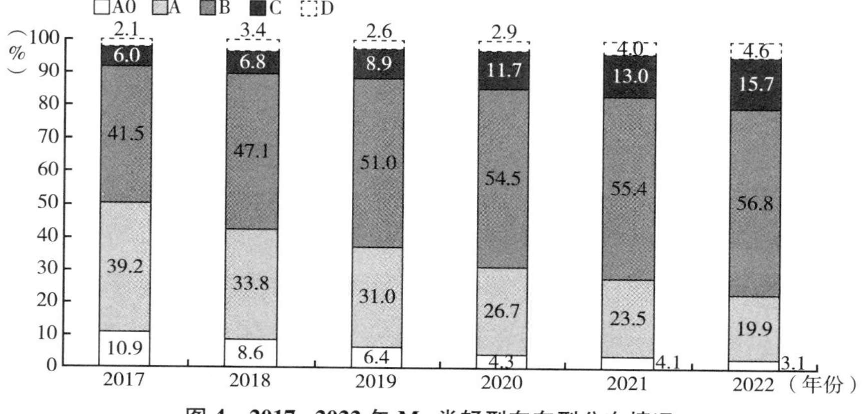

图 4　2017~2022 年 M_1 类轻型车车型分布情况

（三）发动机气缸数

发动机气缸数通常与车辆的动力性能息息相关，随着环保节能要求不断提升，发动机设计不断改进，以平衡性能、燃油经济性和环保成本。4 缸发动机一直是轻型车应用的主流发动机，2017~2022 年 4 缸发动机应用占比超 90%（见图 5）。3 缸发动机主要应用于小微型车，2017~2019 年 3 缸发动机应用占比由 1.8%升至 6.5%，因其市场反馈相对较差，2019 年后占比逐年降至 2.2%。6 缸发动机应用占比维持在 2%及以下，8 缸发动机应用占比在 0.1%左右。

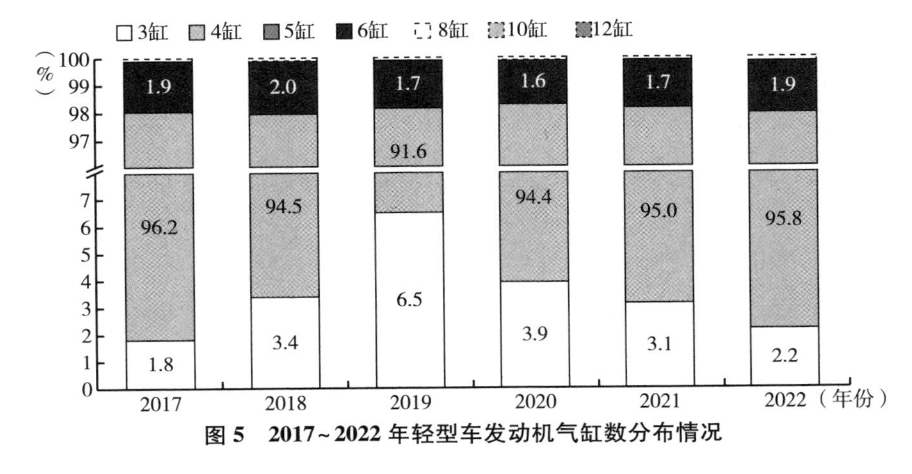

图5　2017～2022年轻型车发动机气缸数分布情况

（四）发动机额定功率和排量

发动机额定功率是衡量发动机性能的重要指标之一。2017～2022年，轻型车发动机平均额定功率（P）呈上升趋势，主要分布在50～200kW，平均额定功率由2017年的108.9kW上升至2022年的125.9kW（见图6）。其中，额定功率在50～100kW的车型占比呈下降趋势，由49.6%下降至27.8%；100～150kW及150～200kW的车型占比呈上升趋势，分别由39%上升至52%、8.2%上升至15.6%。到2022年，超过70%的轻型车发动机额定功率大于100kW（见图7）。

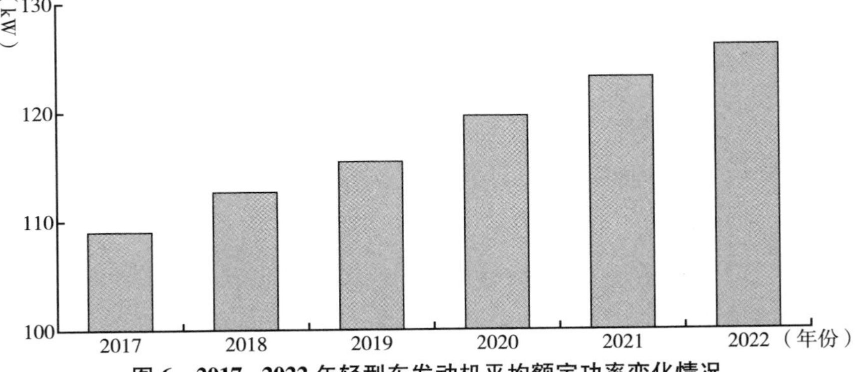

图6　2017～2022年轻型车发动机平均额定功率变化情况

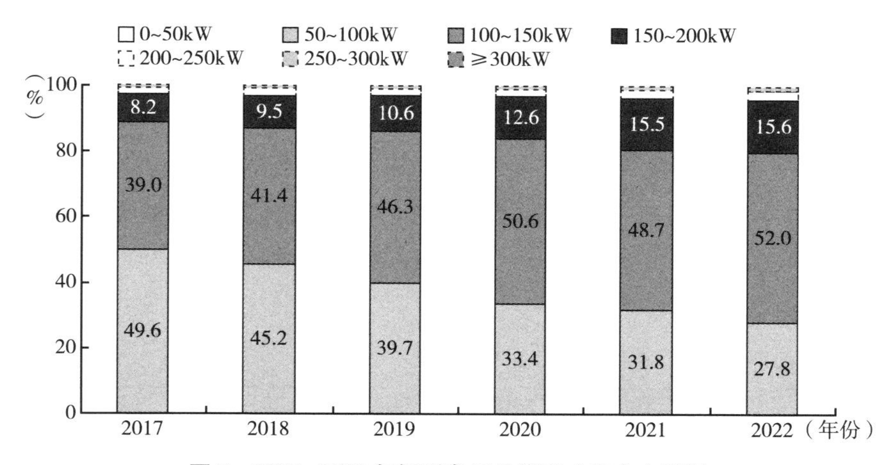

图 7　2017~2022 年轻型车平均额定功率分布情况

发动机排量与车辆的扭矩性能关系密切。2017~2022 年，我国轻型车发动机平均排量略有增长，由 2017 年的 1.65L 提升至 2022 年的 1.7L（见图 8）。2022 年，发动机排量小于 2L 的车型占比超 90%，其中 1.5L 以下车型占比是 55%（见图 9）。

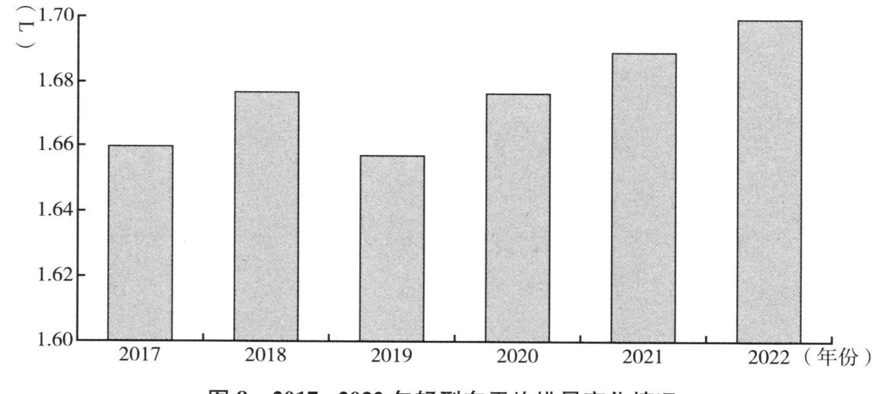

图 8　2017~2022 年轻型车平均排量变化情况

发动机的升功率（单位排量功率）和单位功率油耗是衡量发动机性能的重要指标。2017~2022 年，发动机平均升功率持续增长，2022 年发动机平均升功率相对 2017 年增长约 13%。从发动机平均单位功率油耗来看，

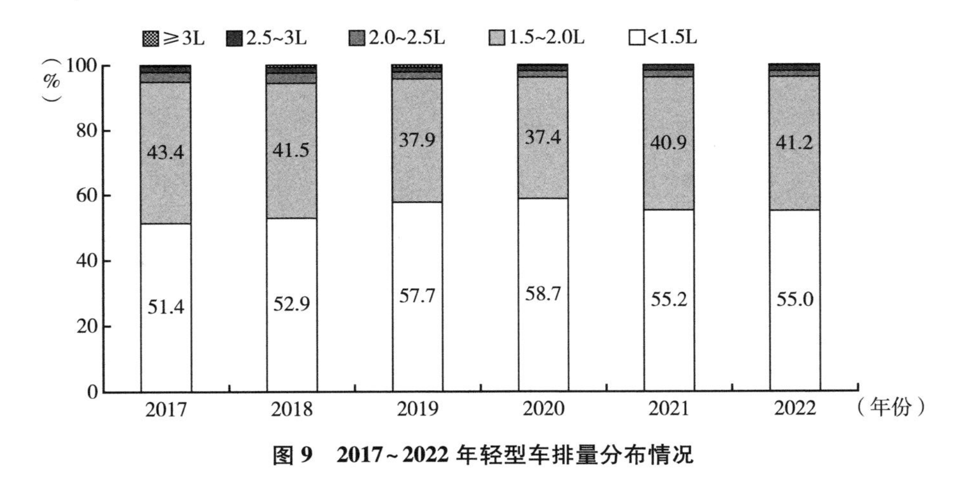

图 9　2017~2022 年轻型车排量分布情况

2017~2022 年呈明显的降低趋势，2022 年发动机平均单位功率油耗相对 2017 年降低约 17%（见图 10）。

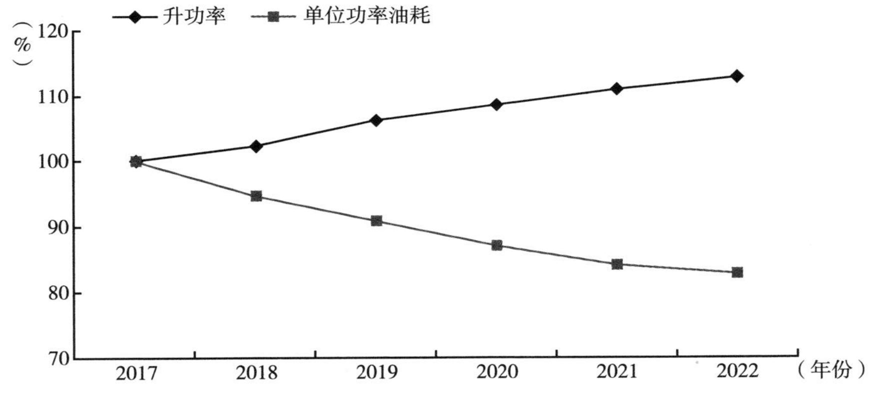

图 10　2017~2022 年轻型车平均升功率和平均单位功率油耗相对变化趋势

从上述轻型车基本参数的变化可以看出，消费者对车辆舒适性、空间尺寸以及动力性的需求不断提升。轻型车大型化趋势明显，整备质量提升与车身尺寸持续增加，发动机额定功率呈现上升趋势。

环保和节能等相关法律法规、政策和标准等的协同推进，加快了轻型车减污降碳技术的快速发展与应用，轻型车平均升功率显著提升，平均单位功率油耗显著降低。2017 年以来，轻型车二氧化碳（CO_2）和总碳氢（THC）排放持续降低，氮氧化物（NO_X）自 2018 年之后略微有所回升，经过初步分析，车队平均的 NO_X 实验室认证排放强度上升主要是由于大质量车型比例快速上升（见图 11）。

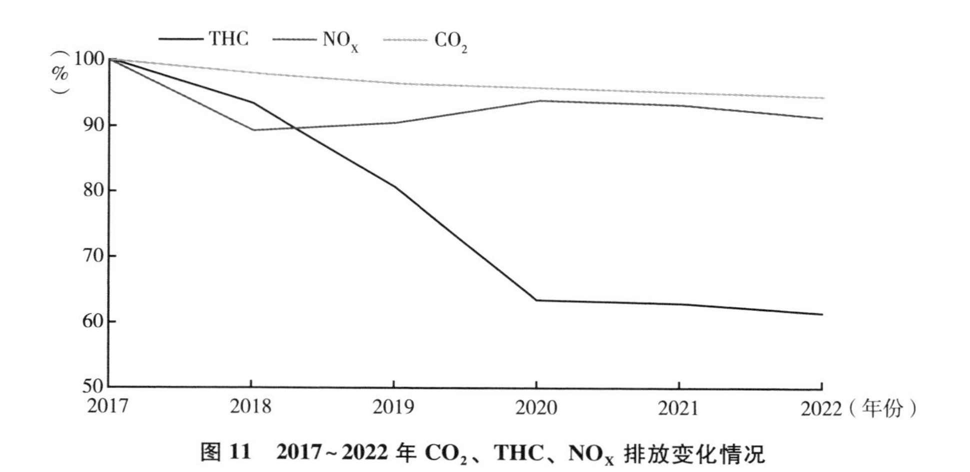

图 11　2017~2022 年 CO_2、THC、NO_X 排放变化情况

二　轻型车绿色低碳技术发展应用趋势

本部分回顾和分析了 2017~2022 年轻型车绿色低碳技术发展应用趋势。发动机方面，分析了燃料喷射系统和进气系统的技术发展应用情况。污染物排放控制技术方面，分析了燃油蒸发排放控制技术、尾气排放控制技术的发展应用情况。同时，就混合动力汽车和纯电动汽车的性能参数和技术应用情况进行了分析。

（一）发动机技术

1. 燃料喷射技术

汽油机通过燃料喷射系统的精确控制，进一步优化燃烧过程，改善发动机的热效率与排放性能，以满足日益严格的油耗和排放法规。现行主要的汽油喷射技术有缸内直喷技术（GDI）、进气道喷射技术（PFI）、复合喷射技术（PFI+GDI）。缸内直喷技术具备可实现多次喷射、精准控制喷油量、改善燃油雾化效果、燃烧更加充分等优势，可获得显著的节油效果。进气道喷射技术在中小负荷情况下具有优势。复合喷射技术规避了 GDI 在冷启动和中小负荷时的积碳、排放等问题，具有组织燃烧更灵活、控制爆震、抑制冷启动时的碳烟排放等优势。

近年来，缸内直喷技术逐渐成为主流，复合喷射技术也得到了快速发展和应用。2017～2022 年，轻型车发动机进气歧管喷射比例逐步降低，由 2017 年的 59%降至 2022 年的 29. 8%。缸内直喷比例逐年升高，由 2017 年的 40. 9%上升至 2022 年的 58. 9%。复合喷射技术比例逐步上升，由 2017 年的 0. 1%上升至 2022 年的 11. 3%（见图 12）。

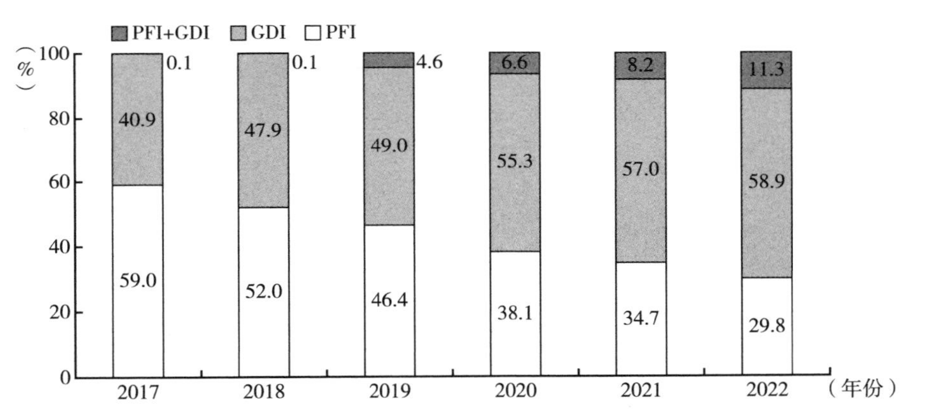

图 12　2017～2022 年轻型车燃油喷射方式分布情况

2. 涡轮增压技术

涡轮增压技术可以提高发动机的进气能力，进而提高发动机的输出功率和扭矩。轻型车采用涡轮增压技术的车型占比逐年升高，由 2017 年的 43. 4%提升至 2022 年的 63. 3%。进一步来看，M_1 类车是增压车型的主力，在各排量车型中均有装配，且比例逐年升高，M_1 类增压车型占比由 2017 年的43.3%提升至2022年的61.5%，N_1类车增压车型占比较少，整体占比低于2%（见图13）。

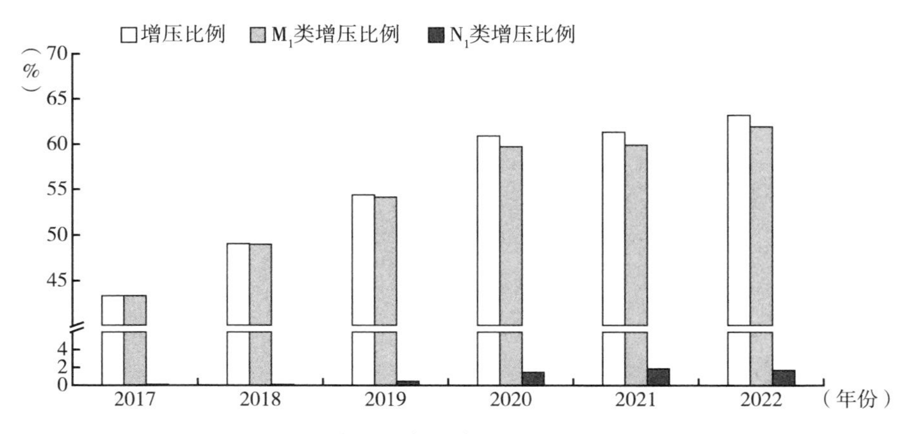

图13　2017~2022年增压轻型车以及M_1类、N_1类增压车型在轻型车中占比变化情况

近年来，随着涡轮增压技术应用率逐年升高，轻型车升功率随之逐年提升（见图14），2017~2022年轻型车平均升功率由53kW/L提升至73kW/L，增幅为37.7%，涡轮增压轻型车升功率略有增长，涡轮增压轻型车占比大幅提升。

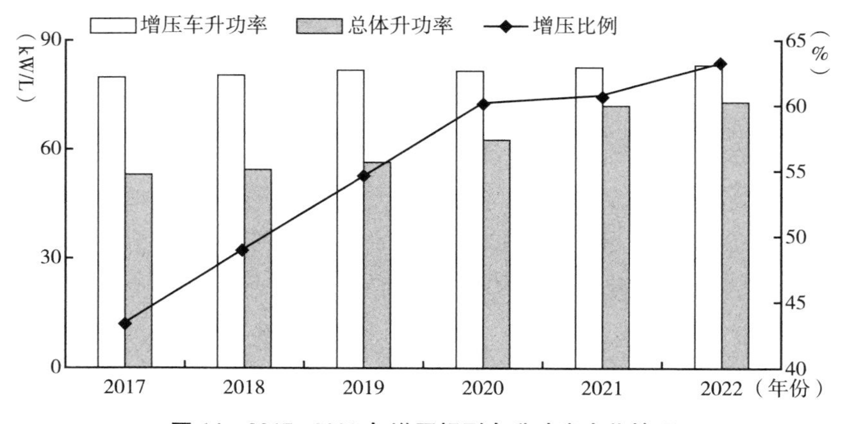

图14　2017~2022年增压轻型车升功率变化情况

（二）污染物排放控制技术

1. 燃油蒸发排放控制技术

我国从国一轻型车排放标准开始针对车辆蒸发排放提出控制要求，对蒸发排放的成因机理及控制策略研究日趋完善和成熟。国六阶段整车昼夜换气排放限值从国五阶段的 24 小时 2g 降至 48 小时 0.7g，并增加了加油排放测试和限值要求，对炭罐吸附和脱附汽油油气的能力、油箱结构和材质等提出了更高的要求。2018~2019 年国五阶段，单车平均蒸发排放变化在 1.08g/test 左右，随着轻型车国六标准的全面实施，2020~2022 年平均蒸发排放变化在 0.36g/test 左右（见图 15）。

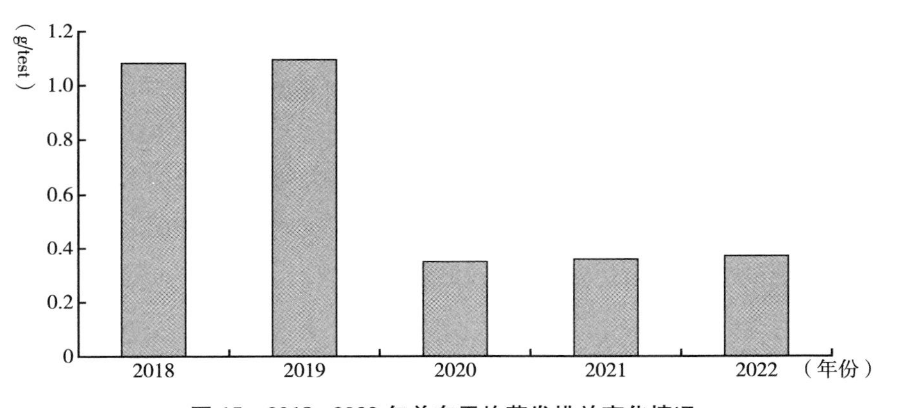

图 15　2018~2022 年单车平均蒸发排放变化情况

油箱和炭罐是车辆蒸发排放控制系统的核心部件，本部分围绕这两部分的技术进行分析。

如图 16，国六阶段轻型车的炭罐平均有效容积在 2.1 升，旨在吸附更多的昼夜间产生的汽油蒸气。与此同时，为了在发动机启动时高效脱附储存于炭罐中的汽油蒸气，主机厂灵活搭配更高流速的脱附阀、合适脱附策略和精细化标定等措施，确保整车蒸发排放符合国六限值要求。

针对加油排放控制要求，蒸发排放控制系统围绕炭罐和油箱的组合搭配，设计为整体式控制系统和非整体式控制系统。2018~2022 年整体式蒸发

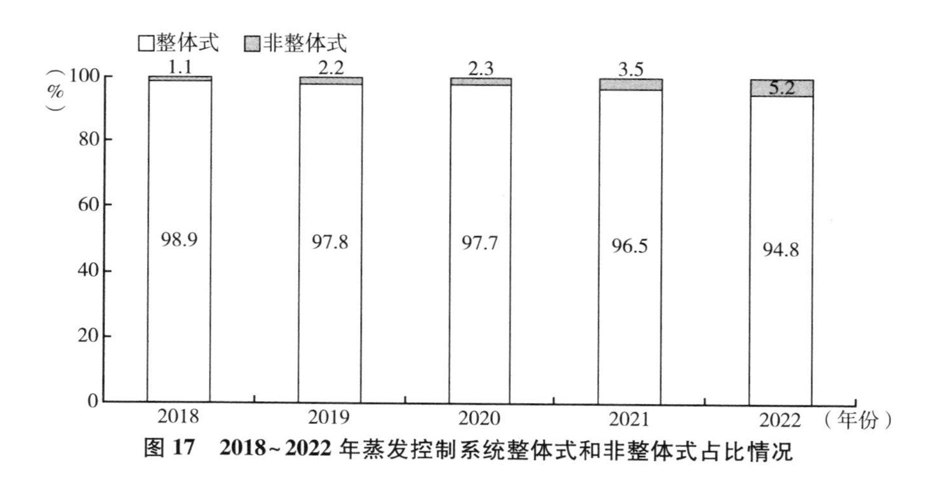

图 16　2018~2022 年炭罐平均有效容积变化情况

控制系统仍是主流技术，占比超 94%，2018~2022 年非整体式蒸发控制系统占比呈上升趋势，由 2018 年的 1.1%上升至 2022 年的 5.2%（见图 17）。非整体式控制系统主要用于混合动力汽车，尤其是插电式混合动力汽车，采用高压油箱替代炭罐来存储昼夜间产生的油气，搭载的炭罐系统主要用于吸附加油过程产生的油气，此类控制系统在标准中被称为非整体式仅控制加油排放炭罐系统。

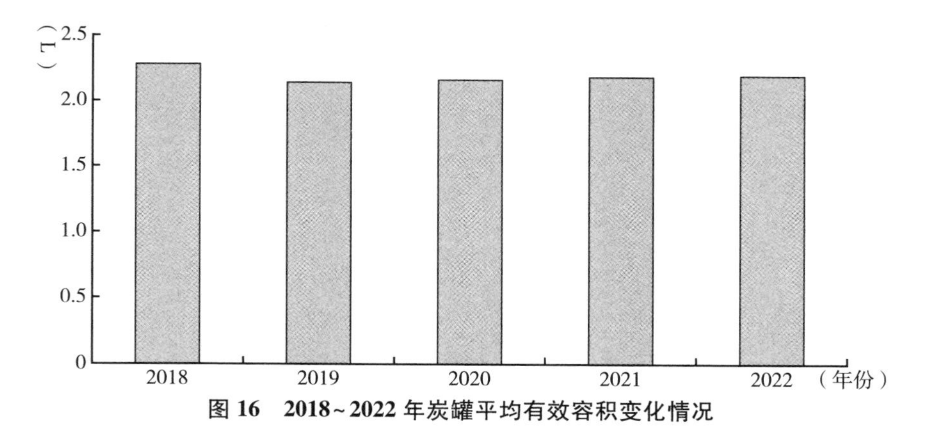

图 17　2018~2022 年蒸发控制系统整体式和非整体式占比情况

油箱方面，主要是从改变材质和油箱结构着手，以进一步降低油箱渗漏排放。油箱的渗漏排放指的是车辆内部的燃油蒸气在油箱、管路及各部件连接处等持续发生的迁移扩散。为了减少渗漏，应升级油箱和油管材料并强化油箱阻隔层及缝焊，用多层材质的塑料油箱代替单层油箱，或选用低渗透性的金属油箱。2018~2022 年塑料油箱一直占主导地位，占比超 85%，金属材料油箱从 2019 年开始提升，由 4.5%上升至 13.2%，2022 年金属材料油箱占比达到 14.6%（见图 18）。另外，加油管和油箱的连接是燃油系统最大一处连接，国六车辆通过采用集成油箱设计，减少系统连接处，进一步提高了其密封性能。

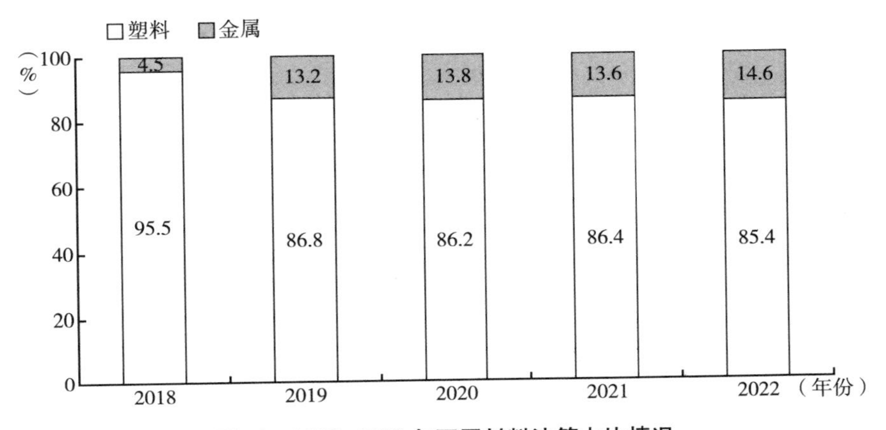

图 18　2018~2022 年不同材料油箱占比情况

2. 尾气排放控制技术

（1）轻型汽油车尾气排放控制技术

轻型汽油车尾气排放控制技术主要包括三元催化器（TWC）和汽油车颗粒捕集器（GPF）。三元催化器作为一项成熟的技术，从实施国一标准以来即普遍配备在轻型汽油车中，用于降低气态污染物排放，随着技术的进步，其减排效率不断优化和提升。随着颗粒物排放要求的加严，汽油车颗粒捕集器在轻型车中使用率显著提升。2017~2022 年轻型车均搭载了三元催化器，且在 2017~2022 年三元催化器的国产率进一步提高，截至 2022 年新车搭载的三元催化器超 90%已是国产（见图 19、图 20）。2017 年仅有少量轻型汽油车搭载颗粒捕集器，到 2022 年时已有 57.1%的轻型汽油车搭载了此技术。

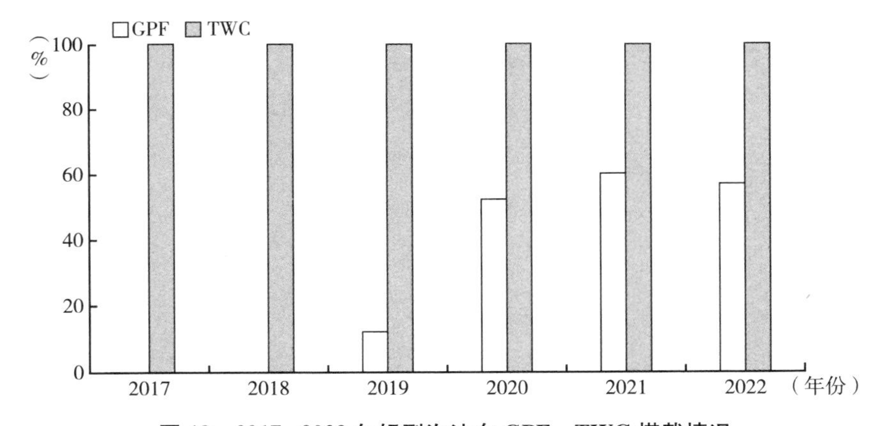

图 19　2017~2022 年轻型汽油车 GPF、TWC 搭载情况

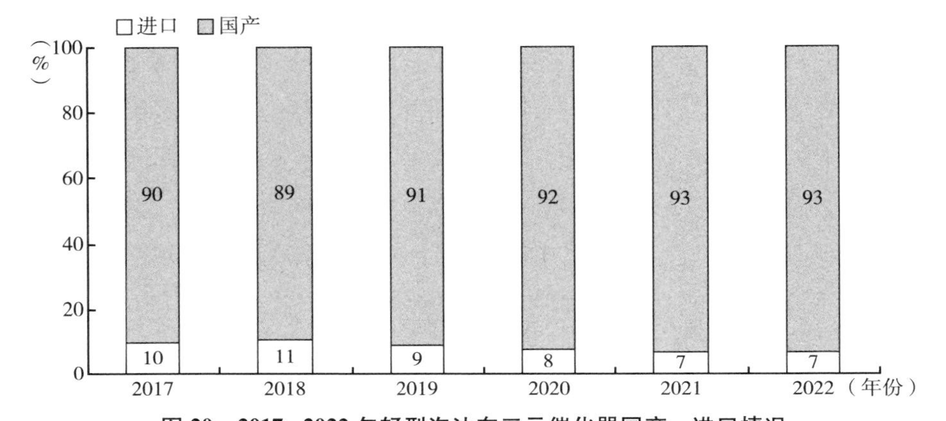

图 20　2017~2022 年轻型汽油车三元催化器国产、进口情况

汽车三元催化器的内部是由多孔陶瓷或金属制成的蜂窝状载体，表面涂有铂、铑、钯等贵金属催化剂。当高温的汽车尾气通过催化器时，催化剂会增强 CO、HC 和 NO_X 三种气体的活性，使其发生氧化和还原反应，从而转化为无污染和无害的气体。对轻型汽油车后处理技术数据进一步统计分析可知，2017~2022 年含钯和铑双贵金属的国产轻型汽油车三元催化器占比较大，平均占比超 85%。轻型汽油车三元催化器贵金属（铂+铑+钯）平均总质量在 3g 左右。2017~2022 年，平均总质量呈现先升高后降低的趋势，主要原因为贵金属配比和催化器结构进一步优化升级，提高了其催化效率（见图 21）。

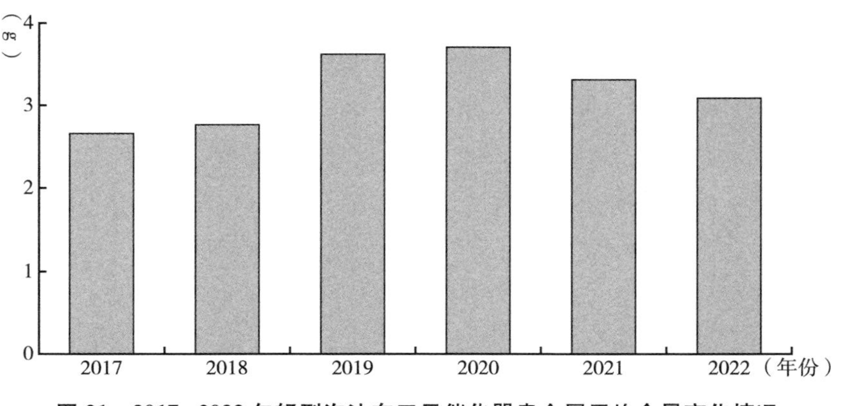

图 21　2017~2022 年轻型汽油车三元催化器贵金属平均含量变化情况

进一步分析可知，2017~2022 年轻型汽油车三元催化器中的铂金属平均含量呈上升趋势，但其整体含量偏低，钯金属平均含量呈逐渐降低的趋势，2019 年后轻型车三元催化器中的铑金属平均含量较稳定。就轻型汽油车三元催化器中贵金属平均占比来看，2017~2022 年轻型汽油车三元催化器中钯金属平均占比最高，平均占比超 89%，铑金属含量次之，平均占比在 8%左右，钯金属含量最低，平均占比低于 3%，2022 年，三者平均占比分别为 89. 3%、8. 2%、2. 5%（见图 22）。

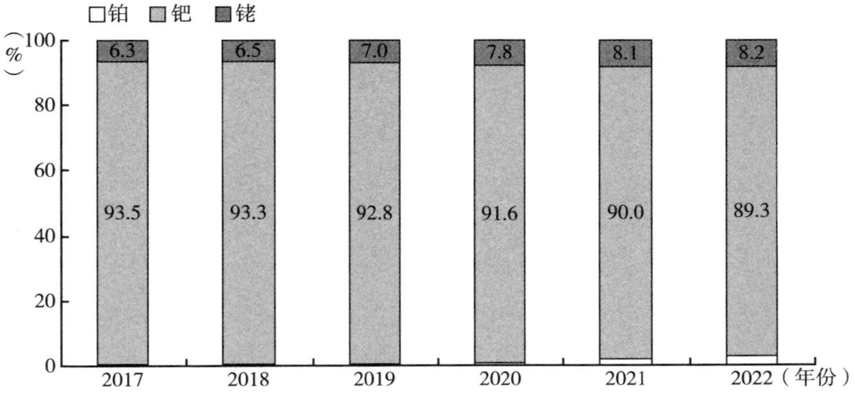

图 22　2017~2022 年轻型汽油车三元催化器各贵金属含量占比情况

(2) 轻型柴油车尾气排放控制技术

轻型柴油车尾气排放控制技术主要包括废气再循环（EGR）、柴油车氧化催化装置（DOC）、柴油车颗粒捕集器（DPF）及选择性还原催化转化器（SCR）。2017 年以来，轻型柴油车基本全面搭载废气再循环技术，用于降低氮氧化物排放。随着气态污染物及颗粒物排放限值的加严，柴油车颗粒捕集器和选择性还原催化转化器分别在 2017 年和 2019 年开始迅速应用，并在三四年迅速普及至 100%应用。这推动了国内汽车环保技术及相关产业的快速发展，提升了相关行业的技术水平，并推动了相关产品的迭代升级。与此同时，柴油车氧化催化装置的应用逐步减少，至 2022 年柴油车氧化催化装置在轻型柴油车中的搭载率为 40%（见图 23）。

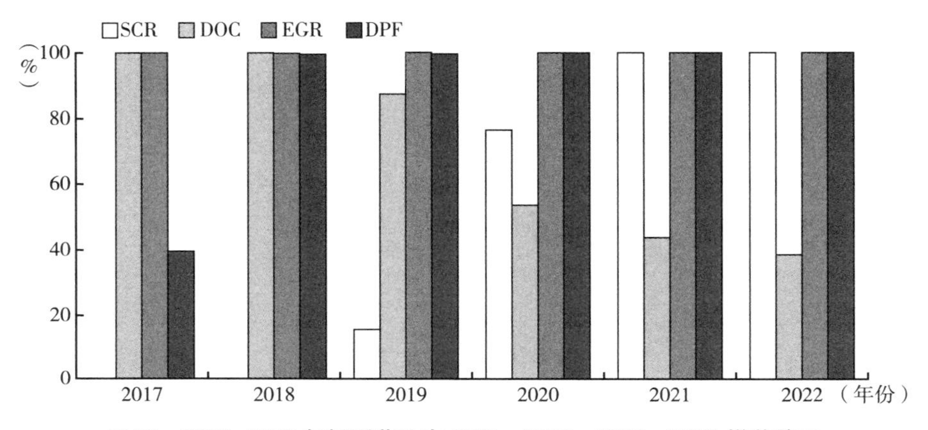

图 23　2017~2022 年轻型柴油车 SCR、DOC、DPF、EGR 搭载情况

（三）车辆变速器

2017~2022 年，轻型车各类变速器竞相发展，在手动变速器市场逐步缩减的背景下，自动挡和无级变速的应用不断增加。相较于手动变速器（MT），自动变速器（AT）更便于操控；而无级变速器（CVT）具有更出色的换挡平顺性和燃油经济性。自动变速器的占比由 2017 年的 38.3%增至 2022 年的 62.5%，无级变速器占比由 2017 年的 16.5%增至 2022 年的

28.5%，手自一体变速器（AMT）的占比由2017年的11.8%降至2022年的3.1%（见图24）。当前及未来中长期，多种变速器将继续共存并竞相发展。为了实现更出色的换挡平顺性和燃油经济性，多挡化、小型化和轻量化成为自动变速器的重点发展方向。随着结构和性能的不断完善，无级变速器正逐步向大排量车拓展应用，以获得更佳的换挡平顺性和燃油经济性，减少污染物排放。在这一背景下，手自一体变速器边缘化趋势将进一步加强。

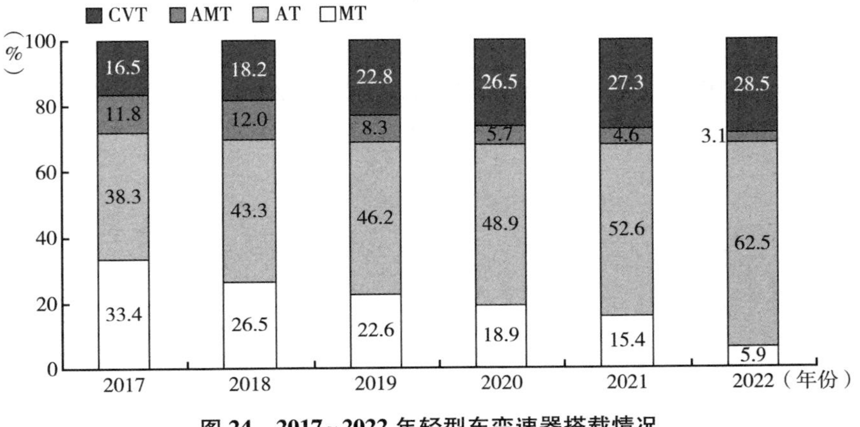

图24　2017~2022年轻型车变速器搭载情况

此外，新车的挡位数逐渐增多，以提升运行效率和改善燃油经济性。2017年轻型车中搭载6挡变速器占比最高，为40.9%，其次是5挡变速器和7挡变速器，占比分别为32.2%和15.6%。具体来看，2017~2022年，轻型车搭载的5挡变速器由2017年的32.2%降至2022年的10.6%，6挡变速器由2017年的40.9%降至2022年的17%，7挡变速器由2017年的15.6%增至2022年的37.5%，8挡变速器由2017年的5.6%增至2022年的14.7%（见图25）。

在此期间，变速器国产化比例逐步增大，相关产业和技术得到快速发展。到2022年，66%的轻型车变速器为国产，而进口的变速器的比例在缩减（见图26）。进一步细化分析，手动变速器的国产化率最高，稳定在98%左右；无级变速器及手自一体变速器国产化率稳定在80%左右；自动变速

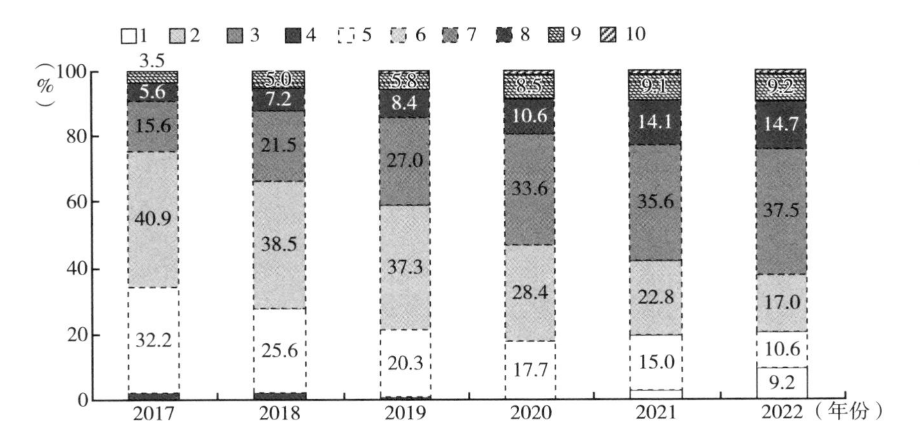

图 25　2017~2022 年轻型车变速器挡位数分布情况

器的国产化率相对较低，但正在稳步提高，从 2017 年的 39%提升至 2022 年的 70%。可见，截至 2022 年，各类型的轻型车变速器均具有较高的国产化率（见图 27）。

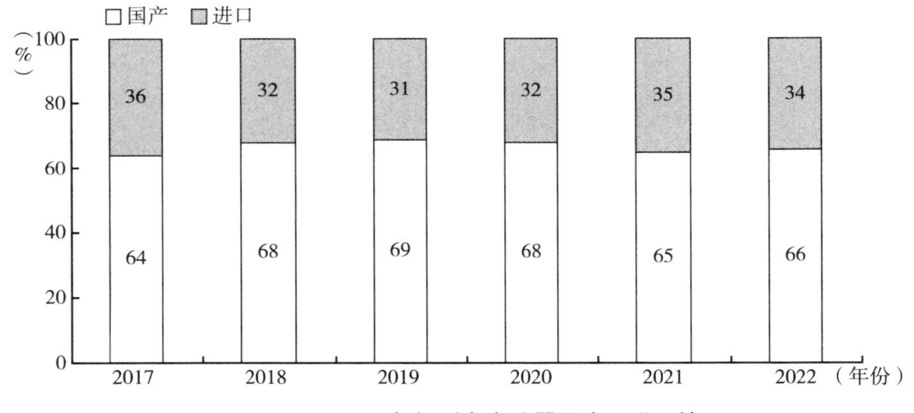

图 26　2017~2022 年轻型车变速器国产、进口情况

（四）混合动力技术

1. 混合动力轻型车整备质量变化情况

混合动力汽车主要可分为不可外部充电的混合动力汽车（非插电式混

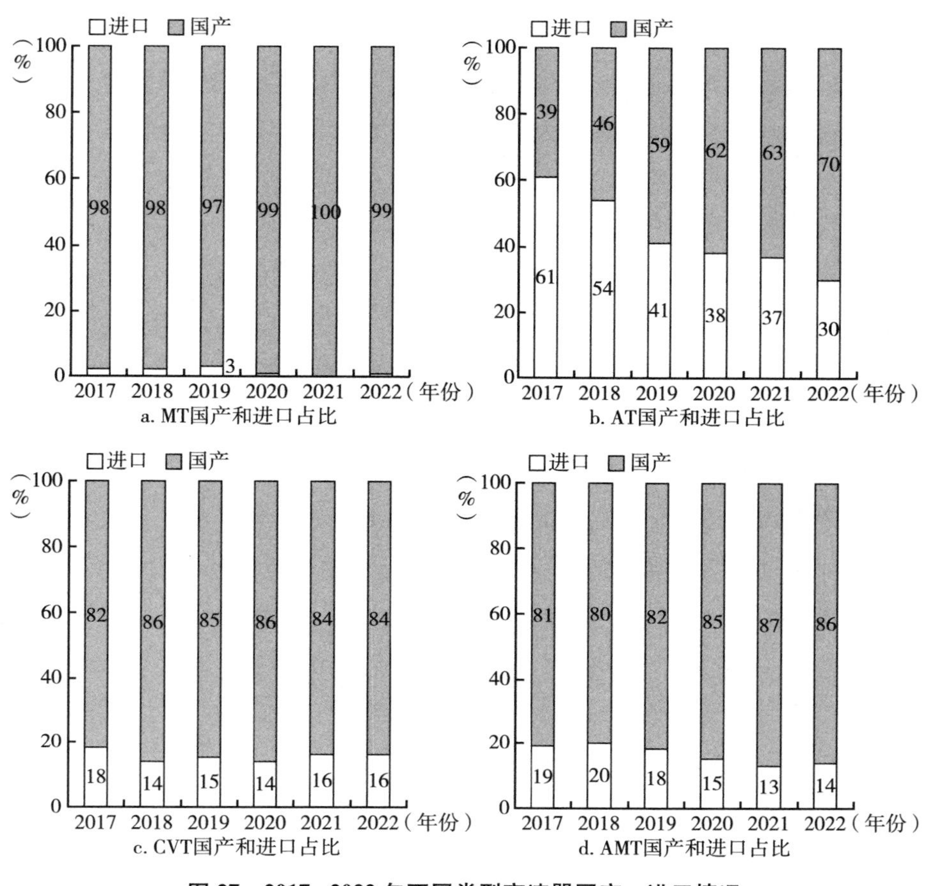

图 27　2017~2022 年不同类型变速器国产、进口情况

合动力汽车）和可外部充电的混合动力汽车（插电式混合动力汽车）。

近年来，混合动力技术快速发展，混合动力汽车产量也呈快速增长的趋势。2019~2022 年[①]混合动力轻型车产量逐年增加。2021 年和 2022 年，混合动力轻型车产量呈现爆发式增长，截至 2022 年，混合动力轻型车在轻型车整体市场中的占比增至 10. 1%。插电式混合动力汽车和非插电式混合动力汽车占比情况如图 28 所示，可知，非插电式混合动力汽车占比逐年下降，

① 因 2017~2018 年混合动力轻型车数量较少，故混合动力轻型车相关分析从 2019 年开始。

由 2019 年的 72. 2%降至 2022 年的 39. 4%，插电式混合动力汽车占比逐年升高，由 2019 年的 27. 8%升至 2022 年的 60. 6%。

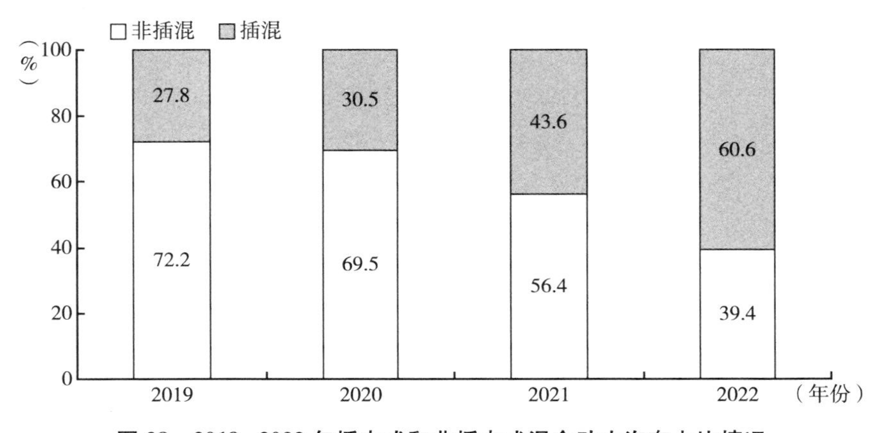

图 28　2019～2022 年插电式和非插电式混合动力汽车占比情况

2019～2022 年，混合动力轻型车平均整备质量（CM）逐年升高。具体来看，2019～2022 年，1000kg≤CM<1500kg 的混合动力轻型车占比由 22%下降至 7%，1500kg≤CM<2000kg 的混合动力轻型车占比稳定在 61%左右，2000kg≤CM<2500kg 的混合动力轻型车占比由 16%提升至 29%，2500kg≤CM<3000kg 的混合动力轻型车逐渐出现，2022 年占比 3%，混合动力轻型车大型化趋势明显（见图 29、图 30）。

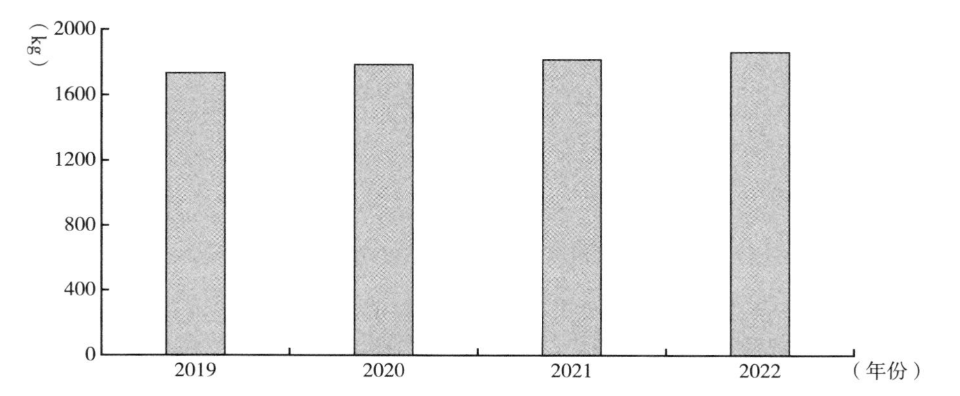

图 29　2019～2022 年混合动力轻型车平均整备质量变化情况

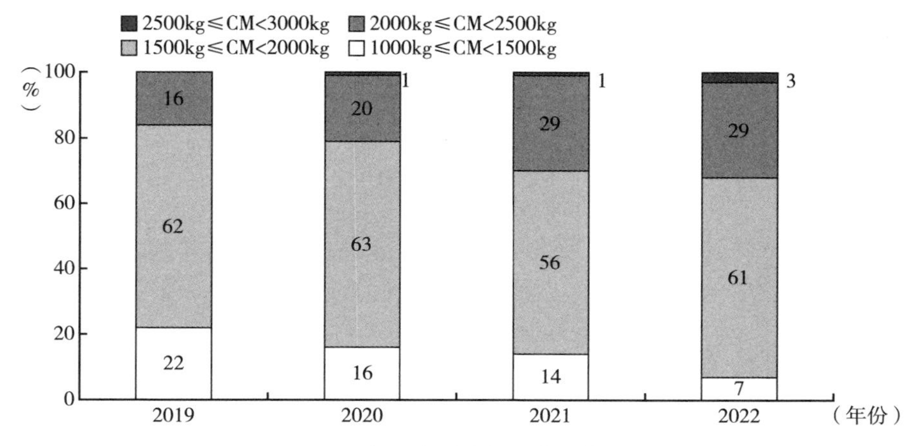

图 30　2019~2022 年混合动力轻型车整备质量分布情况

2. 发动机

2019~2022 年，混合动力轻型车搭载的发动机包含 3 缸、4 缸、6 缸、8 缸，其中 4 缸搭载占绝对优势，超 90%。3 缸、6 缸以及 8 缸发动机占比较少，整体低于 10%（见图 31）。

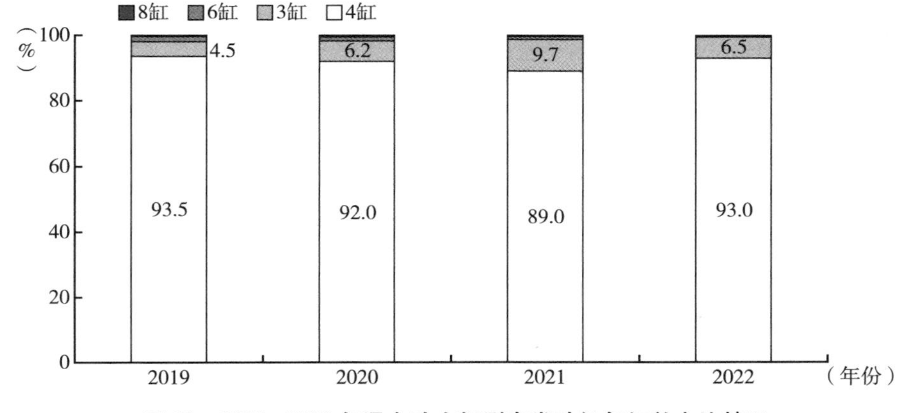

图 31　2019~2022 年混合动力轻型车发动机气缸数占比情况

发动机燃料喷射系统方面，混合动力轻型车中进气歧管喷射（PFI）占比较高，每年稳定在 50%左右。2022 年缸内直喷（GDI）占比较 2019 年有所降低，由 2019 年的 43. 2%降至 2022 年的 32. 7%。复合喷射（PFI+GDI）在 2019 年至 2022 年占比升高，由 2019 年的 5. 6%上升至 2022 年的 16%（见图 32），主要原因在于复合喷射技术可以更好地解决 GDI 在冷启动和中小负荷时的积炭、排放等问题。

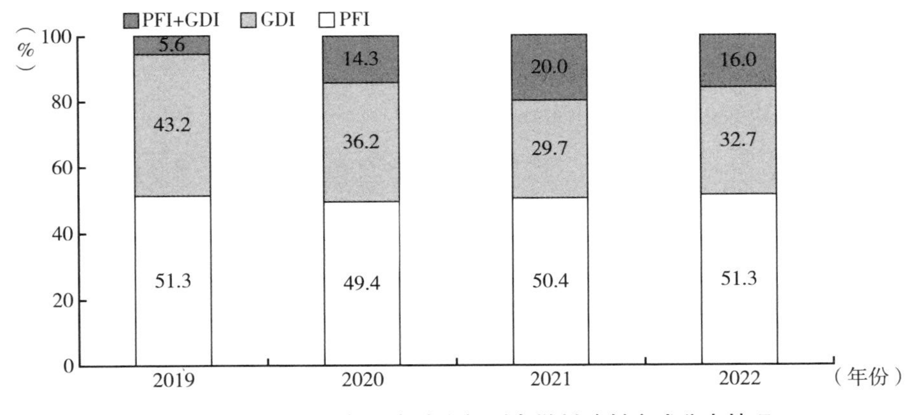

图 32　2019~2022 年混合动力轻型车燃料喷射方式分布情况

对发动机排量进行分析，2019~2022 年，混合动力轻型车平均排量逐年下降，由 2019 年的 1. 96L 降至 2022 年的 1. 76L（见图 33）。由于早期混合动力技术主要应用于 B 级及以上的大排量车型，混合动力轻型车的平均排量整体高于纯燃油车。

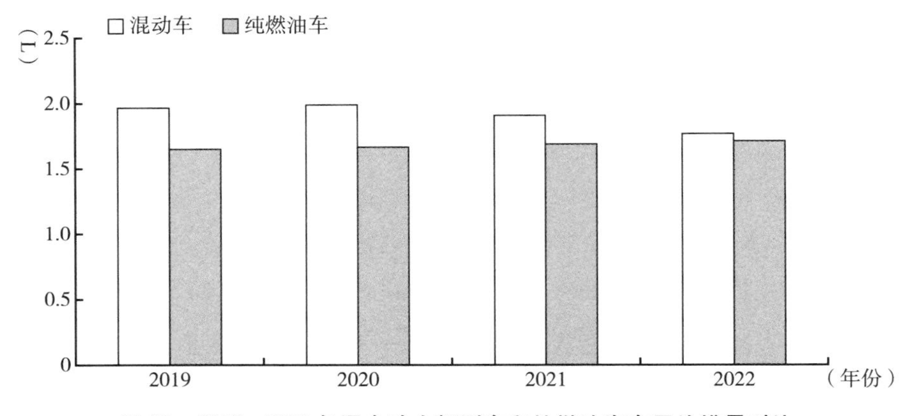

图 33　2019~2022 年混合动力轻型车和纯燃油汽车平均排量对比

发动机进气系统方面，混合动力轻型车发动机以自然吸气为主，增压技术搭载率与纯燃油车相比较低。尽管小排量自然吸气发动机动力相对较弱，但混合动力轻型车的驱动电机通常具备足够大的扭矩和功率储备，能够满足爬陡坡、高性能提速等各种工况的需求。2022 年，混合动力轻型车中增压车型相较于 2019 年略有增长，占比为 34%。2019~2021 年，混合动力轻型车中的增压车型稳定维持在 28%左右（见图 34）。

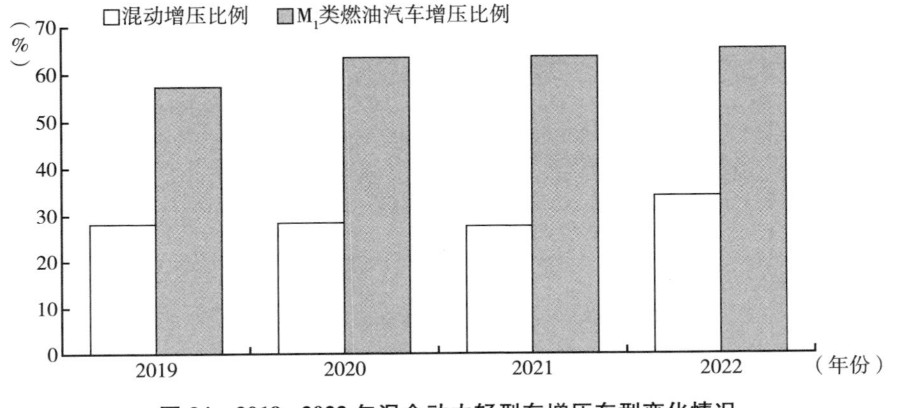

图 34　2019~2022 年混合动力轻型车增压车型变化情况

3. 储能装置

2019~2022 年，混合动力轻型车电池平均质量逐年增加，2022 年混合动力轻型车电池平均质量为 126kg，相比 2019 年增加 56kg（见图 35）。从插电式混合动力和非插电式混合动力汽车细分来看，2019~2022 年，插电式混合动力轻型车电池平均质量逐渐增加，由 2019 年的 132kg 升至 2022 年的 177kg，非插电式混合动力轻型车电池平均质量几乎不变，稳定在 47kg 左右（见图 36）。

4. 电机

2019~2022 年，混合动力轻型车以单电机为主，平均占比超 80%，因经济性、动力性以及平顺性的需求，混合动力轻型车多电机①占比较 2019 年有一定提升，由 2019 年的 8%提高至 2022 年的 18%（见图 37）。

---

① 电机数大于等于 2 均归类为多电机的类别。

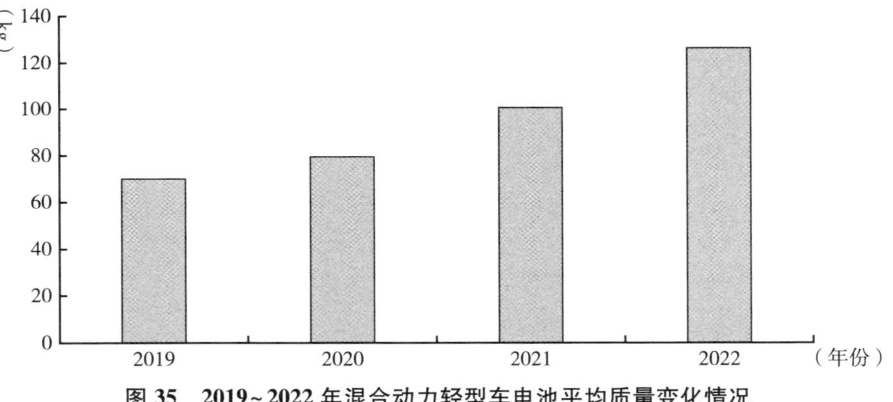

图 35　2019~2022 年混合动力轻型车电池平均质量变化情况

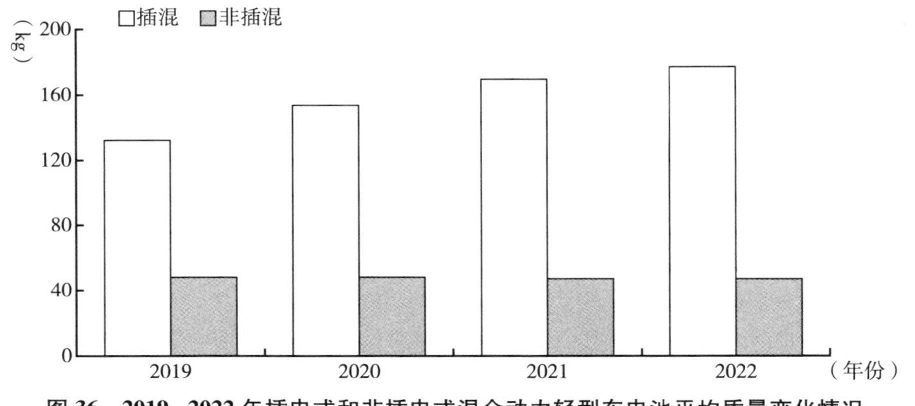

图 36　2019~2022 年插电式和非插电式混合动力轻型车电池平均质量变化情况

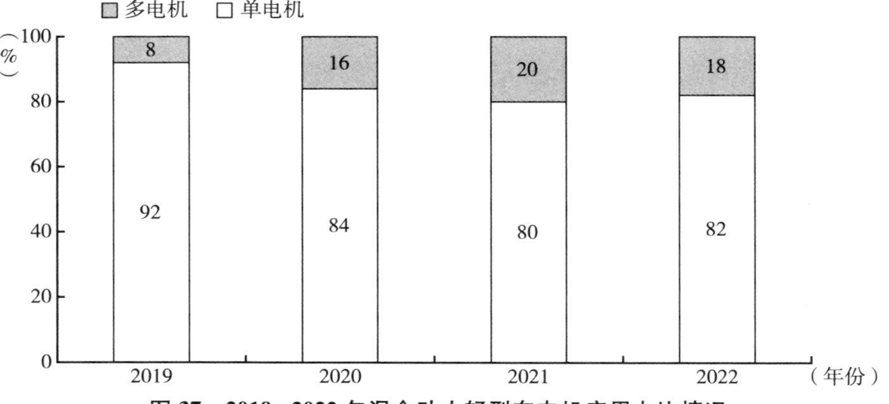

图 37　2019~2022 年混合动力轻型车电机应用占比情况

2019~2022 年，混合动力轻型车电机平均峰值扭矩和功率逐年提高，2022 年混合动力轻型车电机平均峰值扭矩和功率分别为 294N · m 和 129kW，相较于 2019 年分别提升 54N · m 和 36kW（见图 38）。这从侧面说明混动轻型车的电机动力性能有了进一步的提升，在相同条件下能够输出更多动力，减少发动机启动次数或提高发动机输出功率的利用率，从而提高效率、降低油耗。

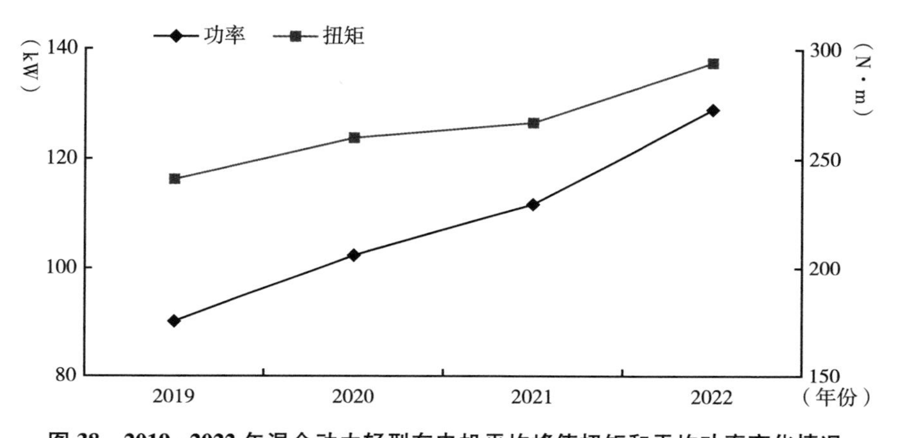

图 38　2019~2022 年混合动力轻型车电机平均峰值扭矩和平均功率变化情况

随着消费者对插电式混合动力轻型车的动力性需求进一步提高，电机的硬件设计和参数配置进一步优化升级，插电式混合动力轻型车电机平均峰值功率逐渐提升，由 2019 年的 81kW 升至 2022 年的 142kW。非插电式混合动力轻型车的动力输出则以发动机为主电机为辅，电机平均峰值功率几乎不变，两者对比来看，除 2019 年外，插电式混合动力轻型车电机平均峰值功率均大于非插电式混合动力轻型车，其中 2022 年高 32kW（见图 39）。

自 2019 年至 2022 年，随着电机结构和控制策略的优化，插电式混合动力轻型车的电机平均峰值扭矩逐渐上升，由 2019 年的 248N · m 提升至 2022 年的 322N · m。相比之下，出于发动机与驱动电机动力需求，以及对成本的考虑，非插电式混合动力轻型车电机平均峰值扭矩几乎不变，维持在 245N · m 左右。自 2019 年起，插电式混合动力轻型车电机平均峰值扭矩均高于非插电式混合动力轻型车，平均高 46N · m（见图 40）。

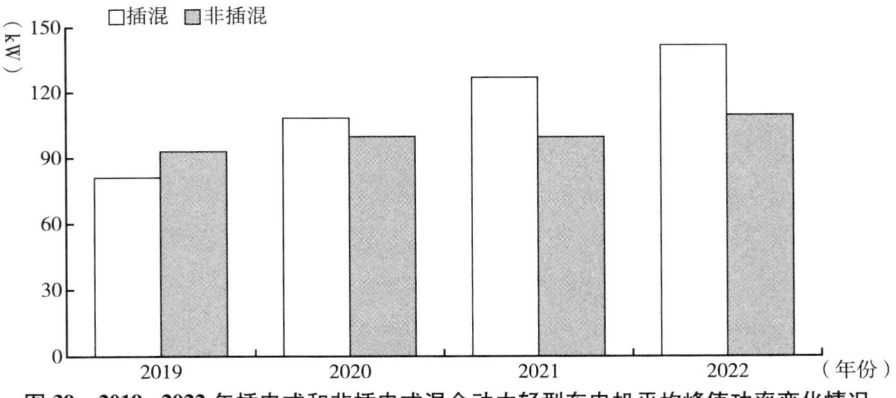

图 39　2019~2022 年插电式和非插电式混合动力轻型车电机平均峰值功率变化情况

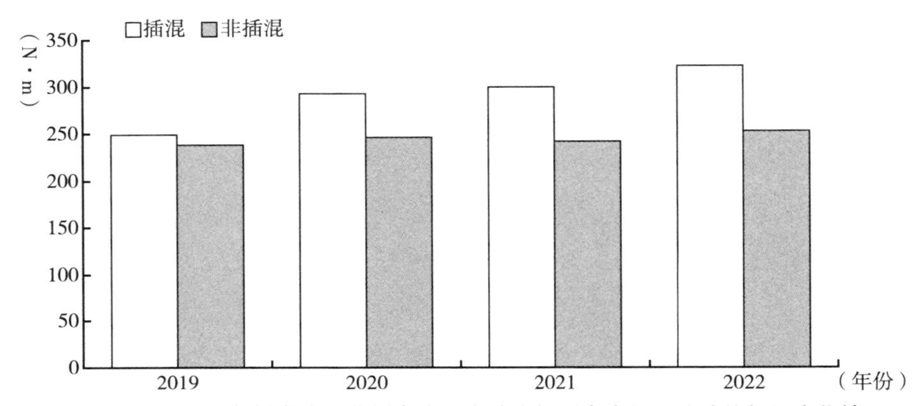

图 40　2019~2022 年插电式和非插电式混合动力轻型车电机平均峰值扭矩变化情况

（五）纯电动技术

1. 纯电动轻型车整备质量和续航里程变化情况

（1）整备质量

2017~2022 年，纯电动轻型车平均整备质量由 2017 年的 1164kg 升至 2022 年的 1460kg，2022 年相比 2017 年上升 25.4%（见图 41）。2022 年整备质量分布于 1500~2000kg 区间的纯电动轻型车占比为 32.6%，500~1000kg、1000~1500kg、2000~2500kg 各质量段的车辆占比在 15%~27%，总体来看，整备质量在 2500kg 以下的车辆占比达到 99%（见图 42）。

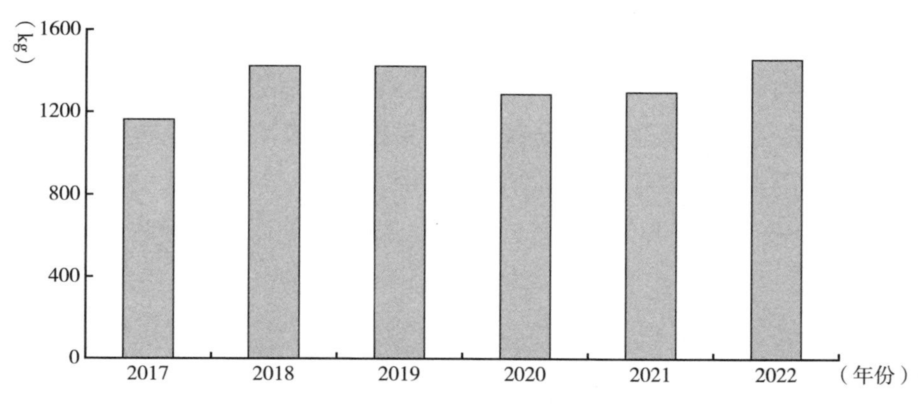

图 41　2017~2022 年纯电动轻型车平均整备质量变化情况

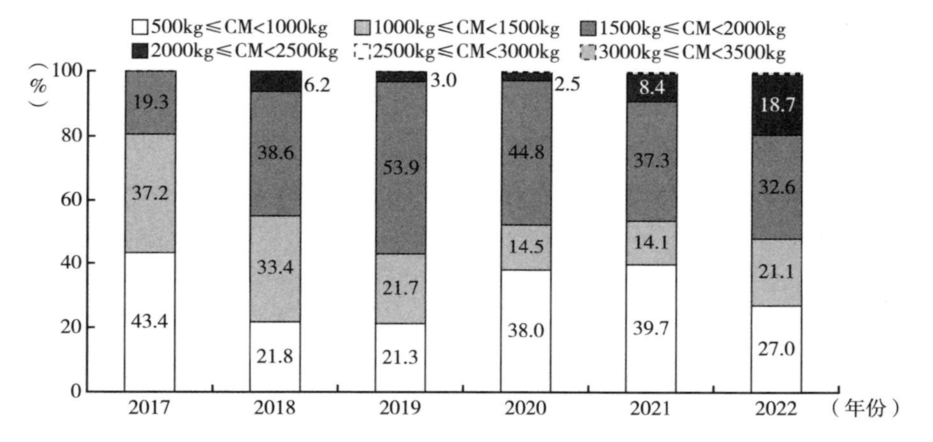

图 42　2017~2022 年纯电动轻型车整备质量分布情况

（2）续航里程

2017~2022 年，随着电池技术不断进步，纯电动轻型车续航里程稳步提升，其平均续航里程由 2017 年的 207km 增至 2022 年的 414km，增长 1 倍。其中续航里程大于等于 500km 的纯电动轻型车占比逐年提高，2022 年占比超 38%，相比 2021 年提升 12 个百分点。同时，续航里程低于 200km 的纯电动轻型车占比由 2017 年的 58.9%下降至 2022 年的 12.9%（见图 43、图 44）。

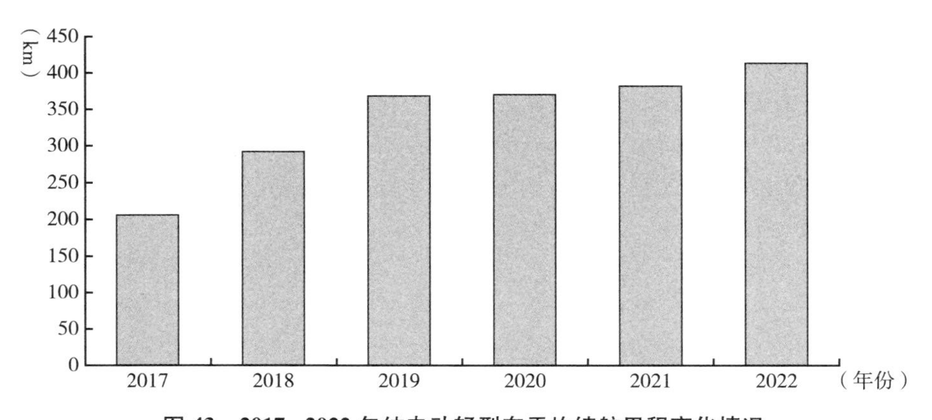

图 43　2017~2022 年纯电动轻型车平均续航里程变化情况

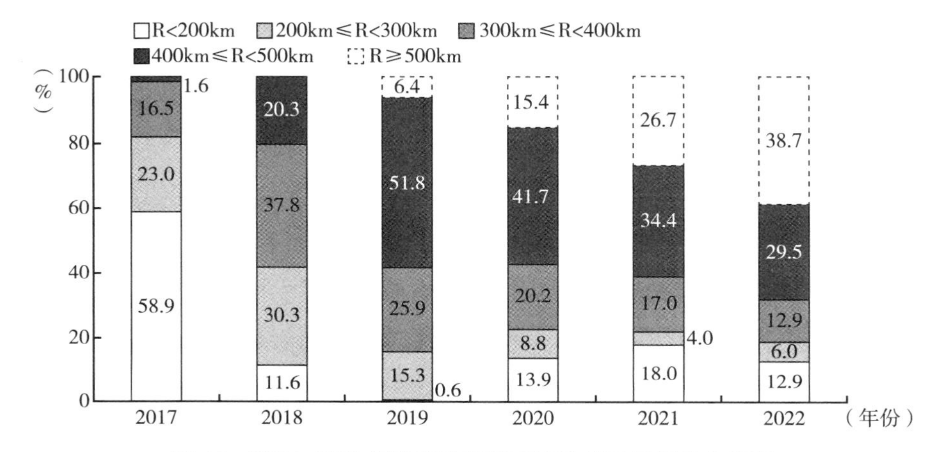

图 44　2017~2022 年纯电动轻型车平均续航里程分布情况

2. 电机

2017~2022 年，纯电动轻型车平均额定功率和平均额定扭矩稳步升高，2022 年纯电动轻型车平均额定功率和平均额定扭矩分别为 48kW 和 118N · m，相较于 2019 年分别提升 61%和 41%（见图 45、图 46）。

电机是纯电动轻型车的驱动核心。然而，在电机工作过程中，定子铁芯和绕组的活动会产生大量的热量，需要通过高效的散热系统来维持温度平衡，以确保电机的安全稳定运行。当前电机冷却技术主要有风冷

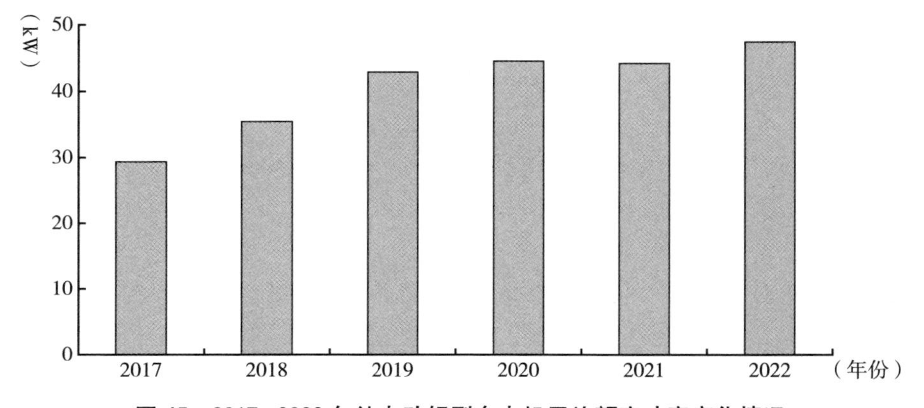

图 45　2017~2022 年纯电动轻型车电机平均额定功率变化情况

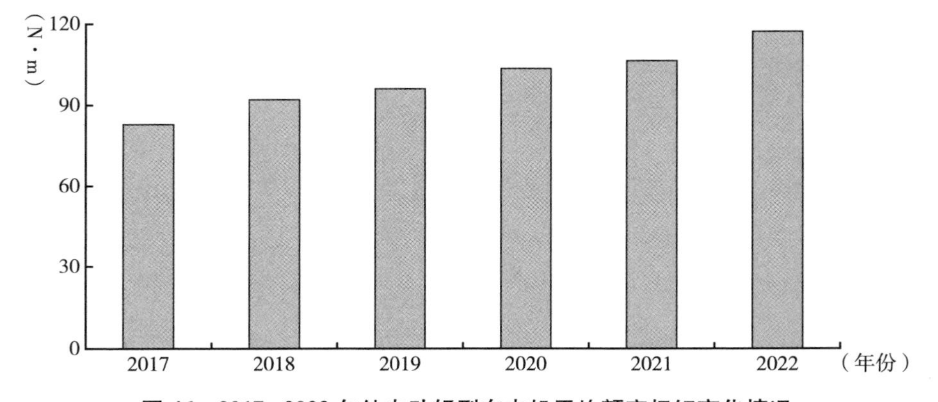

图 46　2017~2022 年纯电动轻型车电机平均额定扭矩变化情况

和液冷两种。与风冷技术相比，液冷技术具有散热均匀、效率高、效果好、可靠性强、受环境影响小、噪声小的优势。2017 年纯电动轻型车电机冷却以风冷为主，占比超 50%，2017 年后纯电动轻型车电机冷却方式以液冷为主，平均占比超 80%，且在 2019 年后纯电动轻型车电机风冷和液冷的比例逐渐趋于稳定，其中，风冷占比在 18%左右，液冷占比在 82%左右（见图 47）。

3. 储能装置

2017~2022 年，纯电动轻型车储能装置平均标称电压值呈现一定波动，

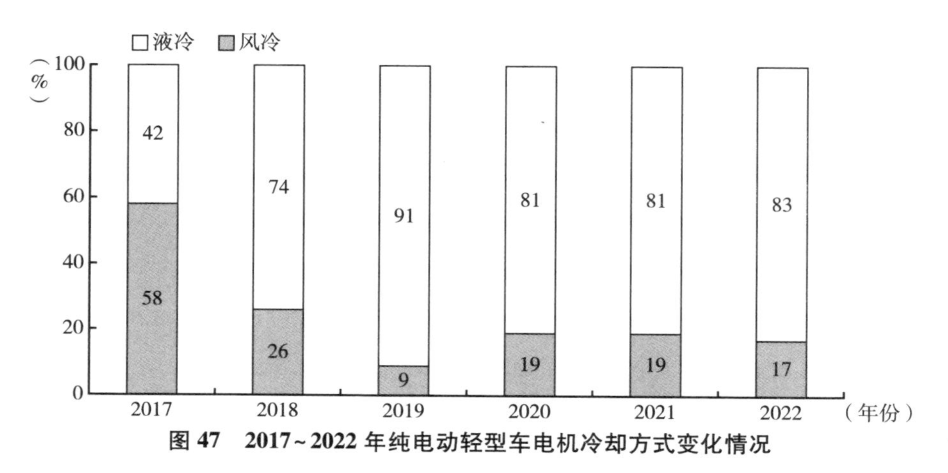

图 47 2017~2022 年纯电动轻型车电机冷却方式变化情况

2022 年纯电动轻型车储能装置平均标称电压为 322V，较 2017 年的 263V，提升 22.4%，但 2022 年的平均标称电压较 2019 年略有降低（见图 48）。

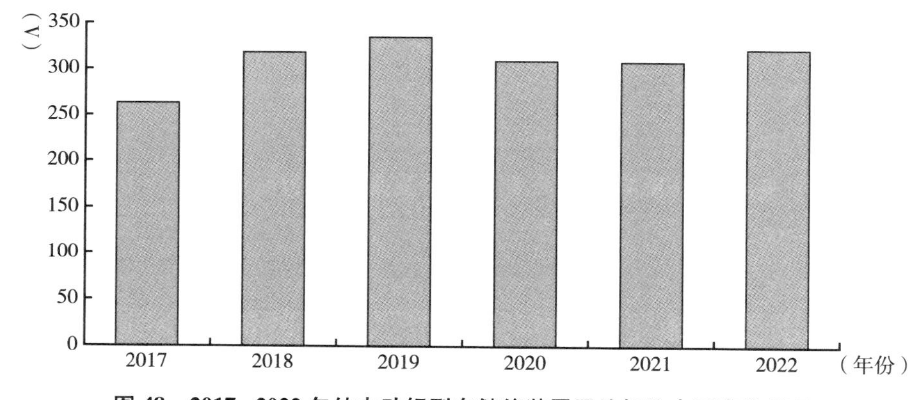

图 48 2017~2022 年纯电动轻型车储能装置平均标称电压变化情况

2017~2022 年，纯电动轻型车储能装置平均带电量大体呈升高的趋势，2022 年纯电动轻型车储能装置平均带电量为 51kWh，相较于 2017 年的 30kWh 提升 70%（见图 49）。

2017~2022 年纯电动轻型车储能装置平均额定输出电流逐年升高，2022 年储能装置平均额定输出电流为 173A，相较于 2017 年的 125A，提升超 38%（见图 50）。

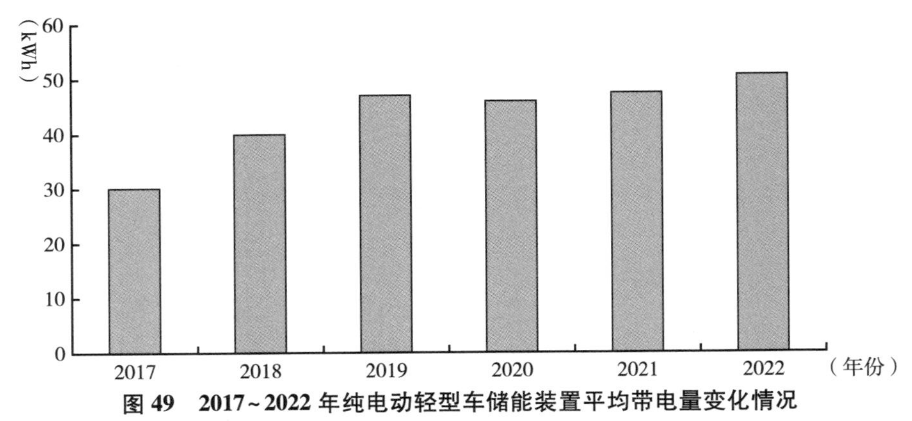

图 49　2017~2022 年纯电动轻型车储能装置平均带电量变化情况

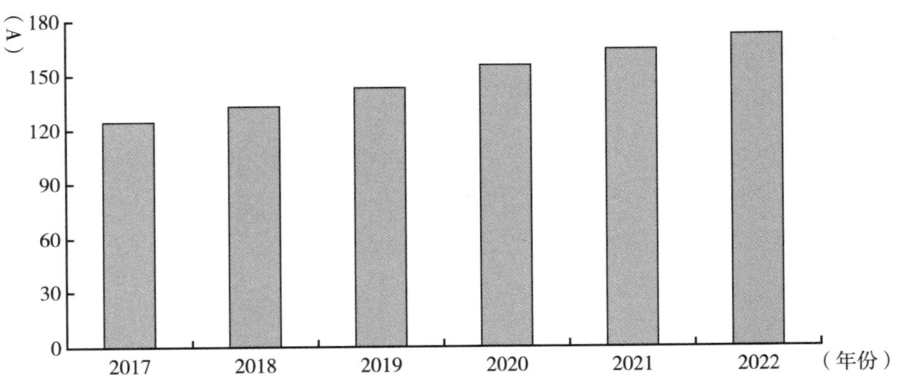

图 50　2017~2022 年纯电动轻型车储能装置平均额定输出电流变化情况

三　总结

随着消费者对车辆舒适性、空间尺寸以及动力性的需求不断提升，轻型车大型化趋势明显，整备质量提升与车身尺寸持续增加，发动机额定功率呈现上升趋势。环保和节能等相关法律法规、政策和标准等的协同推进，加快了轻型车减污降碳技术的快速发展与应用。

对于传统燃料轻型车，平均升功率显著提升，平均单位功率油耗稳步下降。发动机燃料喷射系统中，缸内直喷、进气道与缸内直喷组合喷射技术的应用比例不断升高，结合增压技术的逐渐普及，发动机的进气和喷油两大核心参数的控制管理更加精准。同时，由于炭罐吸附和脱附能力、油箱结构和材质的提升与改进，汽油车颗粒捕集器、柴油车颗粒捕集器和选择性还原催化转化器等排放后处理技术的应用比例提升等，大幅降低了轻型车的污染物排放。另外，自动变速器和无级变速器的搭载率持续上升，使车辆拥有更平顺的驾驶体验和更优化的燃油经济性。

对于混合动力轻型车，插电式混合动力车辆的市场渗透率呈现快速的增长态势，非插电式混合动力车辆占比逐年降低，整体追求更大尺寸和更高舒适性，大型化趋势明显。技术应用方面，发动机双喷技术（PFI+GDI）搭载率提升，发动机排量逐年降低；电池技术水平不断进步，电机峰值功率逐渐上升，这不仅意味着更大的能量存储能力，也预示着更长的电动续航里程。电机平均峰值转矩和功率均呈现增长的趋势，加强了车辆的动力性能和响应速度，也提升了电动驾驶的平顺性和乐趣。

纯电动轻型车方面，整备质量同样呈上升趋势，且整备质量分布趋于均衡。续航里程平均值稳步提升，续航里程大于 500km 的车型占比逐年提高，并向更广泛的应用场景拓展。技术应用方面，电机额定功率及额定扭矩的平均值不断提升，标称电压及带电量平均值持续提升，表明电动车的能量密度和续航能力的进步；液冷成为电机的主要冷却方式，提高了电机的热管理效率。额定输出电流平均值逐年升高。总体来看，纯电动轻型车技术的快速发展，不仅在提升电动车的性能和用户体验方面取得了显著成就，也在推动全球汽车产业向更加绿色、高效、可持续的方向转型。

参考文献

张耘天、何卉、陈志男：《中国新增乘用车趋势报告：大气污染物与二氧化碳排放及相关控制技术》，国际清洁交通委员会，2023。

B.7

重型车绿色低碳技术发展趋势分析

刘 明 余 浩 王 坤 刘 佳*

摘 要： 2017~2022 年，从传统重型车来看，发动机升功率不断提升，重型燃气车发动机呈现大功率、大排量等的发展趋势。高压共轨、涡轮增压、EGR 等技术已大范围普及应用；DOC、DPF 和 SCR 等后处理技术在重型柴油车领域大范围应用，2022 年搭载率分别达到 98%、97%和 100%；三元催化技术在重型燃气车上应用，2022 年搭载率达到 97.6%。重型柴油车 ASC 技术搭载率总体呈现增长趋势，燃气车 ASC 技术搭载率总体呈现下降趋势。2022 年，新能源重型车销量占比 3.74%，其中纯电动车占 95%以上，燃料电池车逐年增多，但整体规模较小；纯电动重型车续航里程、平均储电量、驱动电机额定功率等不断提高。

关键词： 重型柴油车 重型燃气车 发动机技术 后处理技术 新能源技术

一 重型车主要基本参数变化趋势

本部分对 2017~2022 年重型车的总质量、发动机等基本参数进行统计分析，结果表明，各车型平均总质量呈现多样化发展趋势，除 M_2 类车型之外，总质量

* 刘明，中国汽车工程研究院股份有限公司工程师，主要研究方向为轻型车绿色低碳测试评价；余浩，博士，中国汽车工程研究院股份有限公司高级工程师，主要研究方向为汽车绿色低碳测试评价、碳排放核算；王坤，中国汽车工程研究院股份有限公司高级工程师，主要研究方向为汽车绿色低碳技术行业现状分析；刘佳，中国汽车工程研究院股份有限公司工程师，主要研究方向为汽车碳政策、碳排放测评方法。

段最大的车型占比都有一定提升。与此同时，重型柴油车和燃气车发动机缸数总体变化不大，柴油发动机各额定功率、排量组合竞相发展，燃气发动机则向大功率发展。总体来看，重型柴油车和燃气车发动机的平均升功率均呈上升趋势。其中，重型柴油车发展更为迅猛，反映出重型车发动机技术的进步。[①]

（一）总质量

汽车的总质量（GVW）是指车辆在行驶过程中所承载的所有载荷的质量，包括车辆本身的质量以及乘客、货物、油箱内的燃油以及车辆的各个部件的质量。图 1 展示了 2017~2022 年重型车平均[②]总质量的变化情况，可知，2017~2022 年 M_2[③]类、M_3[④]类重型车平均总质量大体呈现下降的趋势，相对于 2017 年分别下降 3.1%、0.9%。2017~2022 年 N_2[⑤]类重型车平均总质量大体上升，2022 年相对于 2017 年上升 3.6%。2017~2022 年 N_3[⑥]类重型车平均总质量大体呈先上升后下降的趋势，2019 年达到平均总质量的最高点，超过 25 吨，2019 年相对于 2017 年上升了 2.5%，2022 年相对于 2019 年下降了 5.1%。

图 2 展示了 2017~2022 年不同类型重型车总质量分布情况，可知，2017~2022 年 M_2类重型车总质量主要分布在 3500~4000kg 区间内，各年占比均超过 48%，分布在 4000~4500kg 的车型数总体呈现上升的趋势，2022 年相对 2017 年上升约 9 个百分点，分布在 4500~5000kg 的车型数总体呈现下降的趋势，2022 年相对 2017 年下降约 17 个百分点。

2017~2022 年 M_3类重型车总质量均匀分布在 5000~10000kg、10000~15000kg、15000~20000kg 三个区间内，占比超 95%，分布在 20000~25000kg 的车型数大体呈现上升的趋势，2022 年相对 2017 年上升约 2 个百

---

① 数据来源于新车环保信息公开数据，若无特别说明，本报告中的图均由新车环保信息公开数据统计分析得到。

② 文中提及的平均值均为相关参数与各年的清单数加权平均计算而得。

③ M_2类车是指包括驾驶员在内，座位数超过九座，且最大总质量不超过 5000kg 的载客车辆。

④ M_3类车是指包括驾驶员在内，座位数超过九座，且最大总质量超过 5000kg 的载客车辆。

⑤ N_2类车指最大设计总质量超过 3500kg，但不超过 12000kg 的载货车辆。

⑥ N_3类车指最大设计总质量超过 12000kg 的载货车辆。

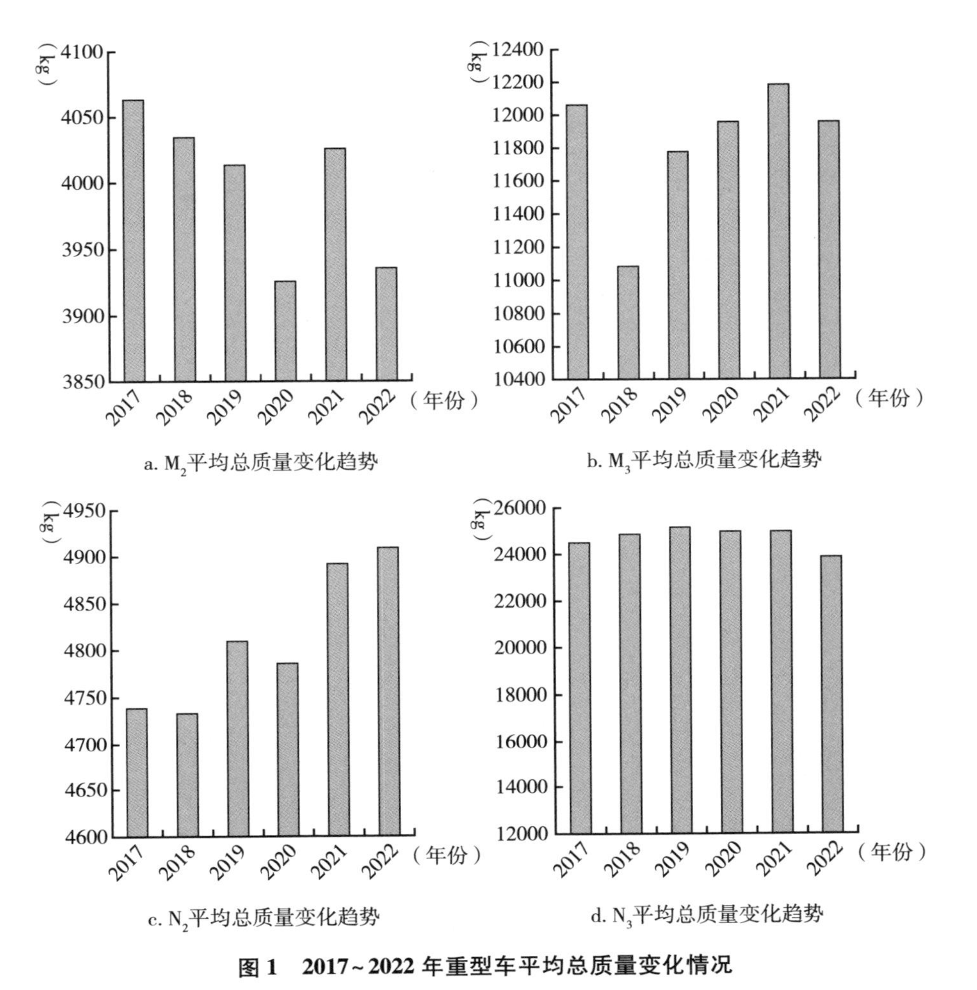

图 1　2017~2022 年重型车平均总质量变化情况

分点，分布在 30000kg 及以上的车型数极少。

2017~2022 年 N_2类重型车总质量主要分布在 3500~4000kg 的区间内，除 2019 年外，占比均超 90%，2017~2022 年总质量在 95000kg 及以上的车型数占比有所提高，由 2017 年的 2.9%提升至 2022 年的 5%。

2017~2022 年 N_3类重型车总质量分布在 12000~20000kg 范围内的车型数占比呈上升趋势，由 2017 年的 16.1%提升至 2022 年的 35.6%，分布在 25000~30000kg 区间内的车型数占比逐年降低，由 2017 年的 65.3%降至

2022 年的 43.6%，整体占比仍较高，分布在 35000kg 及以上的车型数占比有所提高，由 2017 年的 0.3%提升至 2022 年的 2.5%。

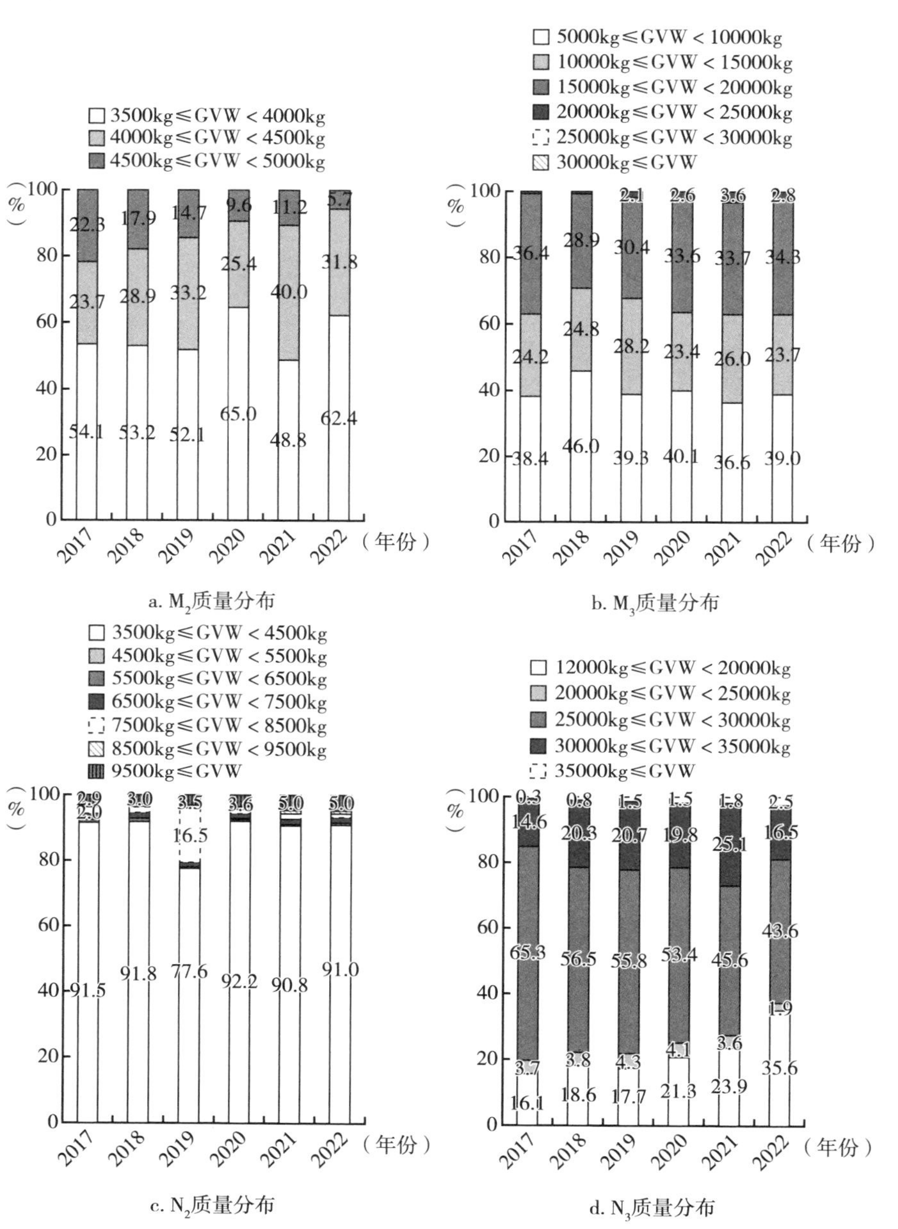

图 2　2017~2022 年重型车总质量分布情况

（二）发动机气缸数

4 缸和 6 缸发动机是重型车应用的主流发动机，2017～2022 年，重型车 4 缸和 6 缸发动机合计占比超 99.9%。对于重型柴油车，4 缸和 6 缸发动机基本各占一半，但 2022 年 4 缸机占比达到 71%（见图 3）；重型燃气车则以 6 缸发动机为主，2019 年以来占比均在 97%及以上（见图 4）。

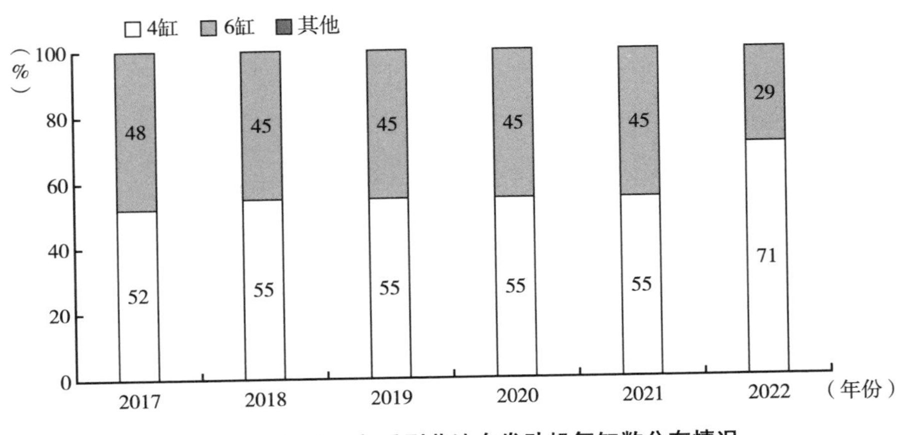

图 3　2017～2022 年重型柴油车发动机气缸数分布情况

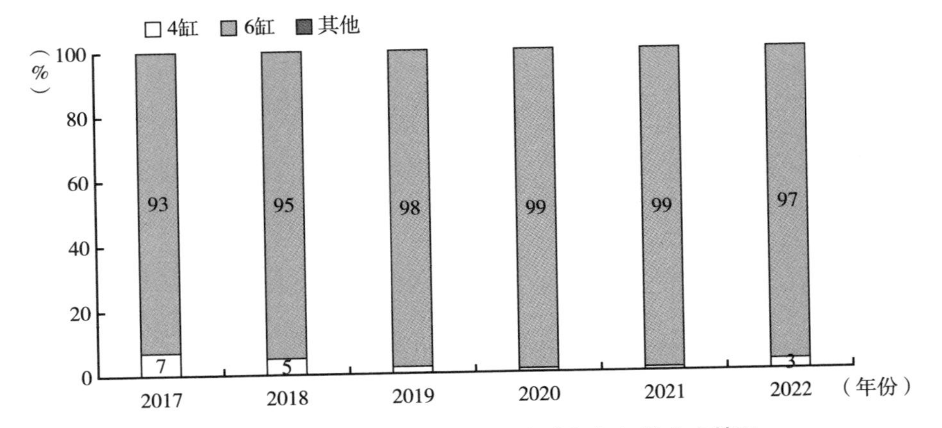

图 4　2017～2022 年重型燃气车发动机气缸数分布情况

（三）发动机额定功率和排量

基于五个发动机排量等级对重型车发动机数据进行分析，即3L及以下、3~6L、6~9L、9~12L和12L以上。2017~2022年，排量在3L及以下的重型柴油车占比最高，且呈现逐年增长的趋势，由2017年的35%增至2022年的63%；排量在6~9L的重型柴油车占比也略有增加，由2017年的11%增至2022年的12%。排量在3~6L和9~12L的重型柴油车占比均呈现下降趋势，排量大于12L的重型柴油车占比较稳定，保持在6%左右（见图5）。

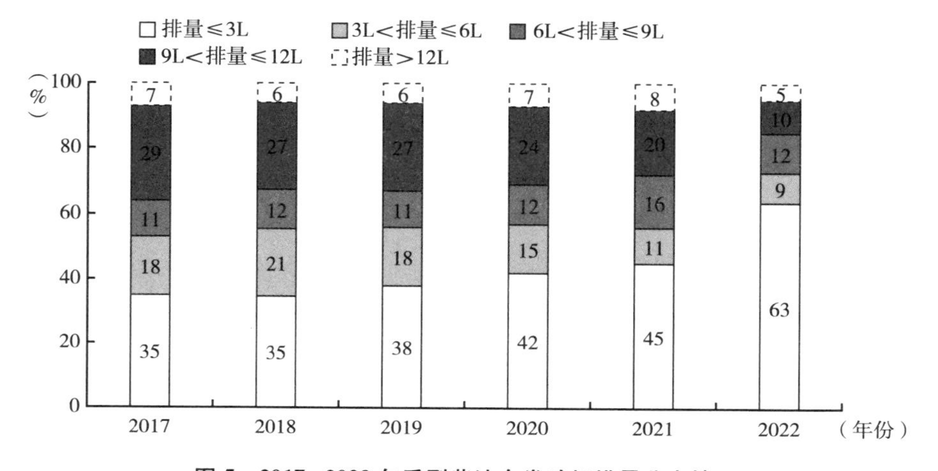

图5　2017~2022年重型柴油车发动机排量分布情况

重型燃气车发动机呈现向大排量化发展的趋势。其中排量大于12L的车辆已成为重型燃气车的主流车型，呈现上升后略有降低的趋势，2017年占比仅为20%，2019年后占比超74%（见图6）。

发动机额定功率是衡量发动机性能的重要指标之一。2017~2022年重型柴油车发动机额定功率主要分布在50~100kW、100~150kW两个功率段，2022年两者占比超60%。额定功率大于150kW的发动机搭载情况各不相同。具体来看，150~250kW功率段的发动机占比由2017年的10%增加到2022年的13%；250~300kW发动机占比逐渐下降，由2017年的14%降到

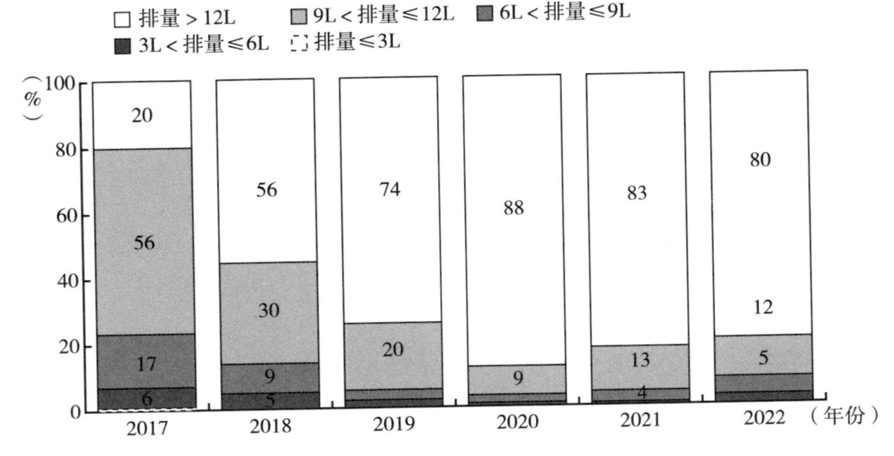

图 6　2017～2022 年重型燃气车发动机排量分布情况

2022 年的 4%；300～400kW 占比稳定在 20%左右，2022 年降到 13%。另外，近年来额定功率大于 400kW 的发动机占比由 2017 年的 0.4%增至 2022 年的 2%，而功率小于 50kW 的发动机几乎从市面上消失（见图 7）。

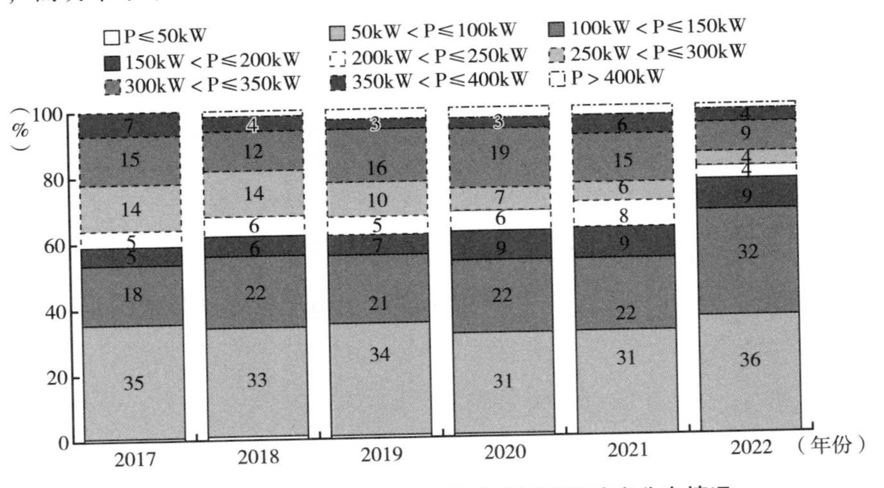

图 7　2017～2022 年重型柴油车发动机额定功率分布情况

与重型柴油车不同，重型燃气车发动机呈现向大功率等级快速发展的趋势，其大功率发动机占比逐年增长。如图 8 所示，额定功率分布在 300～

350kW 的发动机快速成为重型燃气车中的主流，2017 年占比 21%，2019 年后占比超 75%；额定功率分布在 350~400kW 的发动机也从无到有，并在 2022 年占比扩大至 9%。

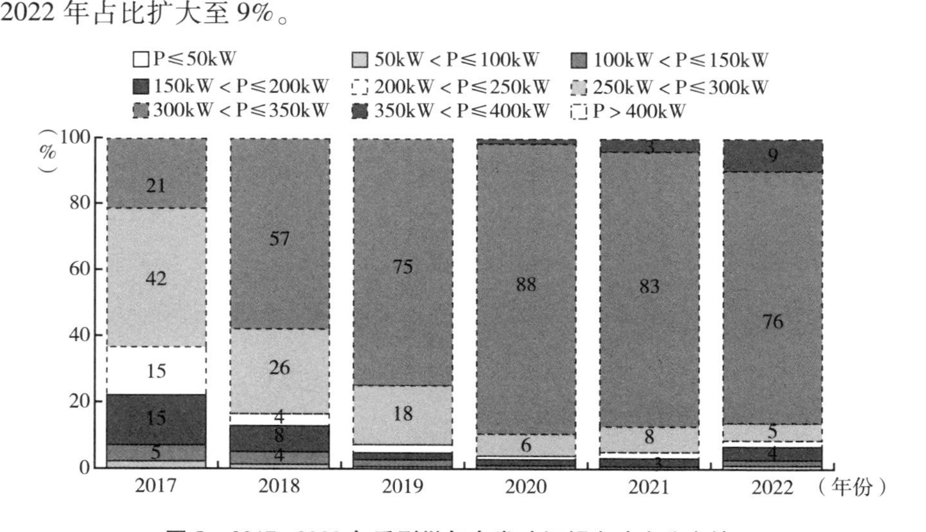

图 8　2017~2022 年重型燃气车发动机额定功率分布情况

图 9 展示了重型车发动机平均升功率的变化情况，2017~2022 年，重型柴油车和燃气车发动机的平均升功率均呈上升趋势。其中，重型柴油车的平均升功率增长了 28%，重型燃气车则增长了 7%。更高的升功率意味着同样的发动机排量输出的功率更大，反映出重型车发动机技术的进步。

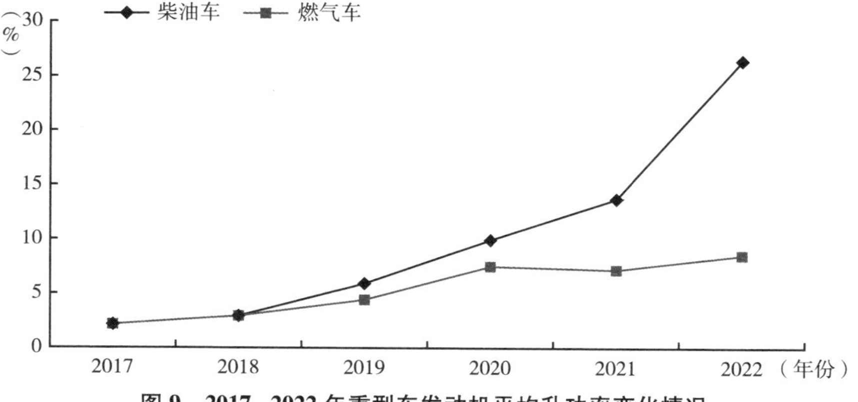

图 9　2017~2022 年重型车发动机平均升功率变化情况

从车型分类来看，客车的平均升功率增速最快，2022 年相对于 2017 年增长 39%；载货汽车、自卸汽车和专用汽车的平均升功率，2022 年相对于 2017 年增长 27%~33%；牵引汽车和越野汽车的增速最慢，2022 年相对于 2017 年分别增长了 6%和 10%（见图 10）。

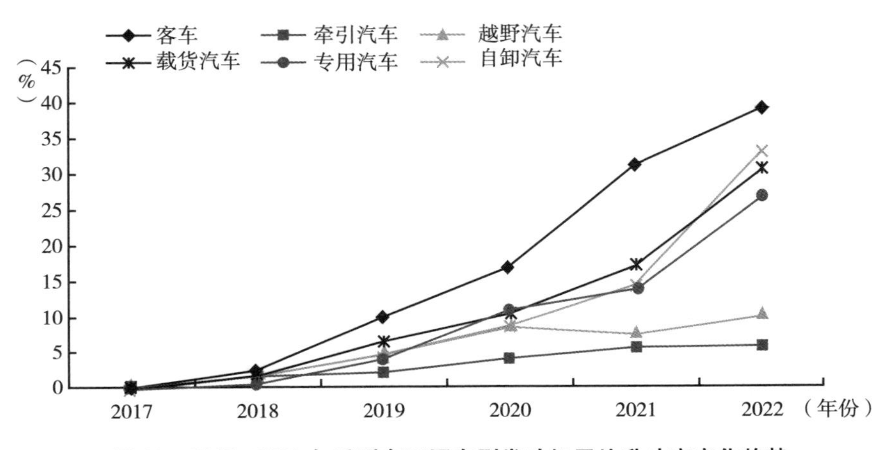

图 10　2017~2022 年重型车不同车型发动机平均升功率变化趋势

从重型车基本参数的整体变化情况可以看出，重型柴油车总质量、发动机额定功率、排量呈现多样化发展趋势，而重型燃气车各参数稳步上升。

二　重型车绿色低碳技术发展应用趋势

本部分回顾和分析了 2017~2022 年重型车绿色低碳技术发展应用趋势。发动机方面，分析了燃烧室型式、容积压缩比、燃料喷射系统型式、增压系统等技术发展应用情况。污染物排放控制技术方面，分析了废气再循环（EGR）、排气后处理技术的发展应用情况。同时，就车辆传动技术的变化进行分析，包括变速器类型、挡位数量等。另外，对新能源重型车的性能参数及技术应用情况进行了分析。

（一）发动机技术

1. 燃烧室型式

发动机燃烧室是可燃混合气形成和燃烧的地方，空气涡流的扰动形式及强弱在很大程度上取决于燃烧室的结构，而且燃油雾化和油膜的形态与质量也需要燃烧室来配合。重型柴油车发动机主要应用开式燃烧室及涡流式燃烧室。国内重型柴油车发动机以开式燃烧室为主，在 2022 年各排量段占比均超 96%。其中，对于 6L 及以下排量的发动机，自 2017 年以来，开式燃烧室占比超 94%；排量 6~9L 和 9~12L 柴油车发动机开式燃烧室在 2022 年相对于 2017 年增加约 10 个百分点，排量大于 12L 柴油车发动机的开式燃烧室增幅较大，由 2017 年的 63%提升至 2022 年的 96%（见图 11）。

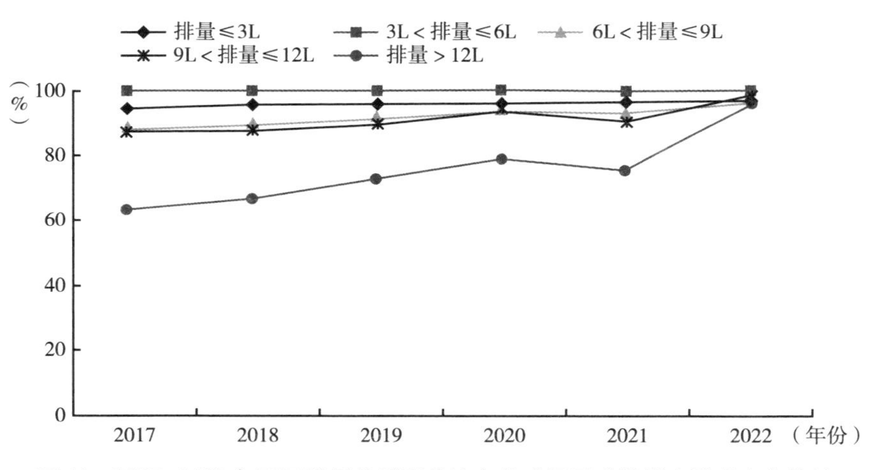

图 11　2017~2022 年不同排量的重型柴油车发动机开式燃烧室型式变化趋势

2. 容积压缩比

发动机气缸容积压缩比是能够影响包含扭矩、燃油经济性以及排放指标等诸多因素在内的重要参数之一，选择合适的压缩比来使各个参数达到平衡是提升内燃机性能的重要途径。容积压缩比与发动机燃烧技术、燃料类型密切相关，使用压燃技术的柴油车的容积压缩比明显高于燃气、汽油和甲醇等点燃式发动机。图 12 展示了 2017~2022 年重型柴油车与燃气车发动机平均容积压缩比变化趋势。可知，2017~2022 年，柴油车发动机平均容积压缩比略有降低，2022 年燃气车发动机平均容积压缩比相较 2017 年有所提高。

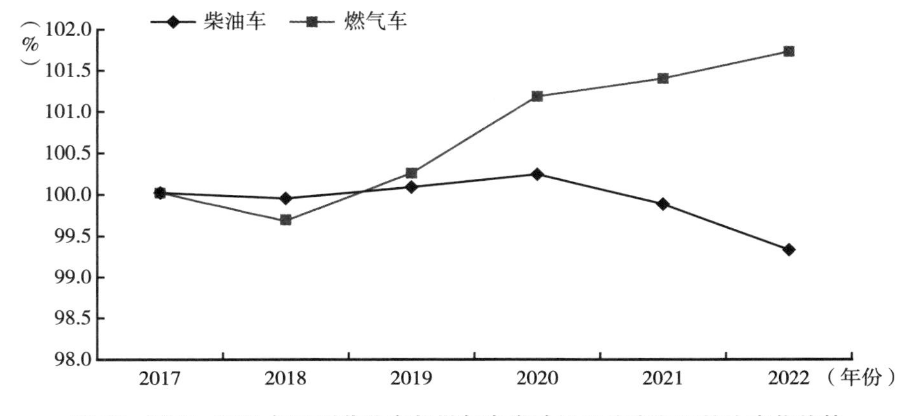

图 12　2017~2022 年重型柴油车与燃气车发动机平均容积压缩比变化趋势

3. 燃料喷射系统型式

目前，国内柴油发动机的燃料喷射系统以高压共轨为主流技术。高压共轨喷油可提高燃料液滴表面的气化作用，使氧气与气化燃料的燃烧更充分，以提高热效率，降低污染物排放水平。泵喷嘴系统通常使用集成设计，结构紧凑、节省空间，但由于集成在发动机内部，热负荷较大，对耐久性的技术挑战较大。单体泵系统与共轨系统相比，不需要高压油轨，简化了燃油供应系统，但成本较高，且对气缸空间需求较大，维护和修理也比较复杂。

图 13 展示了 2017~2022 年重型车高压共轨喷油技术的搭载情况，可知，高压共轨技术在每个发动机排量段的搭载率均不断增长，2022 年在各排量段占比超 99%。对于发动机排量小于 3L 的重型柴油车，高压共轨喷油技术搭载率基本达到 100%，对于更大排量的发动机，还存在少量其他燃料喷射技术（如泵喷嘴和单体泵），如大于 12L 的发动机中，泵喷嘴搭载率 2017 年的占比约为 5%。

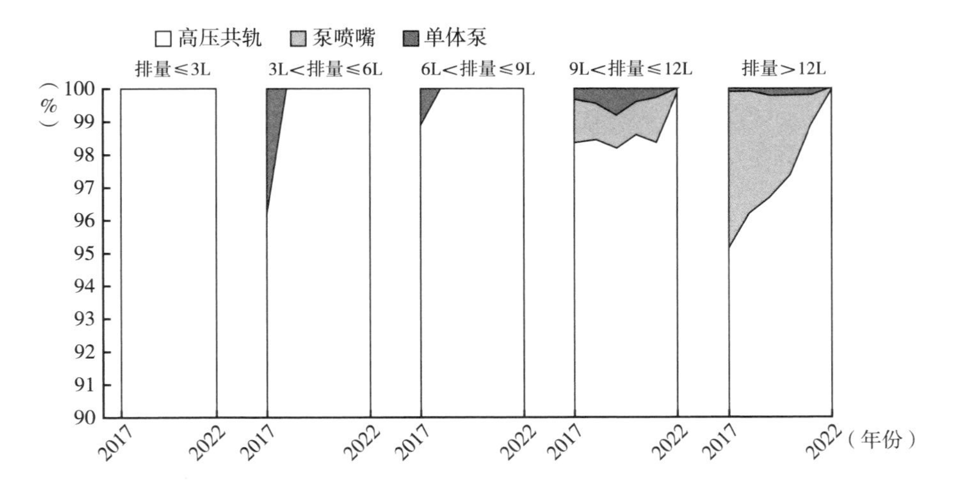

图 13　2017~2022 年重型柴油车燃料喷射技术分布情况

最高喷射压力是高压共轨技术的重要指标之一，更高的喷射压力意味着更好的燃油雾化效果，但也需要更高的机械强度。以国六重型柴油车为例，如图 14 所示，最高喷射压力达到 180MPa 和 200MPa 的高压共轨技术在排量 6L 及以下柴油发动机上搭载率之和达到 98%。

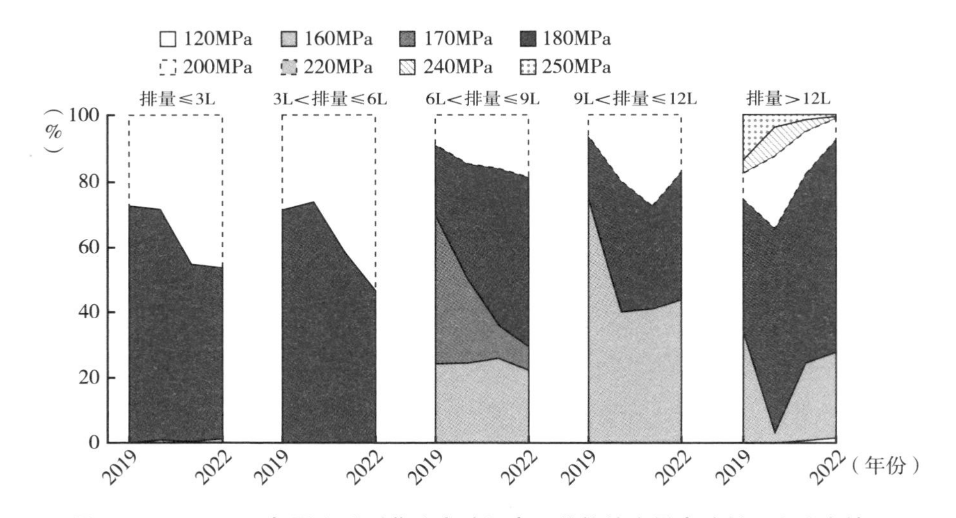

图 14　2019~2022 年国六重型柴油发动机高压共轨技术最高喷射压力分布情况

重型燃气车燃料喷射系统主要有混合装置和燃气喷射两种。混合装置又称缸外供气方式，细分为进气道混合器预混合供气和缸外进气阀处喷射供气。燃气喷射有高压喷射和低压喷射两种，其中低压喷射主要用在压缩比较低的点燃式气体燃料发动机上；高压喷射主要用在压缩比较高和压缩终点喷射的气体燃料发动机上。2017~2022 年，燃气发动机的燃料喷射系统型式以混合装置为主，年均搭载率均超 93%。由于重型燃气车搭载 6L 及以下排量发动机比例小于 3%，其燃料喷射技术搭载率变化存在较大波动，除了混合装置，某些年份燃气喷射技术也有较高的占比（见图 15）。

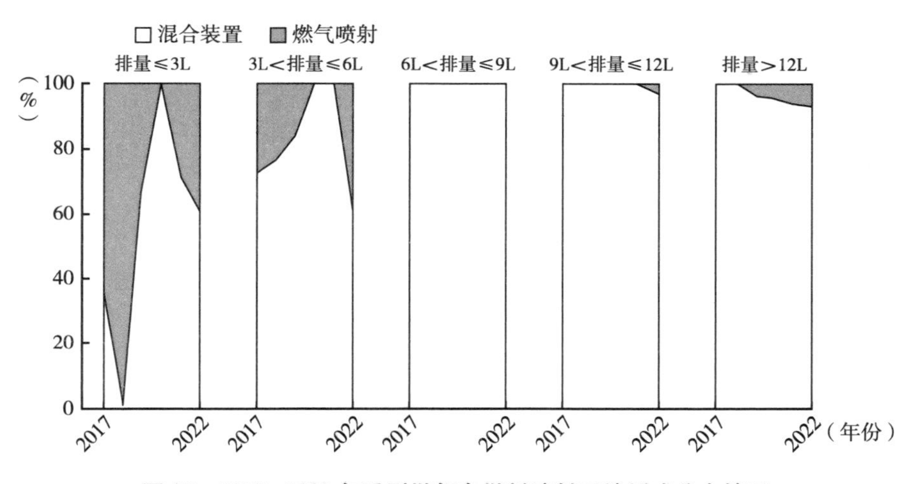

图 15　2017~2022 年重型燃气车燃料喷射系统型式分布情况

4. 增压系统

增压系统的工作原理是利用发动机废气能量驱动压气机将进入发动机气缸的空气预先压缩，以提高进入气缸的空气压力，从而使充气质量增加，并在供油系统的适当配合下，喷入更多燃油，以提高发动机动力等性能指标。除 2022 年少量的重型燃气车外，2019~2022 年国六重型车发动机均装有增压器，且均为涡轮增压。

中冷器是涡轮增压系统的重要组成部件之一，用于降低增压后的高压空气温度，提高进气量，分为空空中冷和水空中冷。对于重型车而言，业界普遍采用的是成本较低、结构相对简单的空空中冷的方式。2017~2022 年，空空中冷是重型车增压系统中冷器的主要型式，占比一直在 98%以上。与 2017 年相比水空中冷占比略有增加，2022 年达到 1.48%（见图 16）。

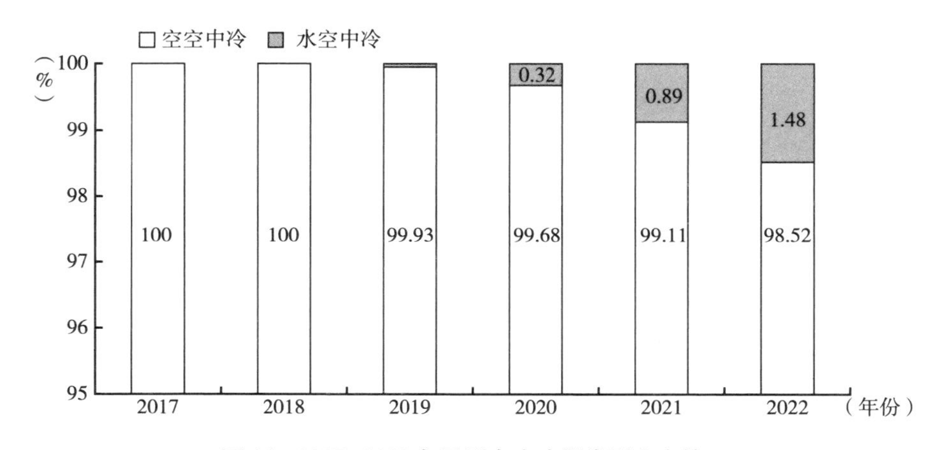

图 16　2017~2022 年重型车中冷器类型分布情况

（二）污染物排放控制技术

为满足排放标准的升级，重型车广泛采用了先进的污染物排放控制技术，其中主要包括发动机废气再循环（EGR）、柴油机氧化催化器（DOC）、选择性催化还原器（SCR）、柴油机颗粒捕集器（DPF）和氨逃逸催化器（ASC）等柴油车尾气后处理技术以及三元催化器（TWC）等燃气车尾气后处理技术。

1. 废气再循环（EGR）

废气再循环是指把发动机排出的部分废气回送到进气歧管，并与新鲜混合气一起再次进入气缸，降低燃烧温度以及稀释混合气中的氧浓度，减少氮氧化物排放。2017~2020 年，EGR 技术在重型柴油车中搭载率一直处于较低水平，占比在 5.5%~12.4%区间，随着国六标准的实施，重型柴油车 EGR 搭载率快速提升，2022 年达到 74%。对于重型燃气车而言，2017~2018 年车辆几乎不使用 EGR 技术。2019 年重型燃气车实施国六标准后，大大促进了EGR技术应用，2019年搭载率达到32%，2022年搭载率则达到98%（见图17）。

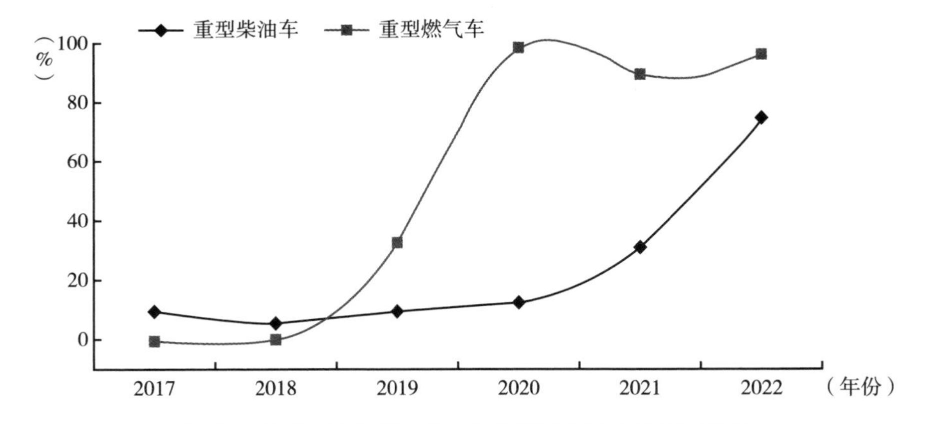

图17　2017~2022年EGR技术在重型车中的应用情况

2. 柴油车后处理技术

重型柴油车后处理技术主要包括选择性催化还原器（SCR）、氨逃逸催化器（ASC）、柴油机氧化催化器（DOC）、柴油机颗粒捕集器（DPF）。国四至国五阶段，随着气态污染物和颗粒物排放要求的加严，后处理技术SCR、ASC、DOC、DPF搭载率逐年升高。图18展示了2017~2022年各单项后处理技术在重型柴油车中的搭载率，可知，2017~2020年，DOC、DPF、SCR后处理技术在重型柴油车队中均有应用，其中SCR技术搭载率达到90%以上，DOC技术在34%~39%范围内波动，DPF技术搭载稳步升高，由2017年的6%增至2020年的15%，2022年三者在重型柴油车中的搭载率分别达到98%、97%和100%。与此同时，为了控制NH_3排放，ASC技术搭载率在2018年后急剧上升，2022年搭载率为98%。

3. 燃气车后处理技术

近年来天然气发动机主要采用柴油机氧化催化器（DOC）、三元催化器（TWC）、氨逃逸催化器（ASC）后处理技术控制其尾气污染物排放。国五重型燃气车以稀燃为主，后处理装置基本上是DOC，2017年和2018

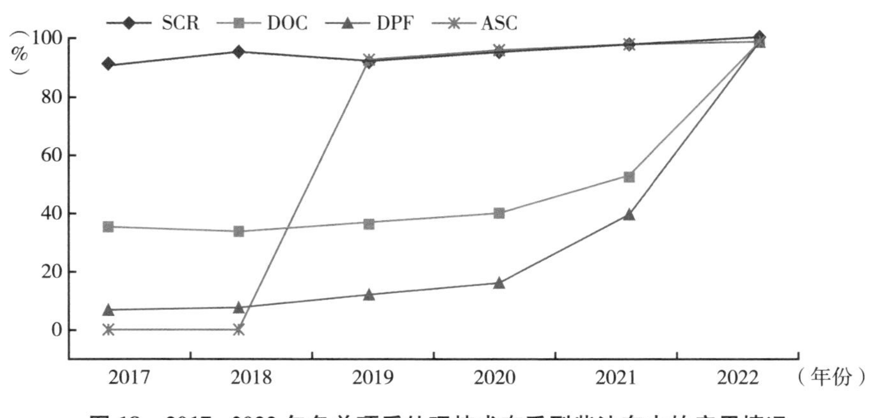

图 18　2017~2022 年各单项后处理技术在重型柴油车中的应用情况

年重型燃气车的 DOC 搭载率均超过 98%，TWC 搭载率则不足 2%。2019 年 7 月 1 日重型燃气车率先实施了国六标准，为了满足更加严格的排放限值，主流技术路线由 DOC 迅速转变为 TWC，TWC 搭载率大幅提升。截至 2022 年重型燃气后处理系统的 TWC 搭载率达到 97.6%，DOC 则降至 2.4%。此外，在国六标准初期，部分燃气车辆还采用了 ASC 技术以控制 TWC 催化反应的副产物 NH_3。但随着 TWC 系统优化和催化剂配方升级，2019~2022 年 ASC 的搭载率总体呈现下降趋势，由 2019 年的 40.4%减少至 2022 年的 26%（见图 19）。

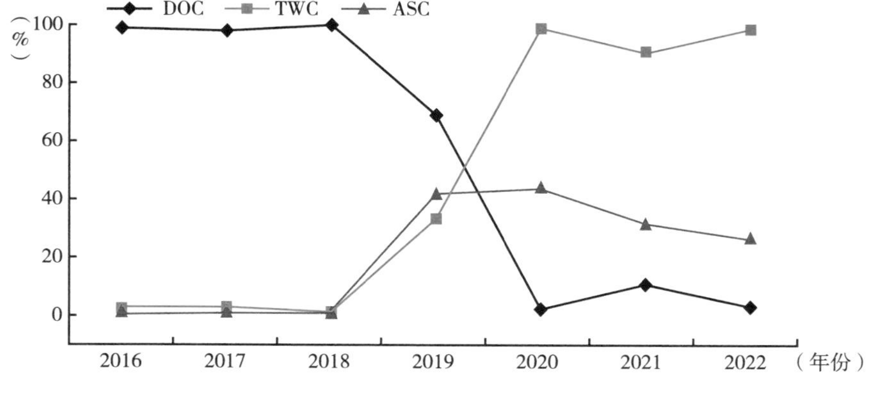

图 19　2016~2022 年各单项后处理技术在重型燃气车中的应用情况

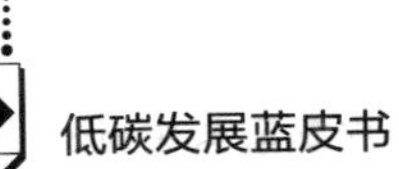

4. 不同后处理技术路线分布情况

随着排放法规的升级，单一的后处理技术难以实现各项污染物的减排需求，需采用一系列后处理技术组成的技术组合来实现。图 20 展示了 2017~2022 年重型车不同的后处理技术路线应用情况，可知，2021 年及以前，SCR 和 DOC+SCR 占主导，2017~2020 年两条技术路线占比在 80%以上。2021 年，即使部分省市提前实施了国六标准，SCR 和 DOC+SCR 技术路线的搭载率仍近 60%。2022 年国六标准在全国范围内全面实施，DOC+DPF+SCR+ASC 和 EGR+DOC+DPF+SCR+ASC 技术路线搭载率急剧跃升，占比高达 93%，2022 年，EGR+SCR+DOC+ASC+DPF 组合在重型车新车上搭载率达到 63%。

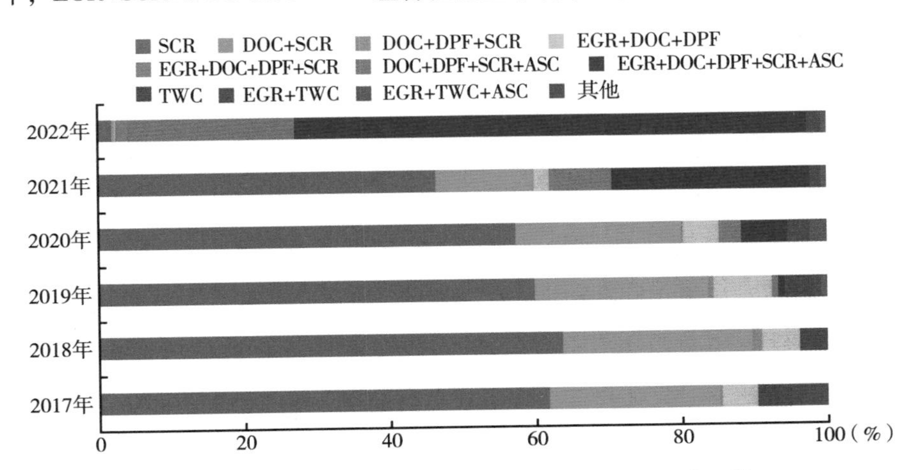

图 20　2017~2022 年重型车不同的后处理技术路线应用情况

（三）车辆传动技术

1. 变速器

重型车常用的变速器有四种，即手动变速器（MT）、自动变速器（AT）、手自一体变速器（AMT）和无级变速器（CVT）。2017~2022 年重型车变速器应用情况如图 21 所示，可知，手动变速器是我国重型车采用的主流变速器。2022 年发动机排量≤3L、3L<排量≤6L、6L<排量≤9L、9L<排量≤12L 的重型车 MT 搭载率分别为 94.5%、97.4%、98.2%、88%，对

于发动机排量大于12L的重型车，2022年AT和AMT变速器技术的搭载率达到18%。CVT变速器仅在6~9L车辆上应用。

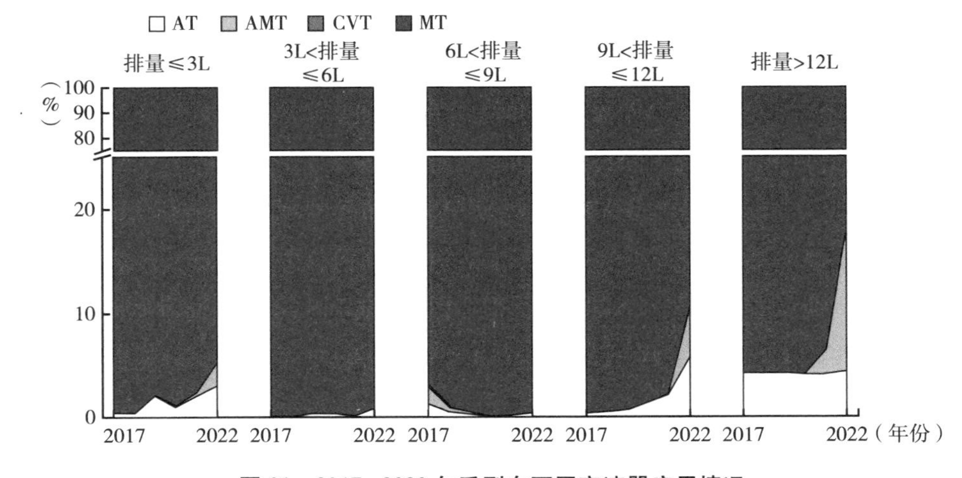

图21　2017~2022年重型车不同变速器应用情况

2. 挡位数量

图22展示了2017~2022年重型车挡位分布情况，可知，重型车挡位主要分布在5~12挡的范围内，占比超95%，具体来看，5挡、6挡、12挡车型数占比较高，三者占比在70%及以上。其中，6挡车型数占比在增加，由2017年的22%上升至2022年的34%。8挡的车型数占比也在提高，由2017年的5%上升至2022年的12%。随发动机排量/车重增大，重型车的挡位增加，具体而言，排量≤3L的重型车以5挡和6挡为主，占比90%以上，当排量大于9L时，12挡占据主导地位。

（四）新能源技术①

1. 纯电动和燃料电池重型车分布及基本参数变化趋势

（1）纯电动和燃料电池重型车分布情况

图23展示了2017~2022年我国新能源重型车销量情况。新能源重型车

① 本部分介绍的新能源车特指纯电动和氢燃料电池车。

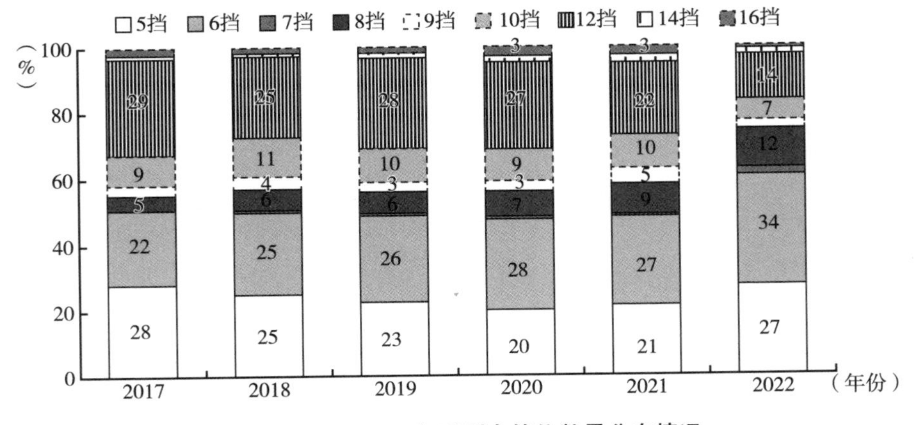

图 22　2017～2022 年重型车挡位数量分布情况

在 2018 年达到销量高峰，达 11.06 万辆，随着补贴政策退坡，总销量逐渐走低。但从 2021 年起开始回升，当年销量达到 7.71 万辆，较 2020 年增长 20.1%，并在 2022 年销量重回 10 万辆以上。2017～2022 年销售的新能源重型车中，纯电动技术是重型车新能源化的主流技术，占比均保持在 95%以上。燃料电池车型仍处于示范推广阶段，数量逐渐增多但整体规模仍处于较低水平，占比均在 5%以下，但占比总体呈增长趋势，由 2017 年的 1.1%增至 2022 年的 4.1%，车辆数也由 2017 年的 1035 辆增至 2022 年的 4460 辆，年均增长 33.9%。

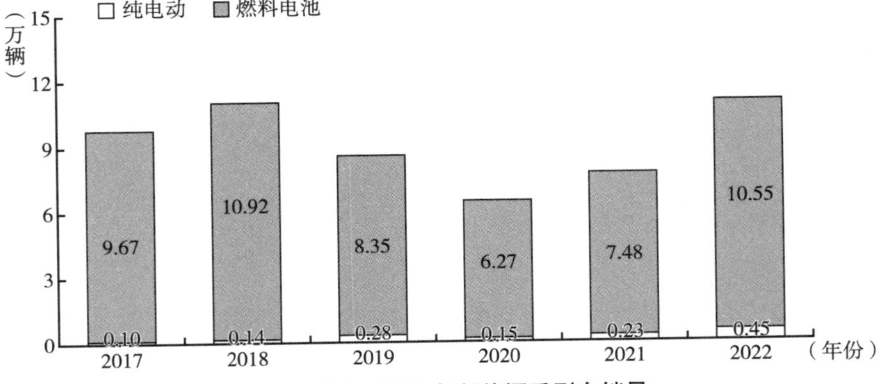

图 23　2017～2022 年新能源重型车销量

分车型来看，新能源客车是新能源重型车市场的主要组成部分，占比42.8%~79.6%，其 M_3 类客车是主要类型，主要为城市公交车。另外，新能源货车的销量由2017年的4.2万辆降至2020年的1.3万辆，但是从2021年起逆转下降趋势，2022年增至6.3万辆，其占比提升至新能源重型车的57.2%，超过新能源客车，展现出较大的增长潜力。特别是12吨以上的 N_3 类新能源货车研发与应用持续发展，凭借新能源技术进步与政策推动，2017~2022年年均增长139.7%，至2022年达到2.4万辆（见图24、图25）。

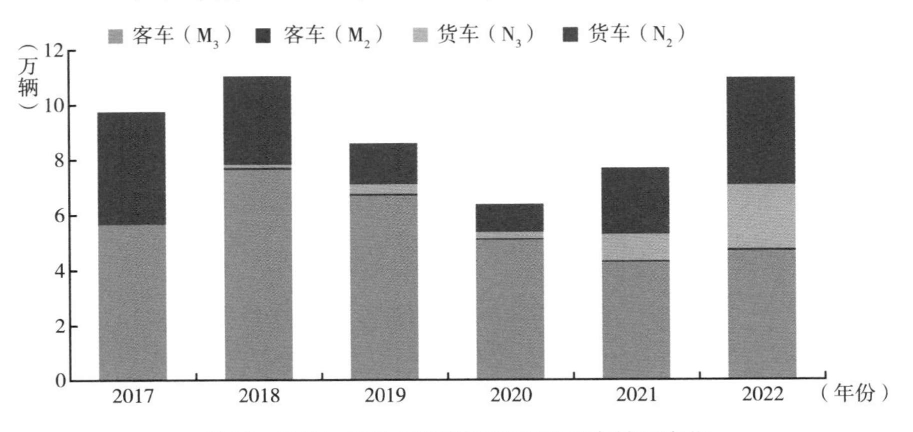

图24　2017~2022年新能源客车和货车销量变化

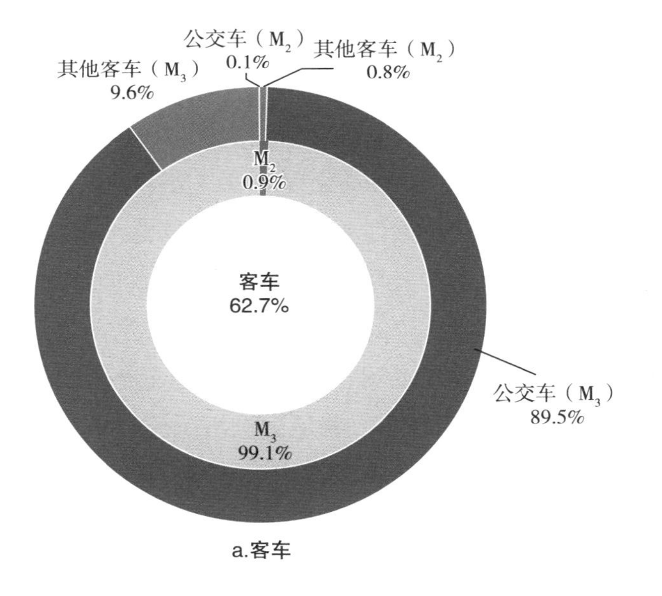

a.客车

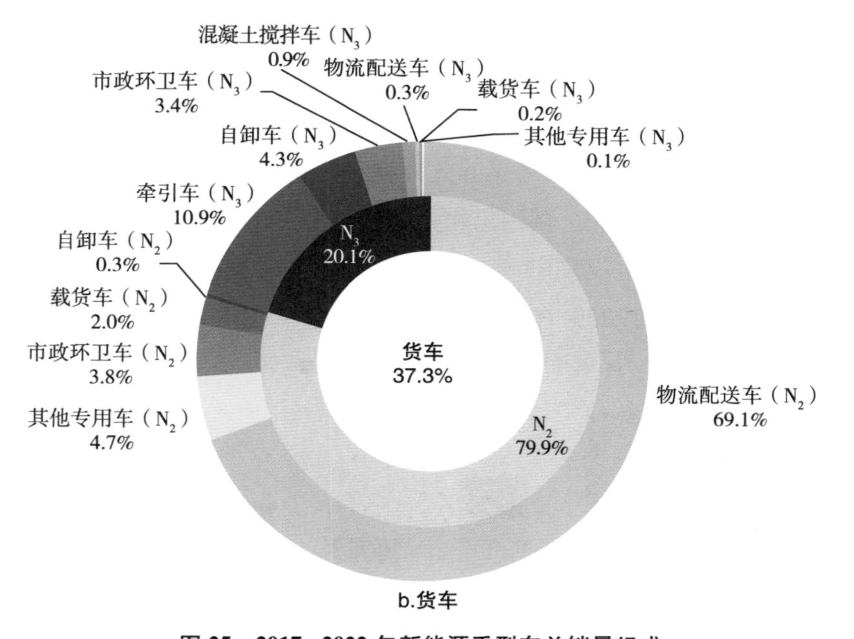

图 25　2017~2022 年新能源重型车总销量组成

燃料电池重型车也在逐步兴起，由 2017 年的 1035 辆增长至 2022 年的 4460 辆。其中，燃料电池车型在物流配送车、公交车、牵引车中的应用相对较多，2017~2022 年数量分别达到 5088 辆、4249 辆、1688 辆（见图 26）。

（2）补能方式

对于纯电动车型，补能方式主要为充电、换电两种模式，充电模式起步早、充电桩建设成本相对较低、标准化程度高，是纯电动重型车主要的补能方式。换电是纯电动汽车的一种创新技术和商业模式，与插电式充电不同，换电是用充满电的电池来替换耗尽的电池。换电模式能够大幅降低补能时间，2021 以来有较快发展。

图 27 展示了 2017~2022 年我国各类纯电动重型车补能方式变化情况。对于公交车、其他客车、市政环卫车、物流配送车、载货车、其他类专用车补能方式以充电为主，占比接近 100%。同时，对于新能源货车来说，换电货车正迅速发展。2021 年、2022 年换电模式在纯电动混凝土搅拌运输车、自卸车、

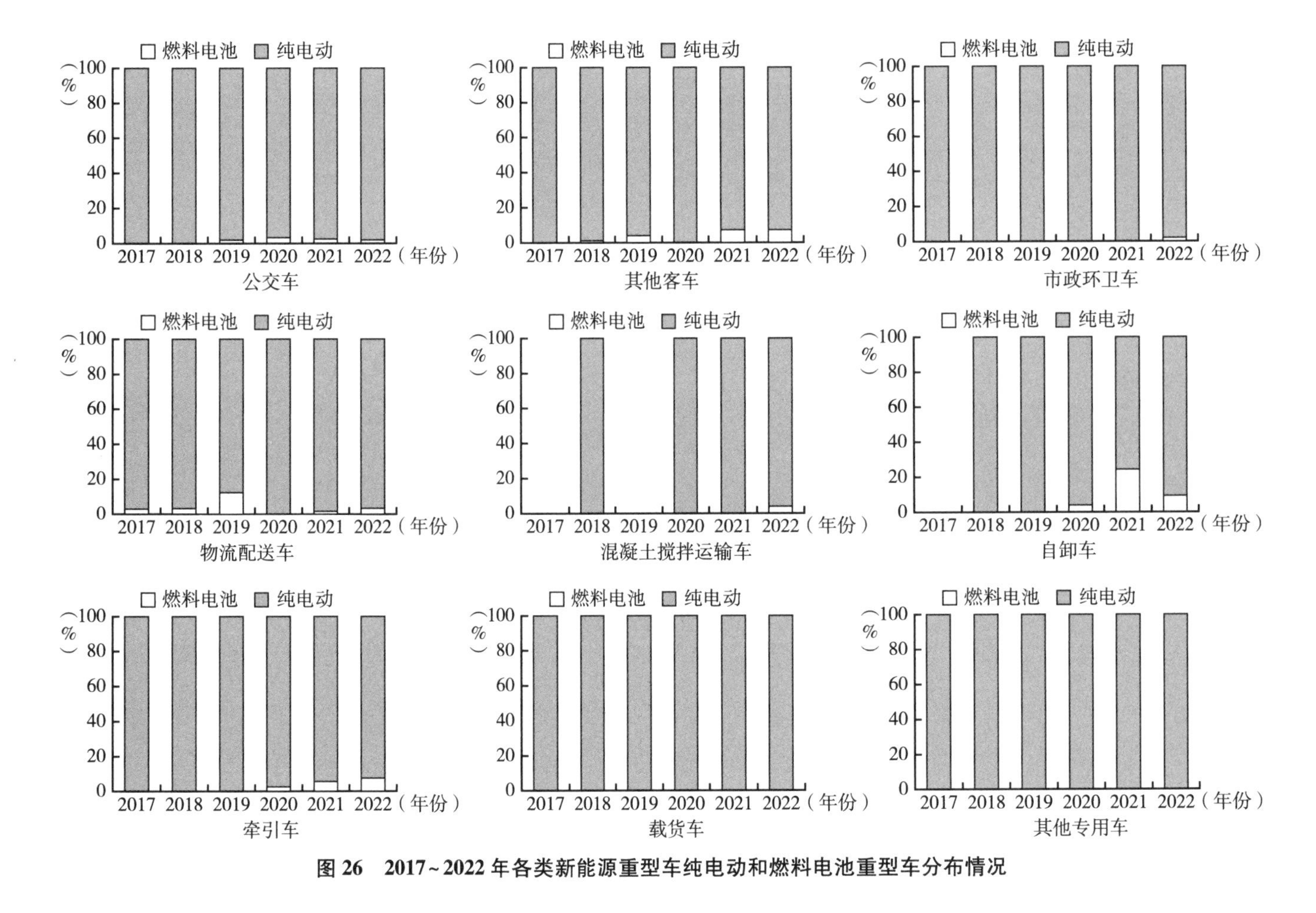

图 26　2017～2022 年各类新能源重型车纯电动和燃料电池重型车分布情况

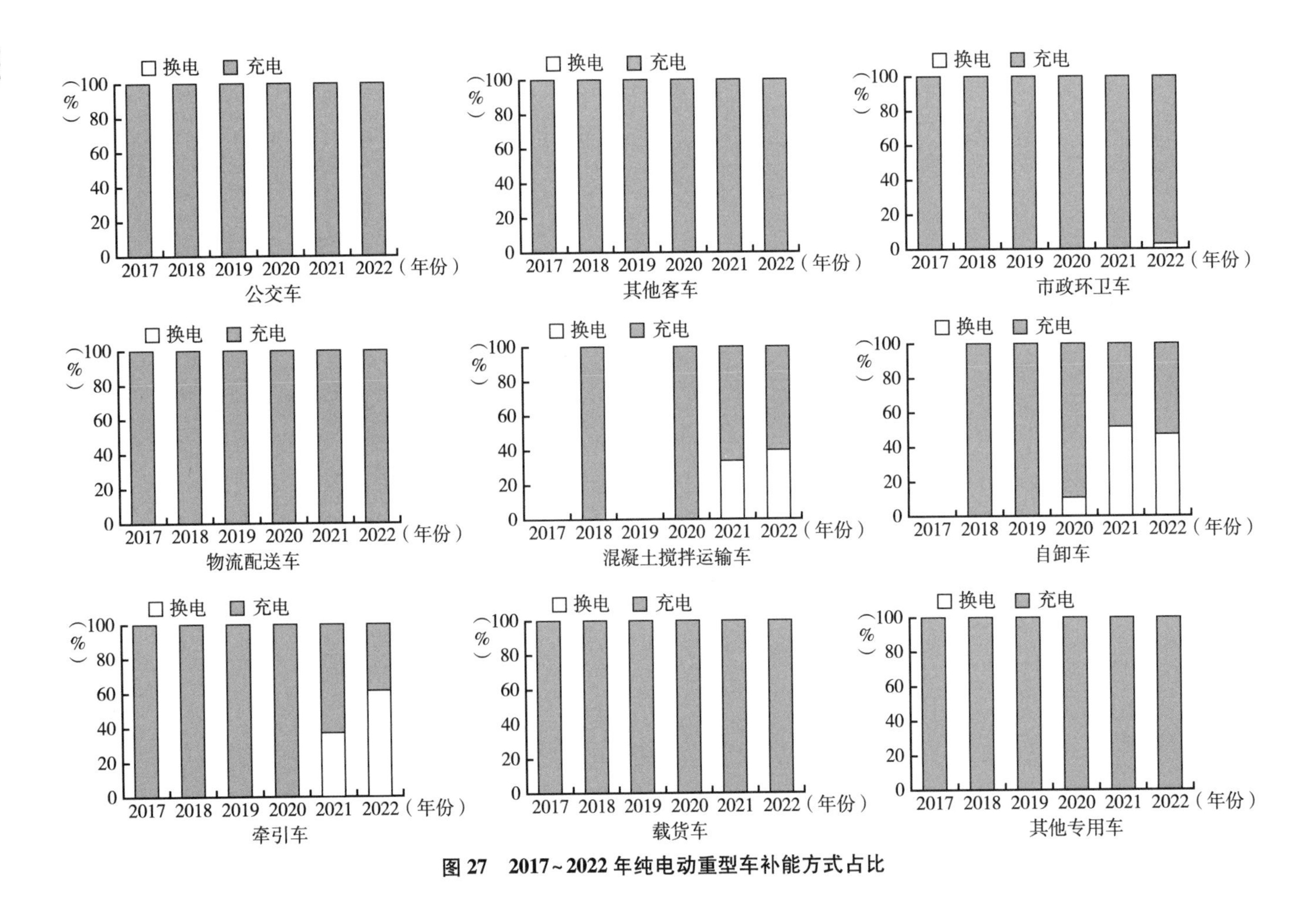

图 27 2017~2022 年纯电动重型车补能方式占比

牵引车中应用规模快速扩大，2022 年，换电车型分别占上述三类车辆的 40%、47.1%、60.8%。

（3）整备质量

图 28 展示了 2017~2022 年我国各类新能源重型车平均整备质量，随着技术进步与市场需求增加，适应各种场景的新能源重型车应运而生，新能源重型车的整备质量逐步覆盖 3.5~20 吨全系列。就平均整备质量而言，客车平均整备质量呈现降低趋势，其中，公交车平均整备质量由 2017 年的 9.8 吨降至 2022 年的 9 吨，降幅 8.2%；其他客车平均整备质量由 2017 年的 11.2 吨降至 2022 年的 8.8 吨，降幅 21.4%，更加轻量化的新能源大型客车逐步得到市场认可。市政环卫车的平均整备质量有所增加，由 2017 年的 6.2 吨增至 2022 年的 10.7 吨，涨幅 72.6%，功能更加丰富、续航里程更长的市政车辆逐渐受到市场青睐。物流配送车、混凝土搅拌运输车、牵引车等整备质量较集中，其中，物流配送车主要集中在 3 吨左右，混凝土搅拌运输车集中在 15 吨左右，牵引车集中在 11.6~12.3 吨。

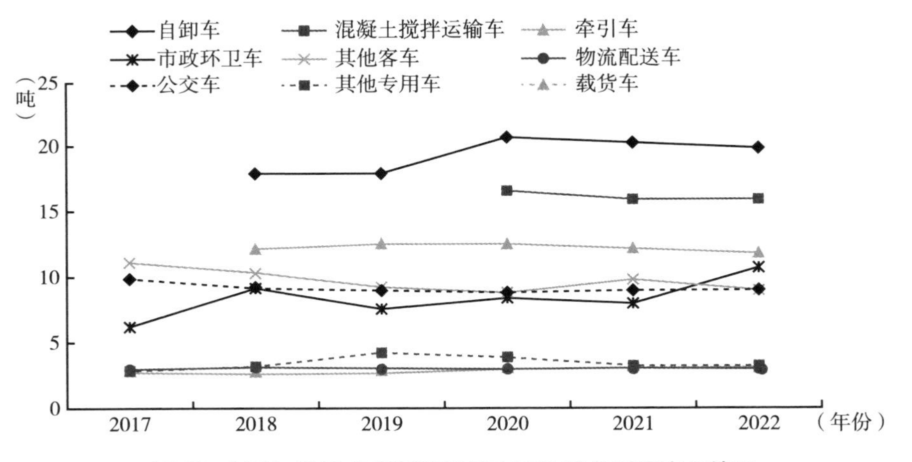

图 28　2017~2022 年新能源重型车平均整备质量变化情况

（4）续航里程

图 29 展示了 2017~2022 年我国各类新能源重型车平均续航里程变化，可知，各类新能源重型车平均续航里程稳步提升。其中，公交车平均续航里程由 2017 年的 280.8km 增至 2022 年的 494.2km，涨幅 76%；其他客车平均续航里程由 2017 年的 284.0km 增至 2022 年的 431.5km，涨幅 51.9%，到 2022 年，新能源重型车中部分客车类车辆标称续航里程已经超过 600km。

新能源货车的续航里程也逐步提升。市政环卫车平均续航里程由 2017 年的 257.2km 增至 2022 年的 297.7km，涨幅 15.7%；物流配送车平均续航里程由 2017 年的 268.9km 增至 2022 年的 387.3km，涨幅 44%；混凝土搅拌运输车 2022 年平均续航里程 246.2km，较 2018 年增长 89.4%；自卸车的平均续航里程近六年基本维持在 300km 左右；牵引车、载货车、其他专用车 2022 年平均续航里程较 2017 年分别增长 35.2%、75.2%、127%。2020 年后续航里程超过 300km 的各类新能源重型货车相继出现，ICCT 的一项早期研究发现，续航里程超过 300km 的电动车型应用场景更广，而且成本也可以承受。

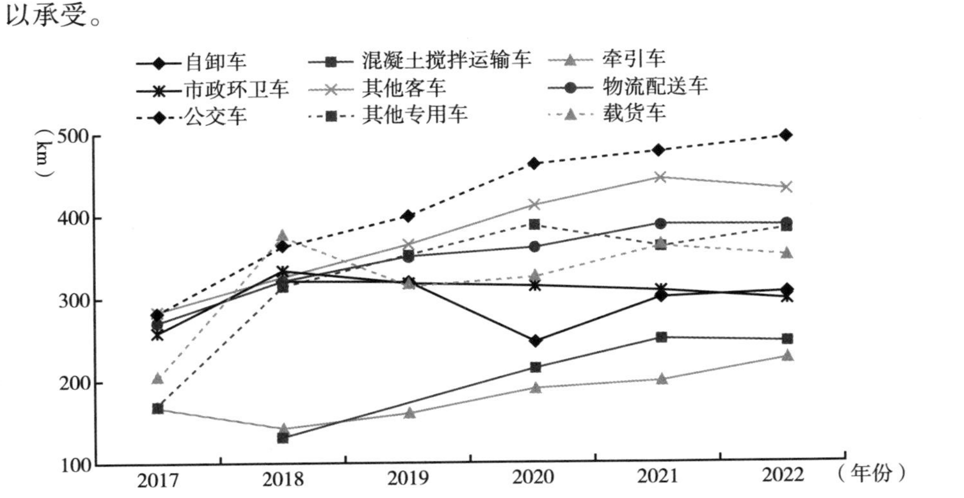

图 29　2017~2022 年新能源重型车平均续航里程变化趋势

（5）电机功率与冷却方式

图 30 展示了 2017~2022 年驱动电机平均额定功率变化情况。新能源重型车驱动电机平均额定功率整体呈增长趋势，如图 30 所示，公交车、其他客车、市政环卫车 2022 年平均额定功率均超过 100kW，较 2017 年分别提高 15.2%、19.6%、41.2%；物流配送车、载货车、其他专用车 2022 年平均额定功率均在 70kW 以下，较 2017 年分别提高 13.7%、10.8%、4.4%；混凝土搅拌运输车和自卸车平均额定功率增幅最大，2022 年平均额定功率较 2018 年分别提高 96.7%、61.2%，2022 年其平均额定功率分别达到 245.9kW、241.8kW。

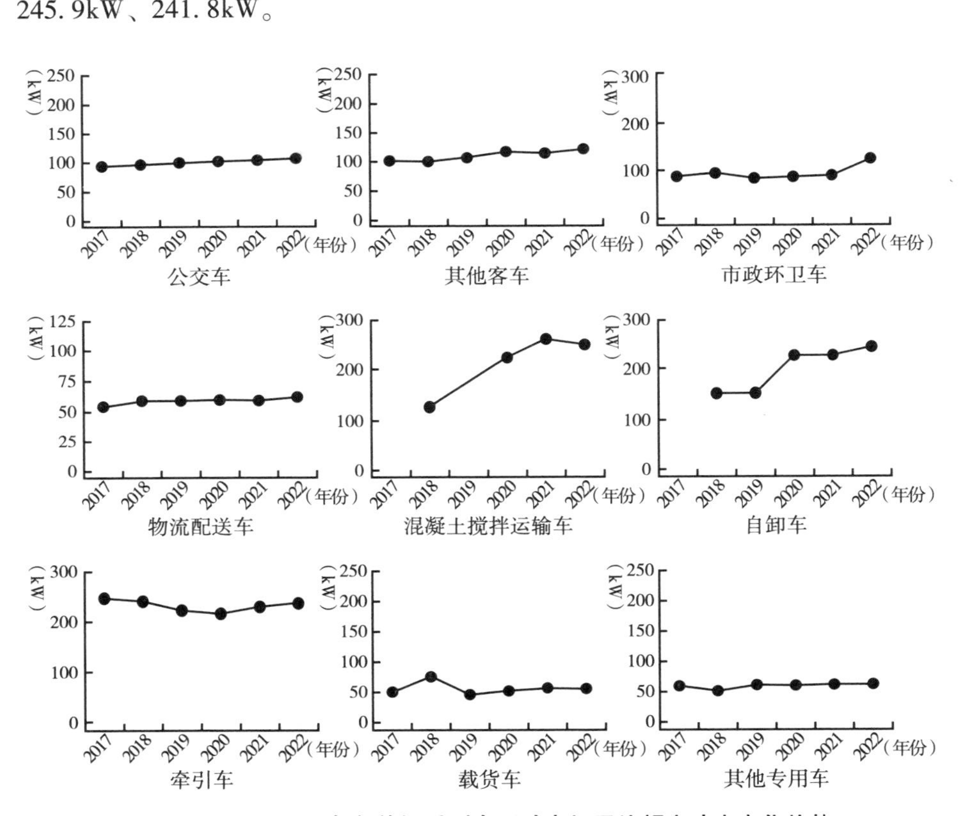

图 30　2017~2022 年新能源重型车驱动电机平均额定功率变化趋势

新能源重型车驱动电机冷却方式以液冷为主，如图 31 所示，不同于轻型车，新能源重型车由于功率大，散热要求高，基本采用液冷散热的方式，仅存在少量风冷散热的车型，且风冷散热车型占比逐年下降。根据新能源重型车随车清单统计，2017 年采用风冷散热的共有 1086 辆，仅占比 1.1%，2022 年，采用风冷散热的仅有 1 辆车。

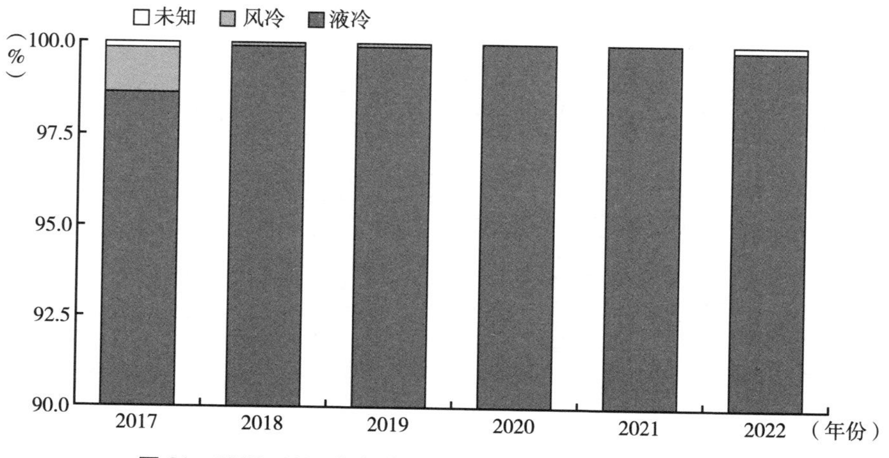

图 31　2017~2022 年新能源重型车驱动电机冷却方式占比

（6）储能装置储电能力

新能源重型车平均储电量大体呈增长趋势，增幅最高的为公交车，平均储电量由 2017 年的 140kWh 增至 2022 年的 225.2kWh，增长 60.9%；其次为混凝土搅拌运输车，平均储电量由 2018 年的 201.6kWh 增至 2022 年的 316.2kWh，增长 56.8%；市政环卫车涨幅 51.7%，平均储电量由 2017 年的 137.8kWh 增至 2022 年的 209kWh。其他客车和物流配送车 2022 年平均储电量较 2017 年分别增长 19.5%和 25.6%；牵引车、载货车、其他专用车 2022 年平均储电量较 2017 年分别增长 3.7%、18.1%、18.5%（见图 32）。因自卸车出现了一些储电量低于 200kWh 的车型，2022 年新能源重型车平均储电量较 2018 年下降 27.9%。

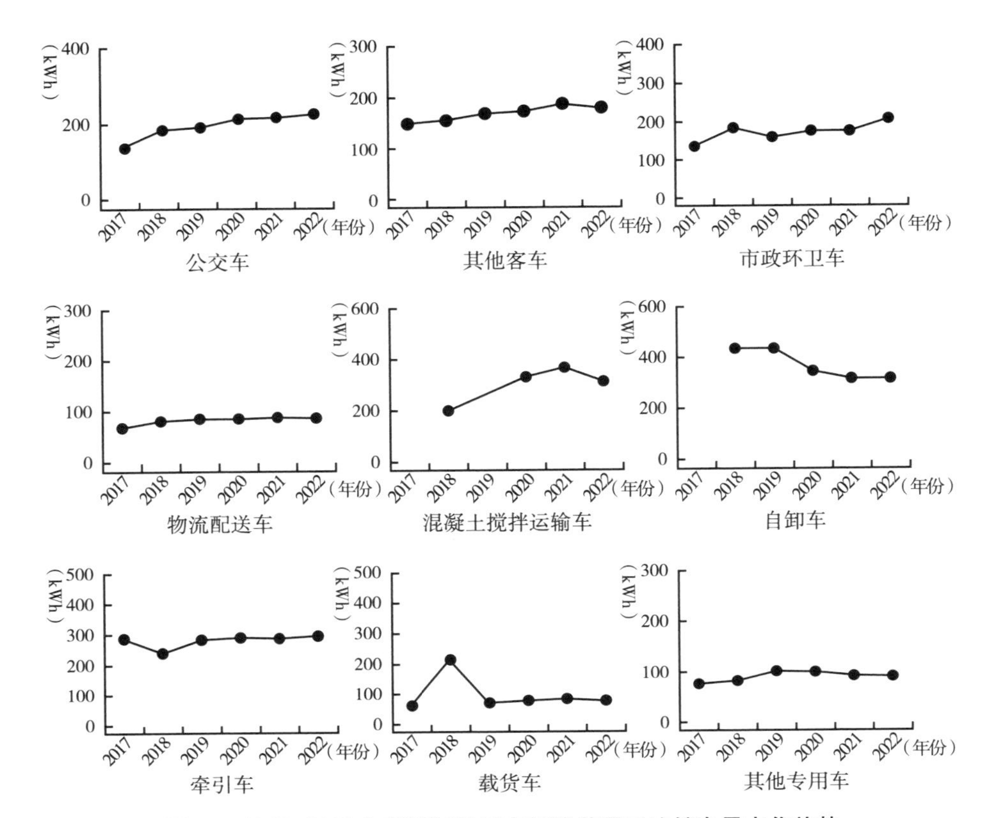

图 32　2017~2022 年新能源重型车储能装置平均储电量变化趋势

三　总结

重型车是我国机动车大气污染物和碳排放的重要来源，本文基于 2017~2022 年新生产重型车在控制污染物与温室气体排放方面的相关技术应用情况进行分析，结果表明我国重型车绿色低碳水平得到较大提升。

从传统重型车来看，发动机升功率不断提高，重型燃气车发动机呈现向大功率、大排量等级快速发展的趋势。重型车高压共轨喷油技术、增压技术、EGR 技术已大范围普及应用，燃气车压缩比呈现逐步提高的趋势。国六标准实施后，DOC、DPF 和 SCR 在新生产重型柴油车中应用几乎实现全覆盖。2018 年后重型柴油车 ASC 技术搭载率剧增，2022 年搭载率为 98%；重型燃气车后处理系统均采用 TWC 技术。整体来看，传统重型车的污染物排放控制技术水平提升显著，低碳技术水平提升相对有限。

从新能源重型车来看，纯电动技术为近年来重型车新能源化的主流技术类型，占比均保持在 95%以上，燃料电池车型仍处于推广示范阶段，数量逐渐增多但整体规模仍处于较低水平。新能源重型车补能方式以充电为主，换电技术在新能源混凝土搅拌运输车、自卸车、牵引车中快速应用，2022 年换电车型分别占上述三类车辆清单数的 40%、47.1%、60.8%。各类新能源重型车续航里程稳步提升，平均储电量整体上呈现提高趋势，驱动电机额定功率呈现增长趋势，驱动电机以液冷散热为主。整体来看，重型车新能源技术不同类型处于不同的发展阶段。

参考文献

王建昕、帅石金：《汽车发动机原理》，清华大学出版社，2011。

李瑞川、陈兰正、李德芳等：《车用柴油机轨压控制技术研究综述》，《拖拉机与农用运输车》2023 年第 6 期。

张彬、贺锋、夏志鹏等：《某款发动机增压控制优化设计研究》，《内燃机》2021 年第 6 期。

许广举、赵洋、李铭迪等：《废气再循环系统参数对柴油机燃烧特征的影响》，《环境科学研究》2017 年第 12 期。

B.8
非道路移动机械绿色低碳技术发展趋势分析

解淑霞　王宏丽　纪　亮　黄志辉　翟天宇*

摘　要： 本文统计分析了2017~2022年中国非道路柴油移动机械绿色低碳技术发展趋势。非道路柴油移动机械平均功率基本保持稳定；除排量较低的发动机以外，非道路移动机械用柴油机升功率呈逐渐上升趋势；发动机采用增压及增压中冷方式的比例逐渐增多，自然吸气方式的比例逐渐减少；燃油高压共轨技术渗透率上升，2022年37kW及以上的发动机基本全部采用高压共轨技术，喷油压力在200MPa以上的高压共轨系统逐渐成熟应用。实施国四标准之后，DOC、DPF和SCR等后处理技术渗透率大幅提升。非道路柴油移动机械绿色低碳技术不断发展进步。

关键词： 非道路移动机械　非道路柴油发动机　环保信息公开　尾气后处理技术

一　非道路移动机械用柴油发动机主要参数变化趋势

本部分统计分析了非道路移动机械用柴油发动机的主要参数，如气缸数、额定功率、排量等变化趋势。①

---

* 解淑霞，博士，中国环境科学研究院副研究员，主要研究方向为非道路移动机械、大气污染及温室气体排放政策；王宏丽，中国环境科学研究院高级工程师，主要研究方向为移动源环境管理大数据应用；纪亮，中国环境科学研究院研究员，主要研究方向为移动源污染防治；黄志辉，中国环境科学研究院高级工程师，主要研究方向为移动源减污降碳防治政策及排放清单；翟天宇，博士，中国环境科学研究院助理研究员，主要研究方向为移动源大气污染及温室气体排放政策。

① 数据来源：若无特别说明，本部分的图均由新机械环保信息公开数据统计分析得到。

（一）发动机气缸数

非道路移动机械种类多、应用领域广、功率范围宽，单缸、多缸柴油机在非道路移动机械上均有应用。总体来看，多缸柴油机已成为当前我国非道路柴油移动机械的主要配套动力。其中2缸、5缸、7缸、16缸柴油机占比均低于0.5%，4缸和6缸柴油机应用占比最高，且4缸柴油机占比呈上升趋势，6缸柴油机占比呈下降趋势。2022年，装配4缸和6缸柴油机的机械数量占比分别为73%、23%（见图1）。

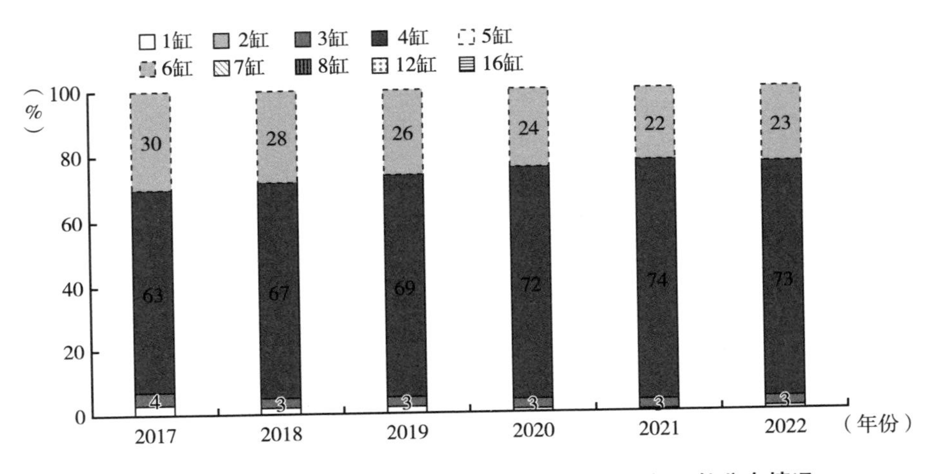

图1　2017~2022年新生产非道路移动机械柴油机气缸数分布情况

不同功率段柴油机的气缸数分布在各年的变化趋势见图2。本文采用了与污染物排放标准相同的功率段划分方式。额定净功率（Pmax）在8kW以下的柴油机主要为单缸机；8kW≤Pmax<19kW的柴油机主要为3缸机，同时有少量单缸机；19kW≤Pmax<75kW的柴油机以4缸机为主；75kW≤Pmax<130kW的柴油机由4缸机和6缸机组成，其中，4缸机超过50%，且占比逐年升高；130kW≤Pmax<560kW的柴油机，以6缸机为主，占比在90%左右，其余主要为4缸机，且4缸机占比呈上升趋势；560kW及以上的柴油机以6缸机、8缸机、12缸机、16缸机为主，

2018~2022 年，6 缸机、12 缸机、16 缸机数量占比呈下降趋势，8 缸机数量占比明显上升。

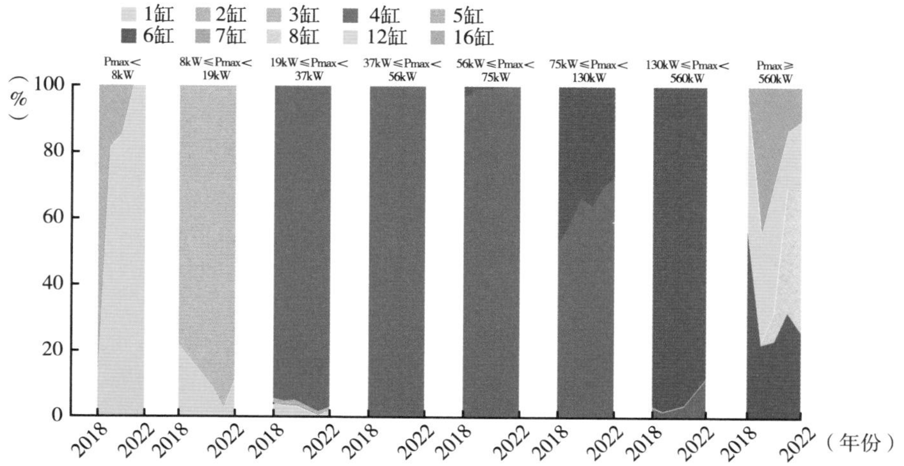

图 2　2018~2022 年新生产非道路移动机械不同功率段柴油机气缸数分布情况

2022 年非道路柴油机械各功率段不同气缸数发动机数量占比见图 3。其中，Pmax<8kW 的柴油机全部为单缸机；8kW≤Pmax<19kW 的柴油机以 3 缸机为主，占比 88%；19kW≤Pmax<37kW 的柴油机以 4 缸机为主，占比 97%；37kW≤Pmax<75kW 的柴油机全部为 4 缸机；75kW≤Pmax<130kW 的柴油机以 4 缸机为主，占比为 73%；130kW≤Pmax<560kW 的柴油机以 6 缸机为主，占比为 88%；Pmax≥560kW 的柴油机，6 缸机、7 缸机、8 缸机、12 缸机占比分别为 25%、44%、21%和 10%。

（二）发动机额定功率和排量

2017~2022 年新生产非道路移动机械中，19kW≤Pmax<37kW 的机械数量占比最高，历年占比在 30%~41%区间变化。Pmax≥130kW 和 75kW≤Pmax<130kW 的机械数量占比均在 20%左右；56kW≤Pmax<75kW 的机械数量历年占比在 9%~11%；37kW≤Pmax<56kW 的机械数量历年占比在 11%~17%；19kW 以下机械数量历年占比在 3%~4%。总体来看，37kW≤Pmax<

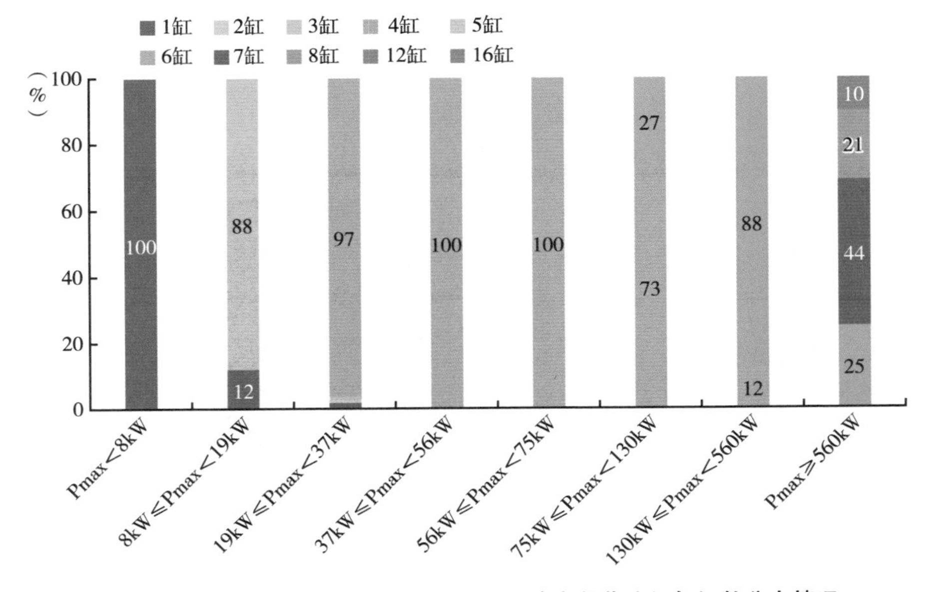

图 3　2022 年新生产非道路移动机械不同功率段柴油机气缸数分布情况

56kW 和 75kW≤Pmax<130kW 的机械数量占比呈上升趋势，37kW 以下机械数量占比在 2022 年有明显下降（见图 4）。

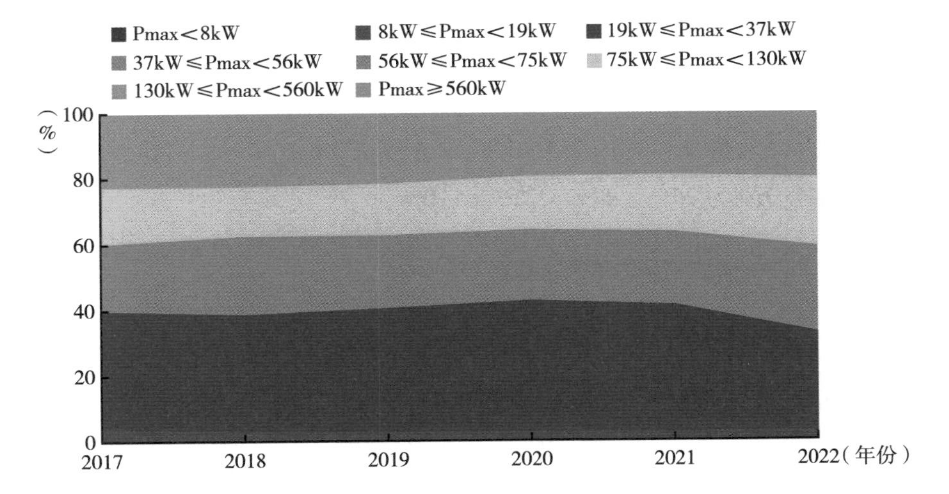

图 4　2017~2022 年新生产非道路移动机械柴油机额定功率分布情况

不同类型机械的发动机功率段分布差异较大（见图 5）。工程机械方面，叉车的平均额定功率在 39.5kW 左右，其中，37kW 以下数量占比 91%；挖掘机的平均额定功率在 90.8kW 左右，分布相对均衡；装载机的平均额定功率在 136.9kW 左右，其中，130kW 及以上数量占比 51%。农业机械方面，拖拉机的平均额定功率在 62.5kW 左右，其中，37~56kW 的数量占比 37%，平均额定功率呈上升趋势；收割机的平均额定功率在 98.3kW 左右，其中，75~130kW 的数量占比 64%。各类机械总平均功率总体呈上升趋势。

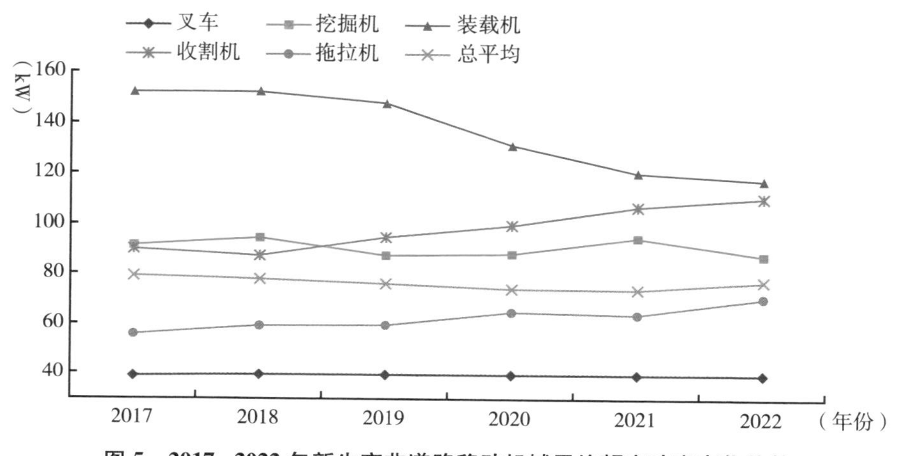

图 5　2017~2022 年新生产非道路移动机械平均额定功率变化趋势

2017~2022 年新生产非道路移动机械发动机排量范围为 0.72~76.32L，主要分布在 2.5L<V≤3.0L、3.0L<V≤3.5L、5.0L<V≤10.0L，其中前两个排量范围的机械数量近几年呈增长趋势，5.0L<V≤10.0L 的机械数量呈下降趋势。2022 年，排量在 2.5L<V≤3.0L、3.0L<V≤3.5L、5.0L<V≤10.0L 的机械数量占比分别为 32%、20.8%、20.9%（见图 6）。

发动机的单位气缸工作容量（排量）所发出的功率即升功率（见图 7）。不同排量的发动机的升功率大体呈上升趋势，说明发动机的做功效率整体呈现上升趋势。排量小于 2L 和大于 20L 的发动机升功率变化波动较大，除 0~1.0L、2.0~2.5L、20L 以上的发动机升功率略有下降外，其余各排量

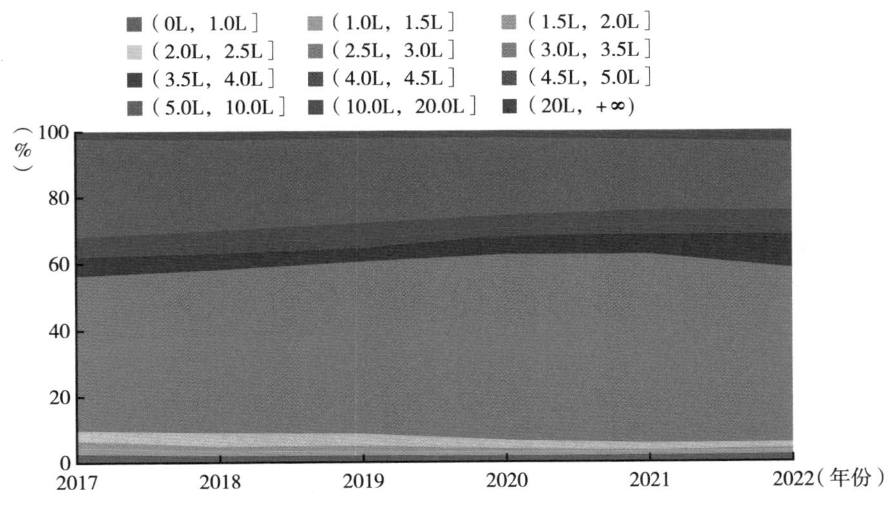

图 6　2017~2022 年新生产非道路移动机械发动机排量分布情况

段发动机升功率均有所上升，2022 年与 2017 年相比上升比例为 3.7%~24%。

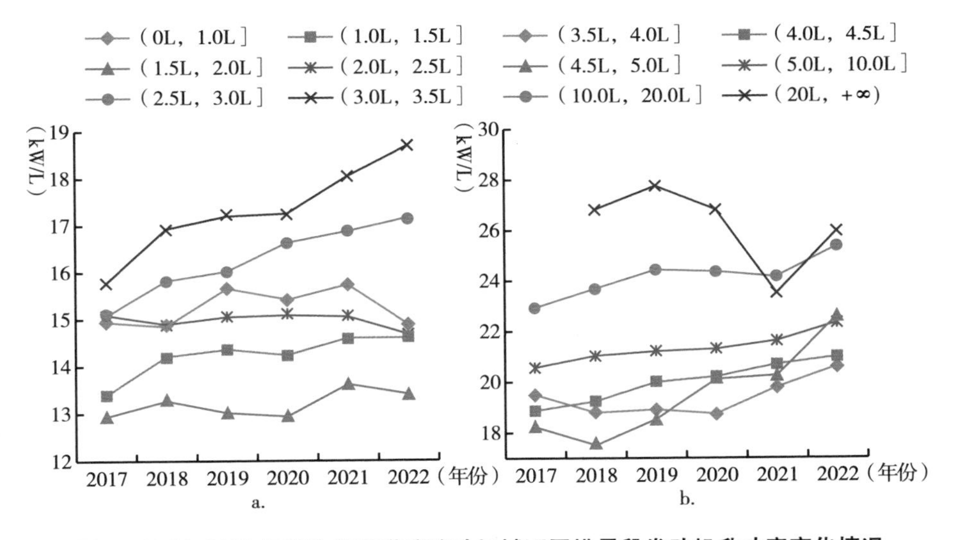

图 7　2017~2022 年新生产非道路移动机械不同排量段发动机升功率变化情况

二　非道路移动机械绿色低碳技术应用趋势

本部分基于 2017~2022 年环保信息公开数据，分析了非道路柴油移动机械绿色低碳技术应用发展趋势。从发动机技术角度，分析了进气方式、燃油喷射泵以及燃油供给方式的发展应用情况。从污染物排放控制技术角度，分析了废气再循环（EGR）和各种排放控制后处理技术的发展应用情况。

（一）发动机技术

1. 进气方式

非道路移动机械柴油机进气方式主要有自然吸气、增压、增压中冷等。如图 8 所示，非道路移动机械柴油机采用自然吸气方式的比例在减少，增压、增压中冷方式的比例在增多。2022 年，额定功率（Pmax）在 19kW 以下的非道路移动机械柴油机基本全部采用自然吸气方式，19kW ≤ Pmax< 37kW 的非道路移动机械柴油机以自然吸气为主，少量采用增压技术；37kW ≤ Pmax<56kW 的非道路移动机械柴油机以增压技术为主，其次为增压中冷技术；56kW ≤ Pmax<75kW 的非道路移动机械柴油机有 82%采用增压中冷技术；75kW ≤ Pmax<130kW 的非道路移动机械柴油机几乎全部采用增压中冷技术，130kW ≤ Pmax<560kW 的非道路移动机械柴油机全部采用增压中冷技术。

2. 燃油喷射泵

非道路移动机械柴油机燃油喷射泵主要有机械单体泵、机械直列泵、电控单体泵、高压共轨泵、电控分配泵和电控泵喷嘴等不同类型。[①] 19kW 以下柴油机采用机械泵比例较高，占比超过 50%；37kW 及以上柴油机采用高压共轨技术的比例在升高，2022 年各功率段占比均超 90%（见图 9）。

① 李刚：《高压共轨系统高压泵的设计开发》，上海交通大学硕士学位论文，2006。

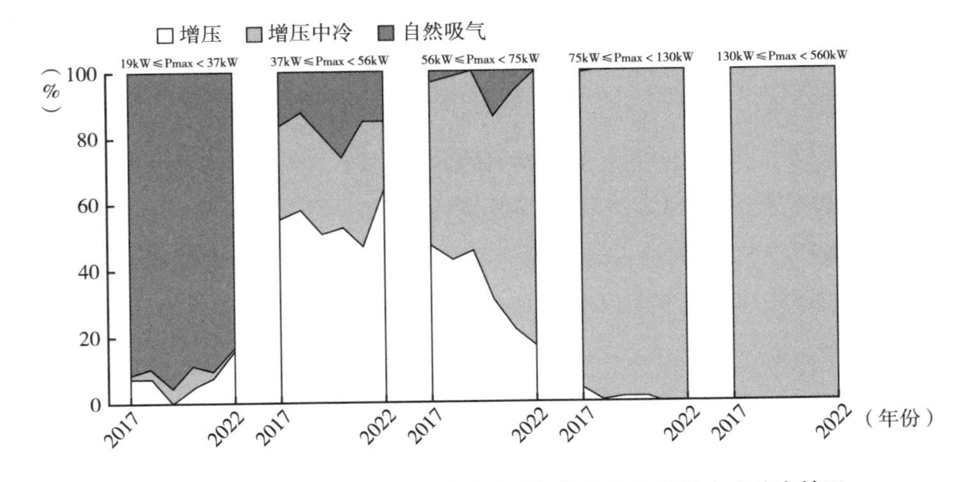

图 8　2017~2022 年新生产非道路移动机械柴油机进气方式分布情况

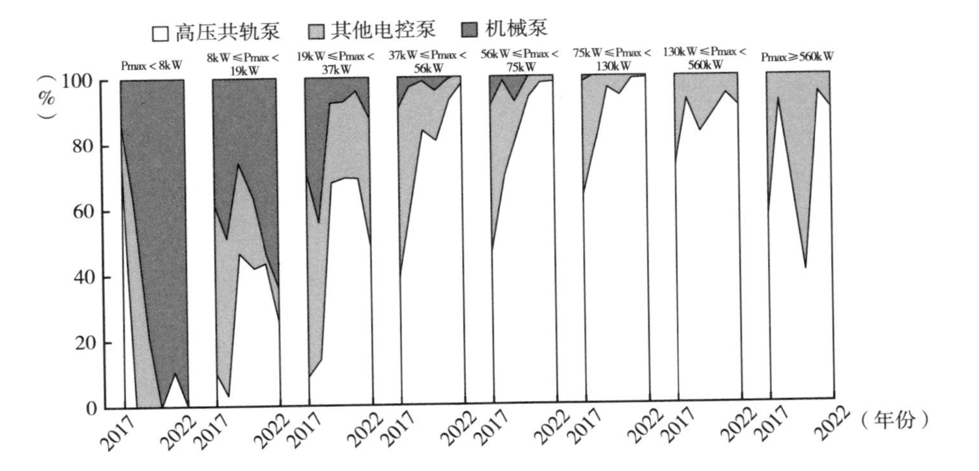

图 9　2017~2022 年新生产非道路移动机械燃料喷射方式分布

随着高压共轨技术渗透率的不断提升，轨压呈上升趋势。目前，轨压以160MPa、180MPa 为主，占比分别为 50.52%、33.33%，同时也出现了250MPa、260MPa 等更高的轨压（见图 10）。

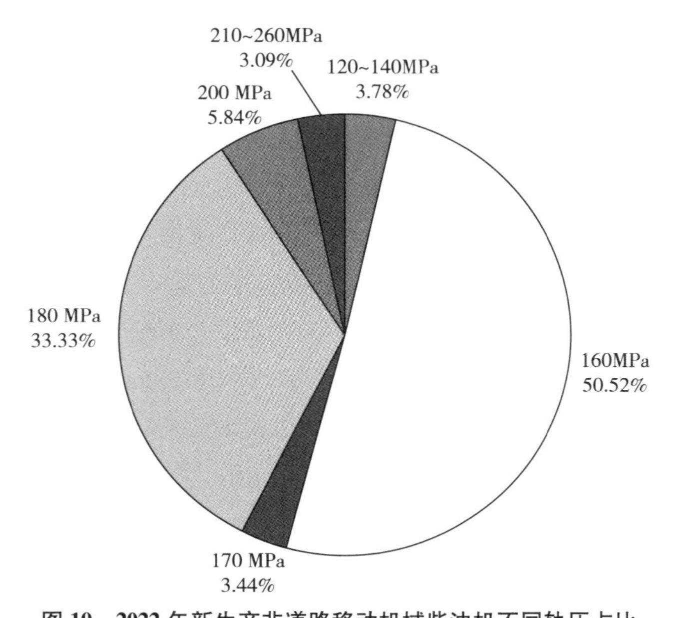

图 10　2022 年新生产非道路移动机械柴油机不同轨压占比

3. 燃油供给方式

非道路移动机械柴油机的燃油供给系统包括直喷、预燃室、涡流室式燃烧室等不同方式。2017~2022 年新生产非道路移动机械不同燃油供给方式占比情况见图 11，其中，直喷式占比最高，2022 年直喷式占比为 97%。

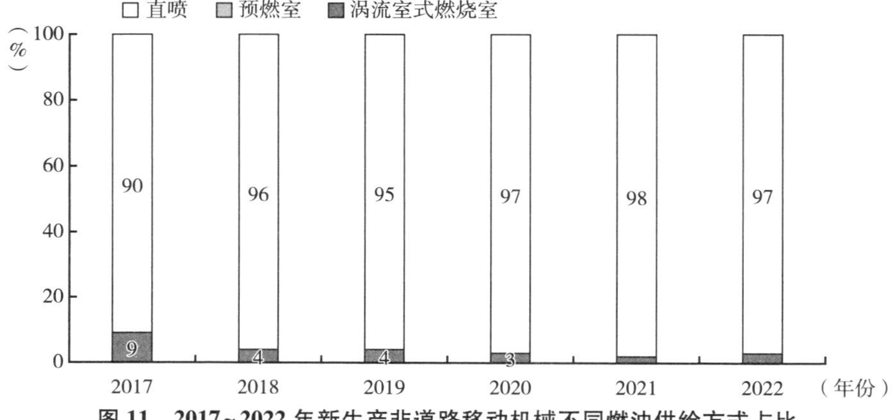

图 11　2017~2022 年新生产非道路移动机械不同燃油供给方式占比

（二）污染物排放控制

1. 废气再循环（EGR）

2017~2022 年新生产的不同功率段非道路移动机械柴油机的 EGR 技术采用情况如图 12 所示。功率在 37~560kW 的道路移动机械柴油机，2017~2020 年 EGR 技术采用率呈下降趋势，2020 年之后开始大幅提升；功率在 37kW 以下的柴油机，2020~2022 年 EGR 技术采用率呈下降趋势。2022 年，19kW≤Pmax<37kW、37kW≤Pmax<56kW、56kW≤Pmax<75kW、75kW≤Pmax<130kW、130kW≤Pmax<560kW 和 Pmax≥560kW 的非道路柴油发动机的 EGR 技术采用率分别为 1%、98.4%、86.6%、72.6%、24%和 5%。

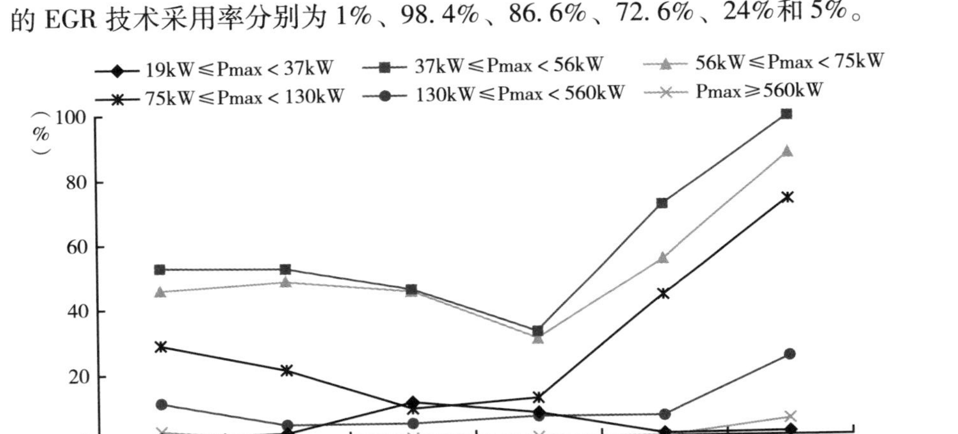

图 12　2017~2022 年新生产非道路移动机械柴油机 EGR 技术采用情况

2. 排气后处理技术

非道路移动机械柴油机排气后处理技术主要包括柴油机氧化催化转化技术（DOC）、颗粒捕集技术（DPF）、选择性催化还原技术（SCR）等。随着非道路移动机械排放法规的升级，相关后处理技术逐渐被采用，尤其是国四阶段排放标准实施后，除了通过发动机本体优化降低污染物排放外，DPF、SCR 等后处理技术开始大量采用。国三及之前阶段标准的非道路移动机械，通常以机内净化为主，除部分小功率（8kW 以下）发动机加装 DOC

以外，其他功率段基本没有后处理技术的应用。国四标准实施后，额定功率（Pmax）在 8kW 以下的发动机有 76%采用 DOC；8kW≤Pmax<19kW 和 19kW≤Pmax<37kW 的发动机基本未采用后处理技术；37kW≤Pmax<56kW 和 56kW≤Pmax<75kW 的发动机全部采用后处理技术，为 DOC+DPF 或者 DPF 技术；75kW≤Pmax<130kW 的发动机全部采用后处理技术，主要为 DOC+DPF，占比为 70%，其次为 DOC+DPF+SCR、DOC+DPF+SCR+ASC，分别占 18%、10%；额定功率在 130kW≤Pmax<560kW 的发动机，DOC+DPF+SCR、DOC+DPF+SCR+ASC、DOC+DPF 技术占比分别为 59%、33%、8%（见图 13）。

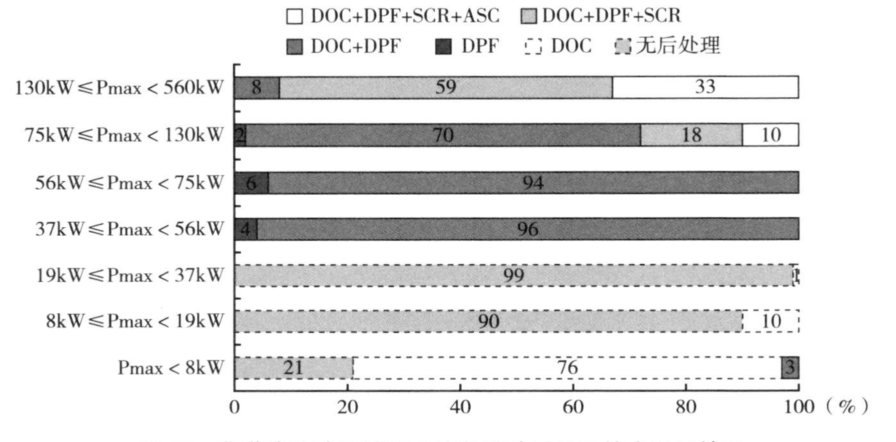

图 13　非道路移动机械国四阶段排放后处理技术采用情况

三　总结

基于对 2017~2022 年非道路移动机械主要技术参数的分析可见，我国非道路移动机械绿色低碳技术不断发展进步。

我国非道路移动机械 2017~2022 年的总平均功率基本保持稳定，收割机和拖拉机等农业机械的平均功率呈增长趋势，叉车和挖掘机等工程机械的平均功率保持平稳。4 缸机和 6 缸机应用广泛，额定功率在 19kW 至 560kW 的柴油机基本为 4 缸机或 6 缸机，但 8kW 以下的小发动机基本为单缸机，560kW 及以上的柴油机有 6 缸机、8 缸机、12 缸机和 16 缸机。除 0～1.0L、2.0～2.5L、20L 以上的发动机升功率略有下降外，其余各排量段发动机升功率均有所上升，2022 年与 2017 年相比上升比例为 3.7%～24%。

污染物排放标准的实施助推了非道路移动机械绿色低碳技术的发展应用。发动机技术显著进步，采用自然吸气方式的比例逐渐减少，37kW 及以上的发动机基本以增压及增压中冷技术为主，采用 EGR 技术的比例越来越高，燃油喷射高压共轨技术采用率大幅上升，37kW 及以上的柴油机基本全部采用高压共轨技术。实施国四标准之后，DOC、DPF 和 SCR 等后处理技术开始在非道路移动机械上广泛应用。国三及之前阶段标准的非道路移动机械，通常以机内净化为主，除部分小功率（8kW 以下）发动机加装 DOC 以外，其他功率段基本没有后处理技术的应用。实施国四标准之后，功率在 37kW 及以上的柴油机械全面采用 DPF 技术，同时，功率在 130kW 及以上的柴油机械全面采用 SCR 技术。额定功率（Pmax）在 8kW 以下的机械主要采用的后处理技术为 DOC；8～37kW 的机械基本未采用后处理技术，37～56kW 的机械以 DOC+DPF 技术为主，75～130kW 的机械主要采用 DOC+DPF 技术；130～560kW 的机械以 DOC+DPF+SCR 为主。总的来说，DOC+DPF 技术在 37kW 及以上机械上得到广泛应用，75kW 及以上的机械，在 DOC+DPF 基础上开始采用 SCR 及 ASC 技术。

热点篇

B.9 车用空调制冷剂氢氟碳化物的行业现状与管控政策分析

褚关润　张钧萍　陈进秋　马　冬　方　刚*

摘　要：　氢氟碳化物（HFCs）是《基加利修正案》限控的强效温室气体，车用空调制冷剂是典型的HFCs消费场景之一，有序减少HFCs的排放对实现国际履约和“双碳”目标具有重要意义。本文分析了主流车用空调制冷剂以及新型低碳替代制冷剂的行业现状，调研了美国、欧盟、日本和中国关于HFCs的管控政策。分析发现，我国车用制冷剂主要是R134a、R404A等高全球增温潜势值（GWP）制冷剂，低GWP车用制冷剂的规模化应用，还需开展制冷剂开发、空调技术匹配、产线改造等相关工作。此外，发达国家的管控政策包括制冷剂准入、使用泄漏、维修监管、报废回收、政

* 褚关润，博士，中国汽车工程研究院股份有限公司高级工程师，主要研究方向为部件与材料碳排放核算与测评技术；张钧萍，中国汽车工程研究院股份有限公司高级工程师，主要研究方向为低碳材料应用与测评；陈进秋，中国汽车工程研究院股份有限公司工程师，主要研究方向为挥发性有机物测评技术；马冬，中国环境科学研究院高级工程师，主要研究方向为移动源减污降碳法规标准、技术政策、排放清单等；方刚，中国汽车工程研究院股份有限公司正高级工程师，主要研究方向为低碳材料开发与应用技术。

策激励等全过程措施。相比发达国家，我国尚未建立车用空调制冷剂 HFCs 的行业减排目标、监管体系、标准体系和激励措施。因此，我国需要推动制冷剂及其配套技术协同进步，制定制冷剂的减排目标及实施路径，建立制冷剂的监管体系及测试标准，制定制冷剂及产业链迭代的激励政策。

关键词： 车用制冷剂 氢氟碳化物 监管政策

一 车用空调制冷剂氢氟碳化物概况

氢氟碳化物（Hydrofluorocarbons，HFCs）广泛应用于空调、冰箱、冷链物流等制冷场景，既是消耗臭氧层物质的替代品，也是《京都议定书》规定减排的主要温室气体之一，其在 100 年时间尺度下的全球增温潜势值（Global Warming Potential，GWP，以下默认为 100 年）是二氧化碳的几十乃至上万倍。例如，车用空调常用制冷剂 R134a 的 GWP 值高达 1430。因此，HFCs 排放导致的温室效应受到全球的普遍关注，主要国家都在出台相应的法规、政策以减少并逐步停止使用 HFCs。

2016 年 10 月，《〈关于消耗臭氧层物质的蒙特利尔议定书〉基加利修正案》（简称《基加利修正案》）将 18 种 HFCs 纳入了管控清单，并在逐步淘汰 HFCs 的同时开发低 GWP 的替代技术以及提升制冷设备的能效，开启了协同应对臭氧层耗损和气候变化的新篇章。2021 年 6 月，中国政府宣布接受《基加利修正案》，成为该修正案的第 122 个缔约方，明确了国际履约义务，并于 2021 年 9 月 15 日正式生效。根据不同地区的发展水平，《基加利修正案》为发展中国家和发达国家规定了不同的 HFCs 削减时间表，如图 1 所示。其中，中国作为 A5 第一组的发展中国家，应从 2024 年起将 HFCs 的生产和使用量冻结在基准线水平，2029 年起 HFCs 的生产和使用量不超过基准线的 90%，2035 年起不超过基准线的 70%，2040 年起不超过基准线的 50%，2045 年起不超过基准线的 20%。

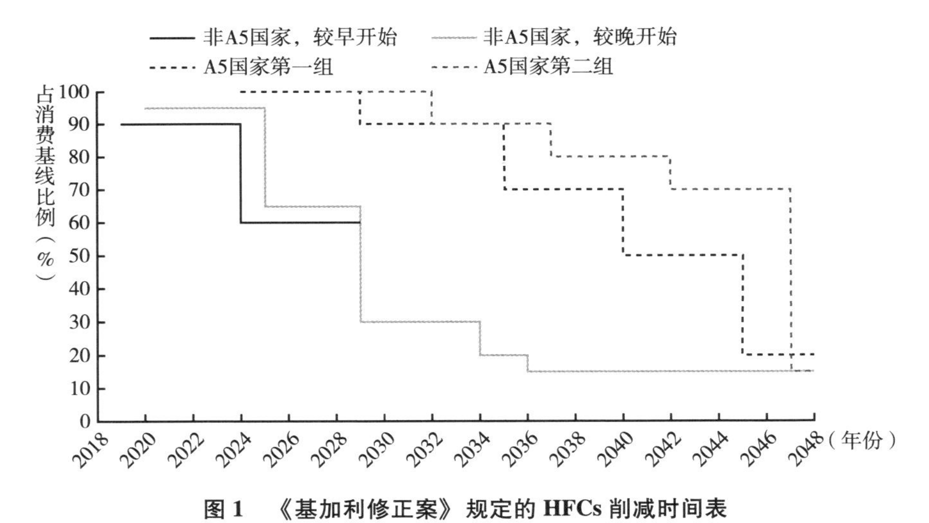

图 1　《基加利修正案》规定的 HFCs 削减时间表

资料来源：生态环境部网站。

随着汽车保有量的增加，汽车空调消费 HFCs 类制冷剂的排放量不断攀升，已成为汽车温室气体排放的重要贡献源之一。研究显示①，2020 年我国汽车空调行业使用了约 3.2 万吨 HFCs，其中新车加注了 1.8 万吨，维修使用了 1.4 万吨。美国、欧盟和日本等国家和地区已经出台了针对汽车空调制冷剂 HFCs 的管控政策和法规标准，对采用了低 GWP 替代制冷剂、低泄漏率空调和高能效空调的整车产品给予积分激励，以促进技术进步。然而，我国 HFCs 的管理处于起步阶段，还未开展汽车行业空调 HFCs 的管理工作。

因此，分析车用空调制冷剂 HFCs 的行业现状，调研美国、欧盟和日本等发达国家和地区对车用空调制冷剂 HFCs 的管控政策，结合我国现阶段的管理现状和“双碳”战略目标，提出车用空调制冷剂 HFCs 的发展建议。

---

① 杨柳含子等：《中国汽车空调温室气体减排措施及政策建议》，国际清洁交通委员会，2022。

二　车用空调制冷剂行业现状

（一）我国主流车用制冷剂现状

中国是全球最大的 HFCs 生产国和出口国，生产量约占全球的 70%左右。[①] 目前，我国主流的 HFCs 类车用空调制冷剂有 R134a、R404A、R407C、R410A 等，其特性参数如表 1 所示。可以看出，乘用车和燃油客车主要使用单工质制冷剂 R134a，乘用车制冷剂加注量为 0.4 ~1.0kg，燃油客车由于空间较大需要更高的制冷需求，加注量增至 3 ~13kg。冷链物流车由于制冷要求较高，主要使用制冷剂 R404A。纯电新能源车的冬季制热需求不能通过传统燃油车发动机余热进行满足，主要采用沸点更低且制热性能更好的非共沸混合制冷剂 R407C 和 R410A。但是，无论何种主流车用制冷剂，其 GWP 值均在 1400 以上，属于强温室效应物质。因此，在欧盟、美国、日本等发达国家和地区，已经禁止使用上述制冷剂作为车用空调制冷剂。针对制冷剂 R134a，车企终端购买价约为 35 ~55 元/千克。

表 1　我国主流车用空调制冷剂的特性参数

特性参数	R134a	R404A	R407C	R410A
主要适用车型	乘用车及燃油客车	冷链物流车	新能源客车	新能源汽车
主要成分及质量百分数	R134a（100wt. %）	R125(44wt. %) R134a(4wt. %) R143a(52wt. %)	R32(23wt. %) R125(25wt. %) R134a(52wt. %)	R32(50wt. %) R125(50wt. %)
GWP	1430	3920	1770	2090
标准沸点(℃)	-26.3	-46.6	-43.6	-48.6
临界温度(℃)	101.1	72.14	86.7	72.2

① Bai F., et al., "Pathway and Cost-Benefit Analysis to Achieve China's Zero Hydrofluorocarbon Emissions", *Environmental science & technology* 57 (16), 2023: 6474-6484.

续表

特性参数	R134a	R404A	R407C	R410A
临界压力(kPa)	4059.3	3731.5	4619.1	4926.1
蒸发潜热(kJ/kg)	198.8	168.3	213.9	222.5
蒸汽密度(kg/m^3)	14.435	29.960	18.924	30.649
燃烧安全等级	A1	A1	A1	A1
温度滑移(℃)	0	0.8	4.9	0.1

资料来源：土木在线论坛，https：//bbs.co188.com/thread-10499603-1-1.html。

（二）低 GWP 值制冷剂现状

近年来，为解决传统制冷剂的强温室效应问题，行业内涌现了 R1234yf、R744、R290、D1V140、R152a 等低 GWP 值制冷剂。但是，这些制冷剂并非完美的替代方案，在燃烧安全性、生产成本、制冷制热、技术成熟度、市场应用状态等方面存在不同的优劣势，如表 2 所示。同时，本部分将介绍几种低 GWP 值制冷剂的情况，并将阐明制冷剂替代面临的挑战。

表 2　低 GWP 值制冷剂的现状分析

制冷剂	GWP	燃烧安全等级	优缺点	市场应用状态
R1234yf	4	A2L	优点：技术成熟度高；系统兼容性较好 缺点：低温制热性能较差；国内应用成本高	欧美市场主流使用 中国仅出口车型使用
R744	1	A1	优点：天然工质且成本低；制热性能较好 缺点：工作运行压力高；系统的可靠性要求高且成本增加；泄漏到乘员舱存在窒息风险	部分德国车型 中国部分出口大巴车
R290	3	A3	优点：制冷制热性能优异；价格便宜；系统兼容性好 缺点：易燃，安全性差；系统安全性要求高	配套系统测试阶段
R152a	164	A2	优点：系统加注量低；系统兼容性好 缺点：可燃，安全性差；属于《基加利修正案》管控物质；GWP 值超过法规要求	美国允许使用， 但暂未商业化应用
D1V140	3~4	A2L	优点：制冷及制热性能较好 缺点：尚未市场化应用	在美国处于审批阶段

资料来源：美国环境保护署网站。

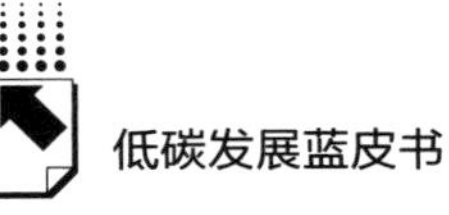

1. R1234yf

R1234yf 的化学成分是 2，3，3，3-四氟丙烯（$CH_2=CFCF_3$），属于氢氟烯烃类物质，因此也缩写为 HFO-1234yf，其显著特征是温室效应只略高于二氧化碳（GWP=4）。与主流的 R134a 制冷剂相比，R1234yf 在制热效果上基本相当，制冷效果低 10%左右，对现有空调系统的兼容性好。不足之处在于 R1234yf 的低温制热性能较差，在寒冷地区，电动汽车热泵空调需要燃料加热器进行辅助制热。当前，行业内对于 R1234yf 的关注焦点在燃烧安全性、环境影响、应用成本这三方面。

燃烧安全性方面，由于是低可燃性制冷剂，美国环境保护署（EPA）要求使用 R1234yf 制冷剂的新车，空调需要粘贴易燃制冷剂警告标签，安装压缩机短路开关、泄压装置和专用配件等安全措施，所以兼容性好并不意味着 R1234yf 可以直接在现有空调系统条件下使用。① 同时，德国联邦汽车管理局的安全评估结果表明，其在碰撞测试中满足安全要求，但在特定破坏条件下 R1234yf 会释放氟化氢并有一定燃烧风险。②

环境影响方面，近年来有研究显示，R1234yf 释放到大气中后会与羟基和氯游离基反应生成三氟乙酰氟（CF_3CFO），并迅速水解产生易溶于水的强有机酸三氟乙酸，进而导致土壤和海洋酸化，其形成过程如图 2 所示。R1234yf 的大气寿命（12 天）远低于 R134a（14.6 年），三氟乙酸的沉积率可能远高于 R134a，有学者建议重新评估 R1234yf 对环境的影响。③

应用成本方面，欧美等国的车企已经大量采用 R1234yf 制冷剂，欧洲几乎 100%的新售乘用车均使用 R1234yf 制冷剂。但是，由于 R1234yf 在中国

---

① Blumberg K., Isenstadt A., "Mobile Air Conditioning: the Life-cycle Costs and Greenhouse-gas Benefits of Switching to Alternative Refrigerants and Improving System Efficiencies", ICCT, 2019.

② KBA, "Risk Assessment of the Kraftfahrt-Bundesamt (KBA, Federal Motor Transport Authority) Concerning the Use of Refrigerant R1234yf in Vehicle Air Conditioning Systems (MAC)," KBA, Press release Nr. 25/2013, 2013.

③ Z. Wang, Y. Wang, J. Li et al., "Impacts of the Degradation of 2, 3, 3, 3-Tetraflfluoropropene into Triflfluoroacetic Acid from Its Application in Automobile Air Conditioners in China, the United States, and Europe", *Environ. Sci. Technol.* 52, 2018: 2819-2826.

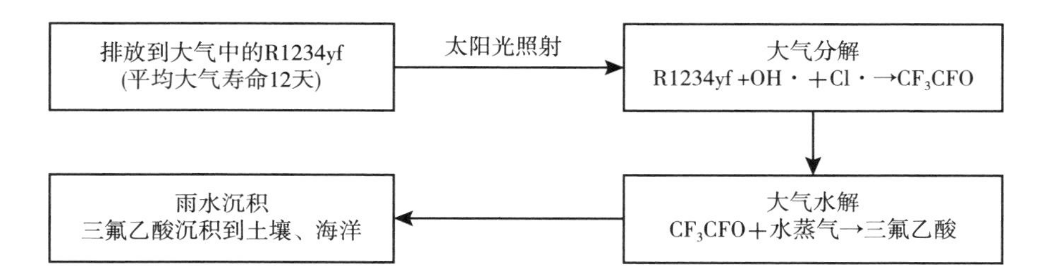

图 2　HFO-1234yf 在大气中形成三氟乙酸的过程示意

资料来源：Z. Wang, Y. Wang, J. Li et al.,"Impacts of the Degradation of 2, 3, 3, 3-Tetraflfluoropropene into Triflfluoroacetic Acid from Its Application in Automobile Air Conditioners in China, the United States, and Europe", *Environ. Sci. Technol.* 52, 2018: 2819-2826.

的专利限制，车企终端购买价 400~500 元/千克，是主流制冷剂 R134a 的 10 倍左右。因此，国内车企充注 R1234yf 制冷剂主要是为了满足出口车型的法规要求，国内车用空调系统几乎没有采用该制冷剂。

2. R744

R744 的化学成分是 CO_2，具有不可燃、无毒、价格便宜和化学稳定性高等优势，并具有较高的蒸发潜热可减少制冷剂加注量，进而可以减小压缩机、换热器和管道的尺寸，使车用空调系统更加紧凑，表现出优于 R1234yf 的制热性能。不足之处如下，第一是高压运行导致的成本增加。因为 CO_2的临界温度仅为 31.1°C，当环境温度超过临界温度后，在传统的亚临界汽车空调系统中 R744 制冷剂无法实现冷凝。因此，需要将运行压力升高到比常规 R134a 系统高 10 倍的高压跨临界系统，用气体冷却器代替冷凝器进行散热，如图 3 所示。高压运行条件对零部件的密封性、安全性提出更高的要求，导致制冷系统成本上涨约 6000 元。第二是 CO_2导致的窒息风险，泄漏到乘员舱的 R744 制冷剂可能对乘客产生窒息风险，因此，EPA 明确规定了 R744 汽车空调系统的安全措施，如规定制冷剂泄漏后的乘员舱浓度、粘贴高压系统警告标签，以及安装压缩机断路开关等。

关于市场应用状态，德国联邦环境署测试了一款采用 R744 制冷剂的汽车，结果表明，在行驶了 16.5 万公里后，空调压缩机运行良好且系统密封性较好。自 2017 年起，德国戴姆勒部分乘用车采用了 R744 制冷剂，单车加

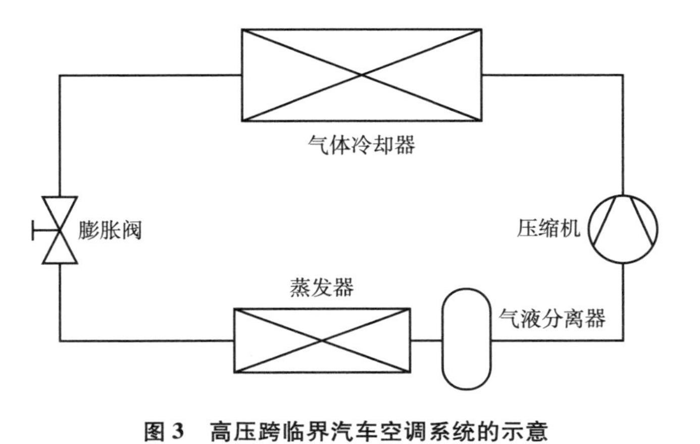

图 3　高压跨临界汽车空调系统的示意

资料来源：杨柳含子等：《中国汽车空调温室气体减排措施及政策建议》，国际清洁交通委员会，2022。

注量为 340~450g。德国大众在部分车辆上选用了 R744 制冷剂，单车加注量为 420g。国内比亚迪也在部分出口大巴上采用了 R744 系统。总体上，R744 制冷剂成本低廉、使用安全、制冷效果较好，且已有部分应用案例，但由于 R744 空调系统对零部件技术和系统可靠性要求较高，系统成本有所上涨。

3. R290

R290 的化学成分是丙烷（$CH_3CH_2CH_3$），具有无毒、来源广泛、价格便宜、制冷制热性能优异、工作压力与 R134a 相接近等优点，已在房间空调器等领域实现试用试行，但尚未在车用空调中实现商业化应用。因为 R290 属于易燃制冷剂，需要更安全可靠的车用空调系统设计（如二次回路系统、模块化空调系统），以避免制冷剂泄漏对乘员舱造成安全隐患。目前，德国开发了一款搭载 R290 热泵空调系统的电动大巴车，其制冷剂充注量 1.5kg，温度范围为-15~40℃，而且制热制冷的能效均高于 R744 空调系统。部分国内乘用车企业也计划选择 R290 作为绿色替代制冷剂，并已开展相关研究工作。

4. R152a

R152a 的化学成分是 1，1 二氟乙烷（CH_3CHF_2），其热力学和物理性质与 R134a 相似，具有无毒、热稳定性和化学稳定性高、空调系统兼容性好、系统能效比略高于 R134a 等优点。不足之处如下，其一，R152a 为可燃制冷剂，对汽车空调系统的安全性要求更高。其二，R152a 本身也是《基加利修正案》管控的 18 种 HFCs 之一，其价格可能会随着国家配额削减而上涨，因此 R152a 作为车用空调制冷剂替代品的成本风险较高。其三，在 IPCC 第六次评估报告中，R152a 的 GWP 值已经更新为 164，这已经超过了欧、美、日等发达国家和地区对制冷剂的限值要求（GWP≤150）。[①]

关于市场应用状态，EPA 将 R152a 列为车用空调系统允许使用的 3 种低 GWP 制冷剂之一（另外两种是 R1234yf 和 R744），允许通过规定使用条件来保证系统安全，如粘贴安全警告标签与规定客舱泄漏浓度等要求。

5. D1V140

D1V140 是日本大金公司专门为电动汽车开发的一款高性能环保制冷剂，由 R1234yf 和 R1132（E）混合制成，其 GWP 小于 10。2021 年 6 月，日本大金公司依据制冷剂安全标准 Standard 34 和 ISO 817，向美国供暖、制冷和空调工程师协会递交了注册申请，但该制冷剂何时能获批投入市场还未明确，尚处于审批阶段。而且，由于采用了 R1234yf 作为组分之一，制冷剂价格可能较高。

（三）制冷剂替代面临的挑战

在“双碳”目标和《基加利修正案》的要求下，国内车企已经开始研究制冷剂的替代方案及新型空调系统技术。通过对主流车用制冷剂的情况分析和国内外替代的现状研究发现，我国车用空调氢氟碳化物制冷剂的替代工作面临如下挑战。

成熟的制冷剂替代方案专利权受限。以 R1234yf 为替代方向的技术成熟度高，对现有空调系统的改造要求较低，已在欧美市场得到广泛应用。但是，R1234yf 的价格是 R134a 的 10 倍左右，暂无其他成熟的替代方案，车

① IPCC 第六次评估报告中 R152a 的 GWP 值与《基加利修正案》规定的 GWP 值有所差别。

企推动制冷剂替代的选择空间小。

难以完美满足新能源车的制热需求。在冬季，与燃油车依靠发动机的余热采暖不同，新能源车只能依靠热泵空调系统供暖，需要运行温度范围更宽的制冷剂。寒冷工况下，R1234yf 的低温制热能力不足，R744 和 R290 虽然具有较好的低温制热性能，但是需克服高压或易燃的物理性质，D1V140 尚处于审批阶段，目前不能满足大规模应用。

制冷剂的替代周期长且综合成本高。由于低 GWP 制冷剂与 R134a 等主流制冷剂在热物性和燃烧安全性等方面的差异，制冷剂替代需要空调系统及其零部件的改造或更新，还需要与车型开发、系统设计、汽车产线、维修培训等工作相匹配。因此，制冷剂替代的时间周期较长且综合成本较大，导入替代制冷剂平均需要 5 年的替代周期，单条生产线需要投入 300 万元以上的额外成本。①

三　国内外制冷剂管控政策

目前，欧盟、美国和日本等发达国家和地区为满足《基加利修正案》履约要求、减缓气候变化和保护人体健康，已将车用空调制冷剂 HFCs 纳入相关法律管控范围。车用空调制冷剂 HFCs 的管控政策主要包括制冷剂准入管控、制冷剂泄漏管控、制冷剂回收管控，以及积分激励等方面，总体情况如表 3 所示。

（一）美国管控政策

美国车用制冷剂 HFCs 的管控措施较为完备，通过制冷剂的准入管控、泄漏管控和空调维修管控等环节来限制或减少 HFCs 的排放，并提供可接受和不可接受的车用空调制冷剂清单，对可燃制冷剂提出了相应的安全风险措

---

① 杨柳含子等：《中国汽车空调温室气体减排措施及政策建议》，国际清洁交通委员会，2022。

施，为企业提供了可操作的选择指引。此外，美国还通过积分激励来促进低GWP 制冷剂、低泄漏率空调和高能效空调等新技术的开发应用。

表 3　欧盟、美国和日本关于车用空调制冷剂 HFCs 的管控政策

国家/地区	GHG 排放标准中涉及汽车空调制冷剂的部分			制冷限制（起始年）	管控环节
	高效空调积分	低制冷剂泄漏率积分	备注		
美国	对减少空调能耗的技术予以积分激励	对低泄漏率设计的空调予以积分激励	由技术清单目录和测试规程验证的方式进行激励	禁用 R134a（2026 年）	制冷剂准入管控 制冷剂泄漏管控 空调维修的管控 制冷剂积分激励
欧盟	未包括	无积分	重型车 CO_2 模型中有高能效空调选项	禁用制冷剂 GWP > 150（2017 年）	制冷剂准入管控 制冷剂泄漏管控
日本	未包括	无积分	无	禁用制冷剂 GWP > 150（2023 年）	制冷剂准入管控 制冷剂回收管控

1. 制冷剂准入管控

针对全行业的 HFCs 生产与使用。2015 年 7 月，EPA 修订了依据《美国清洁空气法案》（*Clean Air Act*，简称 CAA 法案）第 612 条设立的《重要新替代品政策》（*Significant New Alternatives Policy*，简称 SNAP 计划），将多种高 GWP 制冷剂从“可接受”清单变更到“不可接受”清单中，并按照 HFCs 的总体禁用过程列出了各行业禁用时间表。① 2020 年 12 月，美国国会颁布《美国创新和制造业法案》（*The American Innovation and Manufacturing Act*，简称 AIM 法案）并授权 EPA 制定 HFCs 限额计划与配额措施，以实现美国在《基加利修正案》下的减排目标。② 这些措施包括：逐步减少生产量

① 美国环境保护署：《重要新替代品政策》，https：//www.govinfo.gov/content/pkg/FR-2015-07-20/pdf/2015-17066.pdf。

② 美国环境保护署：《美国创新和制造业法案》，https：//www.epa.gov/climate-hfcs-reduction/aim-act。

和消费量，2036年前将美国HFCs的生产量和消费量减少85%；最大限度提高HFCs的回收率并减少设备的排放；促进向下一代空调制冷剂技术的转型升级。2021年10月，EPA发布了HFCs分配的最终规则，确定了HFCs生产和消费的基线水平。2022年1月1日，美国正式实施HFCs减排配额制度，美国实体企业需要按照EPA分配配额才能进行HFCs的生产和进口。上述举措实现了从源头控制HFCs的非法生产、贸易和使用，加快了HFCs的削减进程。

针对车用空调制冷剂，2015年7月更新的SNAP计划规定，自2021年起轻型车全面淘汰R134a制冷剂；2025年以前，出口车辆仍可继续使用R134a制冷剂；自2026年起，任何在美国生产或进口的轻型车将不再使用R134a制冷剂。R134a制冷剂的替代品种有HFC-152a、R744和R1234yf，但须符合相应的安全使用条件。此外，美国加州空气资源委员会在2010年制定了第三代“低排放车”标准，该标准要求从2017年起，全部车型必须采用GWP<150的空调制冷剂。

2. 制冷剂泄漏管控

针对所有制冷设备，EPA根据CAA法案第609条规定，扩大了制冷剂管理范围：增加了制冷剂及空调设备制造商的责任，将泄漏率阈值从15%降至10%；对超过泄漏率阈值的制冷剂及其空调设备进行必要的季度/年度泄漏检查或采用连续检测装置；含有50磅及以上的制冷剂系统年度泄漏量超过全部充注量的125%或更多的所有者/运营商需向EPA提交报告。

针对汽车空调系统，无论使用何种制冷剂，重型皮卡、货车以及半挂卡车的空调系统制造商都要提供防泄漏部件的使用证明。重型车空调系统的制冷剂年泄漏量不得超过11.0克或1.5%的年泄漏率（实际以较高者为准），泄漏量的具体测试标准参照美国汽车工程学会的标准。

在制冷剂泄漏测试方面，美国汽车工程学会制定了较为全面的车用空调制冷剂泄漏的测试标准，涵盖制冷剂系统设计、泄漏测试、乘客舱制冷剂浓度测试及维修测试等环节，主要有SAE J2727-2020、SAE J2763-2015、SAE J2772-2019和SAE J1628-2020标准。SAE J2727-2020用于估算新生产空调系统的年排放率，提供特定空调组件技术对应的制冷剂泄漏量的预测值；

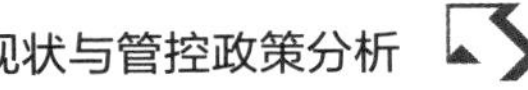

SAE J2763-2015 规定了正确组装的空调系统的制冷剂泄漏测试方法；SAE J2772-2019 规定了乘员舱中 R744、R1234yf 及其他制冷剂的浓度分析法及测试程序；SAE J1628-2020 为汽车维修工提供了用于维修乘用车空调系统的泄漏检测方法。

3. 空调维修管控

在汽车保养维修阶段，美国很多车主选择自己维修车辆，因此汽车空调维修过程中的制冷剂泄漏量明显高于世界其他大多数地区。因此，EPA 通过了旨在减少维修期间向大气泄漏制冷剂的相关规定，具体包括：①禁止制冷剂直接排放：CAA 法案第 608 条规定，禁止故意向大气中排放消耗臭氧层物质及其大多数替代品，包括所有氢氟碳化合物、HFOs 及其混合物，CO_2制冷剂除外；②维修人员培训和认证：CAA 法案第 609 条规定，任何从事车用空调系统维修和保养人员都必须按照 EPA 批准的计划进行培训和认证；③维修维护设备认证：车用空调服务商需要获得 EPA 的认证，并且用于维护、修理或处置机动车空调的设备也需要获得 EPA 的认证；④制冷剂安全处置要求：车辆报废时空调系统的安全处置要求；⑤销售限制和记录存档：CAA 法案第 609 条规定，禁止向 EPA 认证技师以外的人员出售小罐（小于 20 磅）R12 制冷剂。

4. 制冷剂积分激励

针对轻型车的制冷剂，EPA 出台了低 GWP 制冷剂和低泄漏率的积分奖励措施，具体的奖励积分值如表 4 所示，并使用汽车工程学会的 SAE J2727 标准来计算泄漏评分。该积分激励是帮助车企达到严格的车队平均二氧化碳标准的策略之一。同时，对于使用低 GWP 制冷剂的空调系统，为避免因采用低 GWP 制冷剂而忽略空调系统的防泄漏设计，所以在采用低 GWP 值制冷剂的空调泄漏积分计算公式中会扣除高达 1.8 克/英里的高泄漏指数值。在该积分激励措施下，2021 年美国 95%的新车采用低 GWP 制冷剂。[①]

---

① EPA, "The 2022 EPA Automotive Trends Report, Greenhouse Gas Emissions, Fuel Economy, and Technology since 1975", 2022.

表 4　制冷剂泄漏和低 GWP 制冷剂积分

单位：克/英里

车辆类型	皮带驱动压缩器 R134a	电机驱动压缩器 R134a	使用 GWP = 1 制冷剂的积分最大值
轻型乘用车	6.3	9.5	13.8
轻型卡车	7.8	11.7	17.2

资料来源：美国环境保护署网站。

（二）欧盟管控政策

欧盟是较早开展含氟温室气体排放控制的地区。欧盟主要采取限制使用和防止泄漏等措施以达到减少 HFCs 排放的目的，并用财政补贴刺激技术创新，善用法规提高市场的准入标准，通过总量配额控制逐步实现欧盟的减排目标。

1. 制冷剂准入管控

2000 年 6 月，欧盟启动"应对气候变化行动计划"，提出包括 HFCs 在内的温室气体减排要求，随后各成员国采取各种方法对 HFCs 排放进行削减控制。欧洲国家削减 HFCs 的主要手段是税收、财政补贴和禁令管控，具体的 HFCs 管控措施如表 5 所示（含非欧盟成员国）。在立法方面，欧盟通过了两项立法法案来控制含氟温室气体的排放，分别是针对全行业的《氟化气体条例》（842/2006/EC，也称 F-gas 法案），以及针对汽车空调的《关于机动车空调系统的温室气体排放控制指令》（2006/40/EC，也称 MAC 指令）。[①]

表 5　欧洲国家对 HFCs 等含氟温室气体采取的管控措施（含非欧盟成员国）

国家	HFCs 的管控措施
挪威	对含 HFCs 的进口产品及设备征收污染税
丹麦	新设备中禁止使用绝大部分的 HFCs；预防泄漏的密封检查； HFCs 征税；非 HFCs 替代技术推广
奥地利	在新设备中禁止使用绝大部分的 HFCs；对非 HFCs 的替代技术实行财政鼓励

① https：//eur-lex.europa.eu/legal-content/EN/ALL/？ uri=celex%3A32006L0040.

续表

国家	HFCs 的管控措施
瑞士	禁止多种 HFCs 的使用；对剩余 HFCs 使用实施减排措施； 限制 HFCs 新用途的发展；推广非 HFCs 替代技术；HFCs 进口汇报制度
塞尔维亚	GWP>150 的 HFCs 的进出口许可证制度及上报制度；禁止销售特定依赖于 F-Gas 的设备或产品；密封检查及强制气体回收；记录保存
瑞典	2008 年起，禁止 HFCs 在汽车空调上使用

资料来源：北京大学环境科学与工程学院，《管控 HFC 政策法规（研究报告）》，2018。

针对全行业的 HFCs，最初的《氟化气体条例》于 2006 年通过，2014 年欧盟第 517/2014 号条例更新了相关规定，并于 2015 年起开始实施。新条例要求欧盟 2030 年的氟化气体排放量较 2014 年减少 1/3。《氟化气体条例》通过向生产商和进口商分配氟化气体配额来限制欧盟内部氟化气体的总量，并对使用特定含氟温室气体的设备进行管控，包括污染防治、回收、产品上市限制、标识制度、泄漏检查规定以及人员培训认证等内容。①

针对车用空调制冷剂，由于受到《氟化气体条例》的配额控制影响，车辆维修所需的 R134a 制冷剂受到限制。并且，2022 年 4 月欧盟进一步加严了《氟化气体条例》的要求，特别是 HFCs 申请配额企业的资格、模式、投放市场阈值要求及违规惩罚措施等相关规定，例如，对于非法交易和投放市场的气体或商品，成员国将被执行产品/气体市场价最高 5 倍的罚款。MAC 指令则是明确规定，自 2017 年起，在欧盟市场上的所有新车中完全禁止使用 GWP 高于 150 的含氟温室气体。

2. 制冷剂泄漏管控

2006 年，MAC 指令主要限定了机动车空调系统中使用的 R134a 及其他含氟温室气体。该指令包括以下要求：①针对 2008 年起新核准的车辆类型和 2009 年起所有在欧盟销售的车辆，有一个蒸发器的车载空调系统如果包括 GWP 高于 150 的气体，每年的制冷剂泄漏量必须低于 40 克/年。如果系

① https：//ec. europa. eu/clima/eu-action/fluorinated-greenhouse-gases_ en.

统有两个蒸发器，泄漏量必须低于 60 克/年，泄漏量按照（EC）No 706/2007 标准进行测试。②自 2011 年起，所有定型获批的新车空调系统必须使用 GWP 不高于 150 的制冷剂。③自 2017 年起，在欧盟市场上的所有新车中完全禁止使用 GWP 高于 150 的含氟温室气体。车载空调系统中含有这些气体的新车不得在欧盟注册、销售或投入使用。④为空调系统提供服务和维修的服务提供商，在完成必要的维修之前，如果系统中泄漏了异常剂量的制冷剂，则不得向此类设备加注氟化温室气体。

（三）日本管控政策

日本通过制冷剂准入管控、生产者责任延伸制以及回收处理预付费制度对车用空调制冷剂进行管控。回收处理预付费制度可有效防止回收费用的拖欠，使制冷剂回收处理有稳定的资金来源，有利于汽车回收处理业的发展，并减少车主违法遗弃报废车辆的可能性。但是，预付费用与实际产生的费用可能不完全一致，将导致过度征收或收费不足的问题。

1. 制冷剂准入管控

2015 年 4 月，日本经济产业省修订了《氟碳化合物回收与销毁法》，更名为《氟碳化合物合理使用和妥善管理法》，新法案监管整个经济范围内的氢氟碳化物的使用，包含自 2023 年起日本车载空调必须使用 GWP 低于 150 的制冷剂。① 2018 年 3 月，日本经济产业省根据《基加利修正案》对《臭氧层保护法》进行了修订并于 2019 年 1 月 1 日开始实施，法案规定了 HFCs 的生产量和消费量限额以及生产、进口 HFCs 的管理办法等。其中的主要措施有：①生产量与消费量控制：经济产业大臣及环境大臣根据议定书，规定并公布应遵守的替代性氟利昂②的生产和消费量的限度；②生产和进口替代

---

① https://elaws.egov.go.jp/search/elawsSearch/elaws_search/lsg0500/detail?lawId=413AC1000000064.

② 含氟气体包括氢氟碳化物（HFCs）、全氟化碳（PFCs）、六氟化硫（SF_6）和三氟化氮（NF_3）等气体；氟碳化合物包括氟氯烃（CFC）、氢氯氟烃（HCFC）、氢氟碳化物（HFCs）、全氟化碳（PFCs）等含碳的含氟气体；氟利昂包括氟氯烃（CFC）、氢氯氟烃（HCFC）、氢氟碳化物（HFCs）等。

氟利昂管理：生产和进口的企业必须得到经济产业大臣的许可。

2. 制冷剂回收管控

针对全行业的 HFCs，2001 年 6 月，日本颁布了针对包括 HFCs、CFCs 以及 HCFCs 在内的《氟碳化合物回收与销毁法》（*Fluorocarbons Recovery and Destruction Law*）。该法旨在通过对氟碳化合物进行规范化的回收与销毁，明确相关操作方的责任与义务，限制氟碳化合物的排放。该法适用于工业制冷设备与汽车空调设备的相关制造方、日本公民、中央与地方政府，即上述各方均负有“在设备报废前确定回收氟碳化合物、开发替代物质或替代设备，限制氟碳化合物从设备中排放”的责任。该法明确了氟碳化合物设备责任主体及具体内容，包括登记、注册、许可、付费、标识和记录等程序或资质性要求，以及各级政府管理部门需承担的行政、立法及推动研发责任要求。2015 年 4 月，日本经济产业省修订了《氟碳化合物回收与销毁法》，并更名为《氟碳化合物合理使用和妥善管理法》，显示了对车用空调制冷剂的基本管理要求。

针对车用空调制冷剂，2002 年 7 月，日本颁布了《报废汽车回收法》（*End-of-Life Vehicles Recycling Law*），该法对报废汽车中的氟碳化合物回收和处置进行了具体规定。该法规定自 2005 年 1 月 1 日起，汽车制造商必须回收含氟碳化合物的汽车空调，车用空调制冷剂氟碳化合物的回收按《氟碳化合物回收与销毁法》进行监督。该法还明确了汽车制造商、汽车进口与出口商、汽车所有者、汽车回收商等产业主体的责任范围，主要包括：①扩大生产者责任制：汽车生产商必须承担回收并处理报废汽车全车责任，通过制定收集工厂和拆解工厂之间的废旧汽车收集和运送规程以建立回收网络，确保破碎残渣和其他废物输送给汽车生产商；②回收处理预付费制：汽车所有者在购买新车时必须支付一笔包含所有回收成本的费用，即由车主承担回收费用并采用事先征收、统一管理和逐级支出的管理方式；③制冷剂回收：回收商将汽车转交给氟碳化合物处理者，销毁人员负责处理氟碳化合物之类的物质，并向公共机构报告。

（四）中国管控政策

中国历来重视非 CO_2 温室气体排放，《国家应对气候变化规划（2014~2020 年）》《“十二五”控制温室气体排放工作方案》《“十三五”控制温室气体排放工作方案》《关于完整准确全面贯彻新发展理念做好碳达峰碳中和工作的意见》等文件都明确了控制非 CO_2 温室气体排放的政策措施。但是，与发达国家相比，我国对于 HFCs 的管理步伐相对滞后，总体上，呈现三个阶段。在 2014 年以前（第一阶段），主要通过清洁发展机制或国际合作等方式推广 CO_2、HFCs、CH_4、N_2O 等温室气体的减排与控制技术，这一阶段以加强所有温室气体的排放治理水平为目标。2014 至 2020 年（第二阶段），通过焚烧处置以减少二氟一氯甲烷生产过程的副产物三氟甲烷（HFC-23）排放。这一阶段集中在控制高 GWP 值三氟甲烷的直接排放（三氟甲烷的 GWP 值为 14800，《基加利修正案》中将其单列到第二组），企业主要分布在江苏、浙江、江西、山东、四川等五个生产二氟一氯甲烷的省份。为此，国家发改委启动了为期 5 年的财政补贴项目《关于下达氢氟碳化物削减重大示范项目 2014 年中央预算内投资计划的通知》（发改投资〔2014〕2533 号）。该项目通过年度“核查+补贴”的方式，对三氟甲烷的焚烧和转化利用等进行财政补贴，截至 2019 年，共支付补贴约 14.17 亿元，累计削减 6.53 万吨三氟甲烷，相当于减排 9.66 亿吨二氧化碳当量。[①] 在 2020 年以后（第三阶段），即《基加利修正案》在我国正式生效后，中国进入全行业 HFCs 总量控制阶段，在建立管理制度、调整产业结构等方面开展系列行动。因此，本部分将从全行业总量控制与汽车行业进展分开介绍。

1. 全行业总量控制

在管理制度方面。一是修订管理条例，2020 年 5 月，为应对《基加利修正案》的实施，生态环境部组织对《消耗臭氧层物质管理条例》进行了

---

① 国务院新闻办公室：《中国应对气候变化的政策与行动》，https://www.mee.gov.cn/zcwj/gwywj/202110/t20211027_958030.shtml。

修订，形成《消耗臭氧层物质和氢氟碳化物管理条例（修订草案征求意见稿）》，拟将 18 种 HFCs 纳入条例的管控范围。征求意见稿规定，县级以上生态环境主管部门需要对 HFCs 的生产、销售、使用、进出口、维修、回收、再生利用或者销毁等活动进行监督检查，并应当将相关单位的违法信息纳入信用信息共享平台，向社会公布。二是纳入受控物质清单，2021 年 10 月，生态环境部发布《中国受控消耗臭氧层物质清单》，将 18 种 HFCs 纳入清单，并注明其主要用途和削减义务，作为我国逐步实施 HFCs 削减的管理依据。三是进出口管理办法，2021 年 8 月，生态环境部修订了 2014 年发布的《消耗臭氧层物质进出口管理办法》，对申请进出口配额的单位的要求进行了修改。四是修订进出口名录，2021 年 10 月，为满足《基加利修正案》的要求，生态环境部会同商务部、海关总署修订发布了第七批《中国进出口受控消耗臭氧层物质名录》。基于我国当前对消耗臭氧层物质的进出口管理，新修订的名录将 18 种 HFCs 及其混合物纳入以前的名录。自 2021 年 11 月 1 日起，我国将正式开始对 HFCs 进出口贸易实行进出口许可证制度。从事 HFCs 进出口业务的企业，应按照《消耗臭氧层物质进出口管理办法》的规定提出申请，经国家消耗臭氧层物质进出口管理办公室批准后，向商务部或受商务部委托的发证机构申领进出口许可证，凭进出口许可证办理通关手续，并遵守相关法律法规。

在调整产业结构方面，一是严格控制现有产能。2021 年 12 月，生态环境部联合相关部门发布《关于严格控制第一批氢氟碳化物化工生产建设项目的通知》，优先管控生产规模大、部分领域替代路线明确的 5 种 HFCs 的化工生产建设项目，5 种物质包括二氟甲烷（HFC-32）、1，1，1，2-四氟乙烷（HFC-134a）、五氟乙烷（HFC-125）、1，1，1-三氟乙烷（HFC-143a）和 1，1，1，3，3-五氟丙烷（HFC-245fa），严格限制项目的新建、扩建。二是销毁工业副产三氟甲烷。2021 年 9 月，为满足《基加利修正案》对工业副产三氟甲烷排放的管理要求，生态环境部发布《关于控制副产三氟甲烷排放的通知》。通知要求，自 2021 年 9 月 15 日起，所有副产三氟甲烷应尽可能进行销毁处置，不得直接排放；除作为原料用途和受控用途使用外，副产三氟甲烷应采用《关于消耗臭氧层物质的蒙特利尔议定书》缔约方大会核准的销毁技术尽可能销毁处置。三是引导企业开展低 GWP 值制冷剂的生产与使用，2019 年 6 月，国家发改委联合七部门印发《绿色高效制冷行动方案》，引导企业加快转换为采用低 GWP 制冷剂的生产线，限控 HFCs 的使用，严格控制生产过程中制冷剂的泄漏和排放。鼓励制定低碳环保类制冷剂的产品标准与安全标准，促进低 GWP 值制冷剂的推广应用。

2. 汽车行业进展

在汽车空调制冷剂泄漏方面，目前有 2 项推荐性国标和 1 项团体标准，分别是《汽车用空调器》（GB/T 21361-2017）、《汽车用电驱动空调器》（GB/T 37123-2018）、《汽车空调制冷剂（R-134a）泄漏测试方法及限值》（T/CAS 599-2022）。其中，《汽车用空调器》规定了两种密封性要求，一种是按照 SAE J1628 规定的操作规程，采用便携式电子制冷剂泄漏检测仪进行检测，要求不应检测到有泄漏量。另一种是充注干燥氮气使其达到机组运行的最大压力时封口，采用氦气检测法，要求泄漏率应低于 5 克/年。《汽车用电驱动空调器》则只规定了按照 SAE J1628 规定的操作规程，采用便携式电子制冷剂泄漏检测仪进行检测，要求不应检测到有泄漏量。团体标准《汽车空调制冷剂（R-134a）泄漏测试方法及限值》规定了 M_1 和 N_1 类汽车空调系统制冷剂 R-134a 检漏的试验设备、预处理及采样、测定及结果计算和泄漏限值。可以看到，目前的国家标准并未规定制冷剂泄漏的测试方法与泄漏限值，其检漏目的是验证空调系统的密封性，测试方法上与美国在维修阶段的检测方法一致。

在汽车空调维修方面，为规范机动车维修经营活动、保护环境，以及节约能源，促进机动车维修业的健康发展，2021 年 8 月 11 日，交通运输部第四次修正《机动车维修管理规定》，指出从事汽车维修的企业，应该满足国家标准《汽车维修业开业条件》（GB/T 16739）相关条款要求。《汽车维修业开业条件》规定，汽车空调维修应至少有 1 名经过专业培训的人员，拥有冷媒回收净化加注设备。行业标准《汽车空调制冷剂回收、净化、加注工艺规范》（JT/T 774-2010）规定了汽车空调维修企业汽车空调制冷剂的

回收、净化、加注作业的流程，对维修人员提出了持证上岗的要求。行业标准《汽车空调制冷剂回收、净化、加注设备》（JT/T 783-2010）规定了汽车空调维修企业汽车空调制冷剂的回收、净化、加注作业的设备要求。

在报废机动车回收方面，为了规范报废机动车回收活动、保护环境、促进循环经济发展，2019 年 6 月，国务院发布《报废机动车回收管理办法》。其第十四条规定，拆解报废机动车，应当遵守环境保护法律法规和强制性标准，采取有效措施保护环境，不得造成环境污染。为贯彻《报废机动车回收管理办法》等法规，防治报废机动车拆解过程的环境污染，2019 年 12 月，新版强制性国家标准《报废机动车回收拆解企业技术规范》（GB 22128-2019）发布，标准第 6.2.4 节规定，不同类别的制冷剂应分别回收，使用专门容器单独存放。2022 年 7 月，生态环境部发布行业标准《报废机动车拆解企业污染控制技术规范》（HJ 348-2022），标准第 7.2.4 节规定，报废机动车回收企业对制冷剂应进行分类回收，并交由具有相应资质的专业单位进行处置，不直接排放，但仍需进一步优化明确相关责任主体及管理机制。

总体上，我国对于 HFCs 的全面管理还处于起步阶段，对 HFCs 主要按照消耗臭氧层物质进行履约管理。目前，正在开展国家层面的 HFCs 管控，但尚未建立车用空调 HFCs 的减排目标、实施路径和监管体系，对车用制冷剂准入管控、运行泄漏、维修管控等排放环节缺乏相应规定，对车用制冷剂的泄漏检测缺乏相应的测试标准支撑，对低 GWP 值制冷剂替代缺乏相应技术激励政策。

四 发展建议

在《基加利修正案》和“双碳”战略的双重背景下，通过对我国车用制冷剂的主流品种及其替代品的分析，以及梳理国内外有关车用制冷剂的管控政策，发现我国当前车用制冷剂主要是 R134a、R404A、R407C、R410A 等高 GWP 制冷剂，低 GWP 车用制冷剂的规模化应用还需要持续进行具有自主产权的制冷剂开发、空调技术匹配、产线改造等相关工作。同时，发达国家的管理体系涉及制冷剂准入、使用泄漏、维修管控、报废回收、政策激励等全生命周期环节。相比发达国家，我国尚未建立车用空调制冷剂 HFCs 的行业减排目标、监管体系、标准体系和激励措施。为加强车用空调制冷剂管控，促进行业高质量发展，提出如下建议。

（一）推动车用制冷剂及其配套技术协同进步

汽车空调具有温度范围宽、切换模式多、控制要求高、使用场景复杂等特点，制冷剂既对空调系统的性能实现起到积极作用，也对传统空调技术的适用性起到限制作用，低 GWP 制冷剂的替代涉及氟化工、空调企业、汽车生产、报废拆解等多领域。例如，R290 制冷剂的易燃性需要更安全的空调系统，R744 制冷剂需要更高压力的运行条件，热泵空调系统对制冷剂的低温制热性能提出更高要求。因此，针对车用制冷剂，要整合国内外的技术资源，开发温室效应低、低温制热性能好、运行条件较为温和的车用制冷剂，实现 1~3 种低 GWP 制冷剂的规模化生产，实现技术自主与成熟替代方案；针对空调系统，新型制冷剂需要适配不同的空调组件技术及其系统技术，充分考虑地区差异、安全性、能效、成本和适用性等特点，进行相应技术开发，如空调控制逻辑、通风设计、模块化开发等；针对产业链上下游，新型制冷剂替代还涉及生产线、人员培训、售后维修等技术改进，需要进行制冷剂及其配套技术的协同进步，以适应汽车对低 GWP 制冷剂的替代。

（二）制定车用制冷剂的减排目标及实施路径

我国对于 HFCs 的管控进入全行业总量控制阶段，明确了我国 HFCs 的受控范围、产能控制、进出口管理等措施。但是，车用空调制冷剂作为我国 HFCs 的主要用户之一，存在减排目标不明、实施路径缺失的问题，尚未制定车用空调制冷剂 HFCs 的减排目标及实施路径，不利于车用制冷剂 HFCs 减排工作的有序开展。首先，应按照《基加利修正案》的要求与计算规则，披露我国 HFCs 的生产总量与消费总量基线值，明确国内生产和国外进口的排放总量基线值。其次，应按照汽车行业历史消费量与未来车辆保有量等数据信息，基于全国总量控制目标，制定车用制冷剂 HFCs 的分阶段减排目标与实施路径。最后，以行业减排目标和经济技术水平，制定高 GWP 制冷剂禁用时间表，通过需求引领低 GWP 制冷剂及其配套技术的开发应用。

（三）建立车用制冷剂的监管体系及测试标准

发达国家将制冷剂和空调系统作为一个整体进行管控，相比发达国家的管理经验，我国尚未建立车用空调制冷剂全生命周期相关的核查登记制度、管理措施及测试标准。在制冷剂准入阶段，可对车用空调制冷剂类型及 GWP 等提出限制要求或鼓励方向，对流入新车加注与维修加注的制冷剂进行总量摸排，对购买高 GWP 制冷剂的企业或人员进行限量或登记，从源头加快高 GWP 制冷剂的淘汰；在新车设计阶段，针对空调关键零部件、空调总成系统、整车乘员舱等建立泄漏测试标准，规定相应组件、系统的制冷剂年泄漏量限值，强制粘贴制冷剂种类、用量、检测方法等信息标签，从源头降低制冷剂泄漏导致的直接排放；在汽车维修阶段，制定空调维修过程对制冷剂的处理要求、人员培训、资质认证等措施，避免维修过程将制冷剂直接排放到大气中以及不规范的回收处理；在制冷剂报废回收阶段，在现阶段的《报废机动车拆解企业污染控制技术规范》的基础上，强化维修阶段、报废回收、销毁处置各环节的相关方的主体责任，明确相关方在登记、注册、许可、标识和记录、最终处置等程序或资质性要求。

（四）建立制冷剂及产业链迭代升级激励政策

车用空调制冷剂的替代工作比固定式制冷设备的要求更高，国内尚没有明确的制冷剂替代方向，需要继续投入大量的人力财力并联合产业链进行技术攻关。为缩短制冷剂的替代周期，可通过激励政策措施来鼓励企业开展制冷剂及其配套技术的产业化应用。例如，在排放标准中，开展低 GWP 制冷剂与低泄漏率空调系统的奖励机制研究，鼓励车企采用低 GWP 制冷剂或采用泄漏率更低的空调系统；对开展车用制冷剂迭代、回收、销毁的示范项目或产业化应用项目予以低息贷款或税收减免，引导汽车行业开展技术研发、车型设计、产线改造、回收技术等应对工作；鼓励制冷剂及整车企业有序开发 HFCs 类型的国家核证自愿减排量（CCER）项目，纳入全国自愿性碳交易市场。

参考文献

胡建信：《汽车空调 HFCs 制冷剂减排绿皮书》，北京大学环境科学与工程学院，2018。

金益腾、龚道琳、张晓锋：《十年轮回，未来已来——制冷剂行业深度报告》，开源证券，2021。

林军、胡俊杰、李仓敏等：《〈蒙特利尔议定书〉受控物质制冷剂回收再用管理模式研究报告》，生态环境部固体废物与化学品管理技术中心，2022。

薛庆峰、田长青、邹慧明等：《2020 年度中国汽车空调行业发展报告》，中国汽车工业协会汽车空调委员会，2021。

乔斯·德贝克（Jos Delbeke），彼得·维斯（Peter Vis）：《欧盟气候政策说明》，https：//climate. ec. europa. eu/system/files/2017-02/eu_ climate_ policy_ explained_ zh. pdf。

张凯、欧阳洪生、张董鑫等：《电动汽车热泵空调冷媒研究进展》，《浙江化工》2021 年第 7 期。

杨柳含子等：《中国汽车空调温室气体减排措施及政策建议》，国际清洁交通委员会，2022。

B.10
汽车全生命周期碳排放核算现状分析与发展建议

陈文昊　余浩　冉楤乂　朱宗强*

摘　要：　从全生命周期的角度评价产品的碳排放是国际社会碳管控关注的热点，汽车行业涉及领域多、上下游产业链长，有必要从全生命周期的角度对其进行评估。汽车产品的全生命周期碳排放主要分为以车用能源为主的燃料周期碳排放和车辆制造为主的车辆周期碳排放。本文对国内外与汽车产品相关的碳排放核算方法、标准、软件模型、行业现状等进行了分析。分析发现，当前国际上发布的一系列ISO标准及PAS 2050等产品碳足迹通则还无法为汽车行业提供针对性核算指导，世界车辆法规协调论坛牵头的汽车全生命周期碳排放核算方法也仍在制定中，当前仍缺乏对于汽车行业指导性的碳核算方法。我国汽车行业开展全生命周期碳排放评价与管理起步较晚，实践经验尚不充分，仍需解决与完善本土化因子数据库、核算标准体系、核算模型、供应链管控体系等问题。

关键词：　碳排放核算　全生命周期评价　汽车行业

---

* 陈文昊，博士，中国汽车工程研究院股份有限公司副研究员，主要研究方向为全生命周期碳排放核算；余浩，博士，中国汽车工程研究院股份有限公司高级工程师，主要研究方向为汽车绿色低碳测试评价、碳排放核算；冉楤乂，中国汽车工程研究院股份有限公司工程师，主要研究方向为汽车制造碳排放核算；朱宗强，中国汽车工程研究院股份有限公司工程师，主要研究方向为汽车绿色低碳测试评价。

一　汽车全生命周期碳排放核算概况

近年来，极端气候事件频发，全球主流经济体就控制碳排放[①]达成共识。我国也郑重作出“中国力争在2030年前实现碳达峰，在2060年前实现碳中和”的承诺。交通行业作为碳排放增长较快的行业之一，面临巨大的减排压力。目前，我国交通领域的直接二氧化碳排放量约占全国总排放量的10%，其中以汽车为主的道路交通占比高达75%以上。随着我国汽车行业的高速发展，汽车保有量进一步提高，新能源汽车的大力推广一定程度上减少了使用过程的碳排放，但传统能源汽车仍在不断增多，碳排放有效管控仍然非常重要。此外，与汽车相关的碳排放核算范围还应包含能源生产与整车制造等阶段，因此，需要从“能源生产—汽车制造—道路运行—循环利用”全生命周期的维度对碳排放进行核算，由此看来，汽车行业的碳排放量贡献可能更大。世界车辆法规协调论坛（WP. 29）从2022年底启动汽车全生命周期碳排放核算方法学研究；欧盟于2023年7月正式发布（EU）2023/1542电池与废电池法，提出碳足迹申报要求，其在2023年4月发布的（EU）2023/851新型乘用车和轻型商用车二氧化碳排放标准中，明确提出，计划在2025年底发布汽车全生命周期的二氧化碳的评估方法，企业可以从2026年7月1日起采用自愿原则申报车辆全生命周期的二氧化碳排放值；法国计划于2024年将汽车全生命周期碳排放作为新能源汽车补贴的必要条件；中国政府主管部门近期发布了加快建立重点产品碳足迹管理体系的政策要求。汽车作为我国工业体系的重点产

---

① 碳排放：本文指以二氧化碳当量表示的温室气体排放，包括二氧化碳（CO_2）、氧化亚氮（N_2O）、甲烷（CH_4）、氢氟碳化合物（HFCs）、全氟碳化合物（PFCs）、六氟化硫（SF_6）与三氟化氮（NF_3）等温室气体。CO_2当量：将某一温室气体的辐射强迫与CO_2进行比较的单位，温室气体的质量乘以相应的温室气体全球变暖潜势（GWP）将其转化为CO_2当量。全球变暖潜势（GWP）：特定时间内某一温室气体单位质量相对于CO_2当量的辐射强迫影响的特征因子。

品，需要开展相应的全生命周期碳排放管理体系建设，为应对未来国内外相关监管提供有力支撑。

2009 年世界可持续发展工商理事会（WBCSD）与世界资源研究所（WRI）共同发布了《温室气体核算体系》（*Green House Gases Protocol*，GHG Protocol），根据来源将温室气体排放分为三个范围，为企业温室气体盘查/核查及产品碳足迹核算提供指导。

Scope1（范围 1——直接排放）：企业直接控制的燃料燃烧活动和物理化学生产过程产生的直接温室气体排放。典型的范围 1 涵盖燃煤发电、自有车辆使用、化学材料加工和设备的温室气体排放。

Scope2（范围 2——间接排放）：企业消耗外购能源所间接导致的温室气体排放。典型的范围 2 包括电力、热力、蒸汽和冷气消耗的温室气体排放。

Scope3（范围 3——价值链上下游各项活动的间接排放）：企业上下游供应链活动中产生的温室气体排放。典型的范围 3 涵盖原材料和零部件的生产、成品运输、产品使用及废弃物处理等环节所产生的温室气体排放。

汽车全生命周期碳排放核算需包括范围 1、范围 2、范围 3 的所有温室气体，主要采用全生命周期评估（Life Cycle Assessment，LCA）方法学进行核算。目前 ISO 体系下的 LCA 国际通用标准主要有《生命周期评价——原则与框架》（ISO 14040）①、《生命周期评价——目标范围的确定及清单分析》（ISO 14041）、《生命周期评价——影响评价》（ISO 14042）、《生命周期评价——解释》（ISO 14043）、《生命周期评价——要求和指南》（ISO 14044）② 等一系列标准。基于标准化的方法学与评估体系，LCA 被广泛应用于产品全生命周期环境影响评价与优化设计。

目前，用于 LCA 建模的软件主要有国外的 SimaPro、GaBi、OpenLCA 以

---

① ISO，"Environmental Management-Life Cycle Assessment-Principles and Framework"，ISO 14040，2006.

② ISO，"Environmental Management-Life Cycle Assessment-Requirement and Guidelines"，ISO 14044，2006.

及国内的 eBalance 等（见表 1）。作为通用型 LCA 工具，这些软件具有较为丰富的全生命周期碳排放核算因子库，用户可以根据目标系统的工程特点选取合适的核算因子，构建有针对性的 LCA 模型，因此，这些软件适用于包括汽车在内的所有行业。国外 LCA 软件主要配备的是 Ecoinvent、GaBi 等数据库，其所包含的能源、材料、工艺、运输及废弃物处理等类型的数据可达 18000 条以上。① 这些数据库中的各因子模型主要以国外的生产系统为模板，虽然也包含中国的部分能源与材料因子数据，但因子模型的时效性不够高，因子数据难以代表中国现有工业体系的工程特性。国内 LCA 软件 eBalance 及平台化产品 eFootprint 虽然使用本土化数据库 CLCD，但相比 Ecoinvent、GaBi 等数据库，CLCD 的数据量较少。相较于上述 LCA 通用型软件，美国阿贡国家实验室的 GREET 模型及 GaBi 拓展数据库包含了部分针对汽车领域的 LCA 核算模型，可以用于燃料及部分汽车零部件的全生命周期评估。但是这些模型以欧美系统为主，部分模型参考的生产系统年代较远，加工过程的能耗与排放数据也存在缺失的情况。为了准确获取我国汽车产品的碳足迹信息，需要针对我国汽车制造产业链的工程特性，开发具有高时空精度的本土化碳排放因子数据库，提高活动数据采集的工程细节颗粒度。

表 1　主流 LCA 软件模型对比分析

项目	SimaPro	GaBi	OpenLCA	eBalance	GREET
开发机构	荷兰 PRé Sustainability	德国 Sphera	德国 GreenDelta	中国 亿科环境科技	美国 Argonne 实验室
数据库	Ecoinvent、Agri-footprint、Industry data library 等	GaBi Professional 及汽车产品等拓展数据库	Ecoinvent、Agri-footprint、Carbon Minds 等数据库	CLCD 及 Ecoinvent 老版数据库	GREET 自建数据库

① GaBi 官网，https：//sphera. com/life-cycle-assessment-lca-database/。

续表

项目	SimaPro	GaBi	OpenLCA	eBalance	GREET
行业使用范围	所有行业	所有行业	所有行业	所有行业	能源及交通行业
优势	全球 LCA 领域头部软件，行业数据最全，更多用于学术研究	全球 LCA 领域头部软件，数据主要来自行业调研，数据量与 SimaPro 接近，偏重行业应用	可以集成各大主流与小众数据库，数据库整合自由度高	拥有中国本土化数据库 CLCD，部分能源与材料基础数据更有中国代表性	专注于交通领域的温室气体模型
缺陷	汽车交通领域的基础数据不够完善	交通行业数据主要来自德国生产系统，且年份较久	操作界面、功能等方面与 SimaPro、GaBi 相比不够完善	基础数据的行业覆盖面有限，尤其是交通制造业	数据与模型以美国系统为主，且部分制造模型颗粒度较大、建模自由度不如通用型 LCA 软件

现阶段国际主流的全生命周期碳排放核算标准有 ISO 14067、GHG Protocol 产品核算标准、PAS 2050 等，这些标准基于全生命周期评估方法，对温室气体单一环境指标做出核算规范，适用于所有产品的核算。但不同产品的生产系统及使用特性差别较大，LCA 核算通则难以规范具体产品的碳排放核算细则。因此，需要建立有针对性的产品全生命周期碳排放核算标准，即产品类别规则（Product Category Rules，PCR）。目前，全球已公布的 PCR 主要来自欧盟国家。与汽车产业链相关的 PCR 种类有限，其中由欧盟委员会联合研究中心（The European Commission's Joint Research Center，JRC）开发的电池 PCR 以及国际环境产品声明系统（The International Environmental Product Declaration System，EPD System）开发的客车 PCR 具有较高影响力，但其他汽车零部件的 PCR 仍有待开发。相比欧盟，国内汽车领域的 PCR 起步较晚，部分机构与企业开始围绕动力电池开展 PCR 开发研究，但不同机构的动力电池 PCR 存在差异，如功能单位及系统边界的选择。目前我国动力电池 PCR 以团体标准为主，尚缺乏国家或行业标准，不利于与国外有影响力的 PCR（如欧盟的电池 PEFCR）形成互认机制。

由于全球目前没有针对汽车的全生命周期碳评估方法，因此 2022 年联合国欧洲经济委员会（UNECE）世界车辆法规协调论坛（WP. 29）的污染和能源工作组（The Working Party on Pollution and Energy，GRPE）会议上有代表提出建议：为了获得全面的、具有可比性和一致性的评估数据，且考虑整个过程的能源使用、能源路径和汽车类型，需要定义和开发全球统一的汽车全生命周期评估方法（简称 A-LCA）。2023 年初，该工作组正式成立，根据其工作计划，在 2025 年将形成一个 WP. 29 框架下的决议，该决议可为政策决策提供支撑，鼓励汽车行业减少碳排放。目前该工作组下设了 7 个子工作组（Sub-Group，SG），涉及总体规划、车用原材料、零部件与车辆生产、车辆使用、报废处理、燃料和能源生产、文件编制等七个方面的工作。中国作为两个子工作组的联合牵头方之一，深度参与了工作组的相关工作。

二　汽车全生命周期碳排放核算方法

（一）产品全生命周期碳排放核算方法

ISO 14040/44 及 ISO 14067 标准为产品全生命周期碳排放核算提供了通用的方法学与标准。目前汽车行业尚未构建针对汽车产品的全生命周期碳排放核算标准，因此汽车行业在进行全生命周期碳排放核算时的参考标准以 ISO 14067 为主。该标准主要可分为四步。首先，确立产品全生命周期碳排放核算的目标及范围。针对乘用车，多数研究选择的是功能单位为 15 万公里行驶里程，其完整生命周期的系统边界包括原材料采购、生产制造、物流运输、使用阶段及废弃处理等环节。其次，进行全生命周期清单分析。收集系统边界内各个生命周期阶段的物质流、能量流与排放流数据，评估数据的可靠性和代表性，确保系统边界内数据的完整性和一致性。再次，选取适当的全生命周期影响评价方法学，将收集的数据转换为二氧化碳等效排放量，并对不同生命周期阶段的排放量进行加权计算。产品生命周期内各环节的碳排放核算公式如下。最后，对计算结果进行分析，识别主要的排放源，并制定减少碳排放的具体优化方案。

$$C_{Process} = \Sigma(Q_{Energy,k,i} \times CF_{Energy,k,i} + Q_{Material,k,j} \times CF_{Material,k,j} + E_{Direct,k})$$

式中：$C_{Process}$为具体单元流程内的碳排放，单位为千克二氧化碳当量（$kgCO_2e$）；$Q_{Energy,k,i}$、$Q_{Material,k,j}$分别为制造加工环节 k 所需能源 i、材料 j 的单位数量；$CF_{Energy,k,i}$、$CF_{Material,k,j}$分别为制造加工环节 k 所需能源 i、材料 j 的单位碳排放因子；$E_{Direct,k}$为制造加工环节 k 所产生的直接温室气体总排放，单位为千克二氧化碳当量（$kgCO_2e$）。

（二）汽车产品全生命周期碳排放核算方法

基于汽车全生命周期碳排放特性，行业内一般将汽车碳排放核算分为燃料周期与车辆周期两个维度（见图 1）。燃料周期或称 Well-to-Wheels（WTW），指的是燃料从原材料开采加工、原料运输、燃料合成、成品储运到燃料使用的完整生命周期。燃料周期可以进一步划分为燃料生产阶段（Well-to-Tank，WTT）与燃料运行阶段（Tank-to-Wheels，TTW）。从碳排放核算角度，前者主要关注燃料原料、合成工艺及供应链结构对碳排放的影响，后者则更多关注燃料类型和燃烧效率等因素对碳排放的综合效应。车辆周期包含汽车制造所需的原材料及零部件生产、材料运输、整车制造、车辆使用及报废处理等环节。由于汽车零部件数量繁多，不同零部件所涉及的技术工艺、生产系统及供应链结构差异性较大，因此车辆周期的碳排放核算相较于燃料周期更为复杂。此外，不同汽车的碳排放分布也存在差异，传统燃油车主要集中于燃料周期的燃料使用阶段，而新能源汽车车辆周期的零部件制造碳排放占比较大。

燃料周期与车辆周期均包含原料开采运输、加工冶炼、储运使用等环节，两者的主要差异在于车辆周期涉及的零部件种类更多，所采用的生产工艺与供应链网络更为复杂。相对而言，如石化燃料的生产流程更短，工艺标准化程度更高。因此，对车辆周期进行全生命周期碳核算所需的数据量更

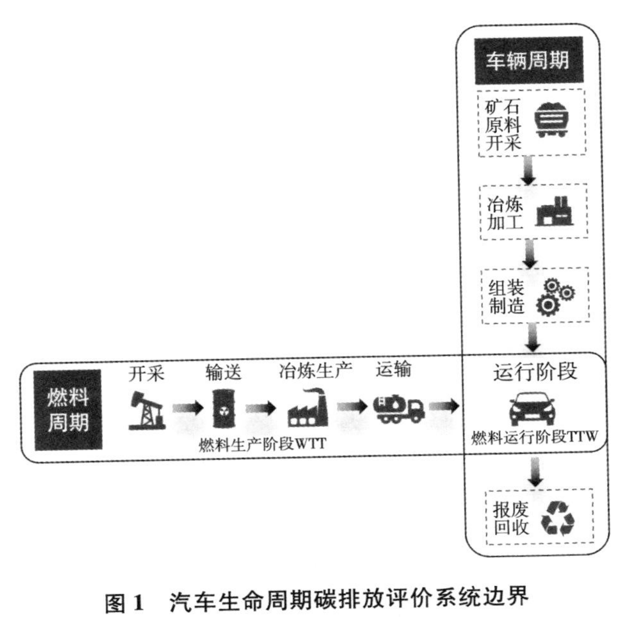

图 1　汽车生命周期碳排放评价系统边界

资料来源：《汽车生命周期温室气体及大气污染物排放评价方法》（T/CSAE91-2018）。

为庞大。目前，学术界也有不少关于车辆周期的碳排放研究，但绝大部分研究并非基于生产实践的一手数据，存在部分生产环节被忽略或者生产活动数据缺失等情况，故难以准确核算汽车产品的碳排放量，尤其是动力电池这类工艺较为复杂的产品。此外，车辆周期还包含汽车报废回收环节，部分零部件涉及梯次利用与再生循环等处理阶段。以动力电池为例，从汽车上退役的电池剩余容量较高，可以在多个系统中梯次利用。汽车动力电池的梯次循环系统可能较为复杂，如何在不同产品系统中分配动力电池的碳排放是目前行业的难点之一，这也增加了循环利用阶段碳排放核算的难度。

综合来说，汽车的全生命周期碳排放受到多种因素的影响，如燃料类型、车辆类型、驾驶方式、制造和回收过程等。不同研究选取的评估对象、系统边界、数据取舍标准及数据质量等因素往往存在差异，进而导致各研究之间的可比性较低。因此，汽车行业需要根据具体产品的工程特性，在符合

ISO 14067、PAS 2050 等国际全生命周期碳排放核算通则的基础上，开发针对汽车产品及零部件的碳核算标准（即 PCR），明确功能单位、系统边界、环境分配原则、数据质量与数据取舍规则等核算关键因素。目前，欧盟已经建立了适用于产品环境管控的环境足迹体系（Product Environmental Footprint，PEF），并开发了包括动力电池在内的 21 大类产品的 PCR。未来 PEF 将被逐步用于跨境贸易产品的碳足迹管控，受管控产品类别也将逐步扩大，并有可能覆盖整车级别的汽车产品。

三　我国汽车全生命周期碳排放核算发展现状

我国确立“双碳”目标以来，汽车行业开始更加关注全生命周期碳排放管控。行业关注重点也从单一的运行环节向燃料、零部件生产制造及汽车报废处理等环节延伸。从燃料角度，电力、石化基燃料及合成燃料领域已开展大量围绕能源/燃料全生命周期碳排放的研究（见图 2）。近年来，电力能源全生命周期碳排放评估的研究重点逐渐从不同的电力供应能源（如煤炭、天然气、核能、可再生能源等）的碳排放水平转移到电力存储技术（如电池、压缩空气储能、液态空气储能等）对可再生能源波动性与利用率的优化程度，以及电力系统的智能化和能源互联网等技术对电力系统效率的提升。石化基燃料的全生命周期碳排放研究主要聚焦在燃料生产与使用阶段。例如，通过开发新技术提高燃料合成效率，减少合成过程的资源消耗与排放；利用碳捕集技术吸收燃料生产使用环节的碳排放，并长久封存在地下或海洋等封闭环境，或者将捕集的碳排放作为燃料原料用于合成燃料生产，实现碳元素闭环。

相较于电力与石化基燃料，不同的合成燃料系统在原料类型、合成技术路径、供应链网络等方面有着较大的差异，这些系统特征可能对合成燃料的全生命周期碳排放有着显著影响。因此，大部分合成燃料的碳排放研究通常从全生命周期的维度进行评估，涵盖燃料生产、运输、存储、燃烧和排放等环节。原料制备阶段的固碳效应、燃料合成过程的节能效率以及燃料使用阶段的零碳排放是合成燃料全生命周期减碳特性的重点研究方向。以生物燃料为例，其生产原料（能源作物、动物油脂、有机生活垃圾等）中的碳通过固碳作用形成，可以抵消燃料燃烧产生的碳排放，从而大幅减少其全生命周期的碳排放量。氢能作为热门的合成燃料，目前研究重点关注于生产效率及碳减排潜力，通过生产技术的改进，提高蒸汽重整、电解水和生物法等主流制氢系统的生产效率，以降低单位氢能制备的碳排放。此外，如何利用新能源替代氢能制备中的石化能源，在生产绿氢的同时实现新能源的储能效应也是目前的研究热点之一。针对燃料的使用阶段，我国主管部门与地方政府陆续编制了一些交通行业二氧化碳排放的核算指南或规范，如国家应对气候变化战略研究和国际合作中心编制的《陆上交通运输企业温室气体排放核算方法与报告指南》，以及北京市地方标准《二氧化碳排放核算和报告要求——道路运输业》等，用于指导交通行业燃料/能源使用过程中的二氧化碳排放核算。

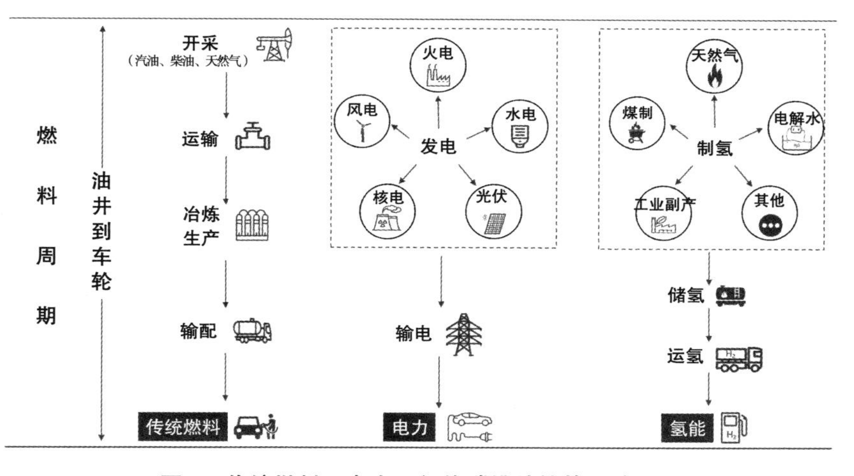

图 2　传统燃料、电力、氢能碳排放核算系统边界

从零部件与整车制造角度，近年来部分国内乘用车头部企业围绕制造碳排放开展了相关研究与基础核算能力建设，部分企业初步建立了内部的碳排放数据管理系统，但单车级别的碳排放核算体系仍有待建立与完善。目前国

内车企可开展的制造碳排放工作主要集中在数据可独立管控的环节，如冲压、焊接、涂装、总装四大工艺的整车制造阶段（见图 3）。对于材料及零部件的产品碳足迹及相关供应链数据较为缺乏，尤其是具体产品加工处理过程的工艺能耗及排放数据。部分主机厂虽然对供应商提出申报产品碳足迹或提供碳足迹核算所需数据的要求，但现阶段具备相关能力的供应商占比较低。因此，目前公布的整车级别碳足迹结果均较为粗糙，后期需要对各个环

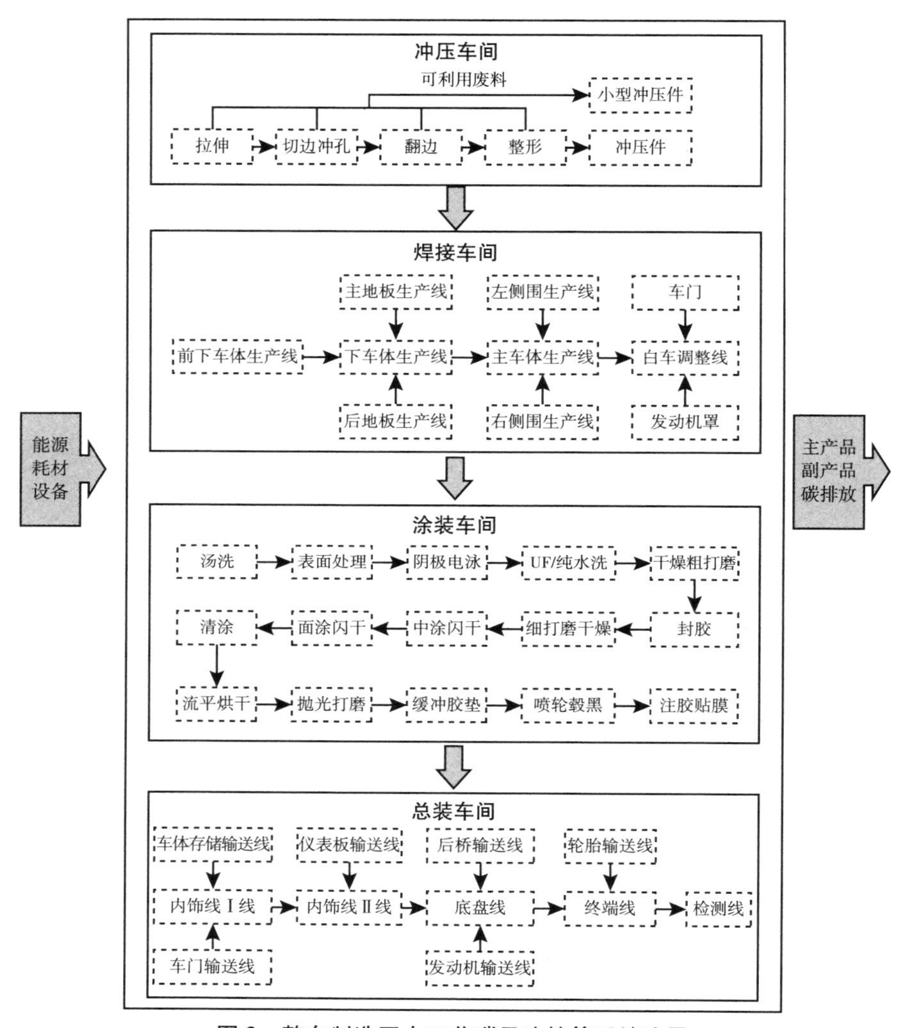

图 3　整车制造四大工艺碳足迹核算系统边界

节进行细化，在材料占比的基础上，增加能体现制造工艺流程的过程能耗及排放模型。相较于乘用车企业，商用车企业在碳排放管理方面起步较晚，多数企业仍处于政策观望阶段。建立全生命周期碳排放管控能力需要较长的培育时间，建议商用车企业尽早开展自身及供应链相关产品碳足迹摸底核算工作，以应对国内外碳排放监管的发展趋势。

回收再制造、梯次利用、再生利用等循环经济模式具有天然的碳减排属性，通过适当提高循环材料在原有生产资料中的比重，可以在不改变现有生产系统的条件下，提升产品碳减排空间，特别是针对碳排放占比高的零部件，如动力电池。目前，传统的资源回收企业、电池原材料供应商、头部的电池及整车制造企业均开始布局电池循环再利用领域。我国出台了一系列关于动力电池回收再利用方面的安全与质量标准，但从碳排放核算角度来看，动力电池回收行业仍面临以下问题：梯次利用路径差异大，碳排放核算边界缺乏行业共识；再生利用技术迭代更新快，不同资源再生利用技术的碳排放效应仍有待评估；电池厂商对报废电池的追踪体系仍不够完善，需要建立更为全面的报废电池追踪管控平台。

四　发展建议

相较于欧美等发达国家，我国工业领域开展碳排放管控的时间较短，实践经验尚不充分，本土化的碳排放核算标准、基础数据库及企业活动数据管理体系仍有待建立，亟须完善支撑碳排放核算的基础能力体系。目前已公布的汽车产业碳排放报告基本使用国际主流的基础数据库，但这些数据库中的部分中国碳排放因子数据偏高。为了更为精准地反映我国汽车产品的真实制造碳排放，企业纷纷建议开发适用于我国汽车产品的碳排放核算标准及配套数据库，并进一步与欧盟等国的碳排放体系建立互认机制。

目前汽车行业碳排放核算亟须解决的主要问题有以下几个方面：能反映我国工业体系真实碳排放的本土化能源与基础材料因子库；能够指导汽车行业进行全生命周期碳排放核算的方法学与指导标准；更加高效、安全、可信的汽车供应链碳足迹活动数据管理工具。通过解决上述问题，可以提高汽车行业对产品碳足迹的管理应用实践能力，发现汽车行业在汽车生命周期各阶段的重点碳排放环节，继而针对我国汽车行业的排放源特征，逐步完善管控体系及市场机制，支撑绿色制造等相关政策制定。结合国内外发展现状及趋势，本研究对碳排放核算因子数据库、碳核算标准体系、产品级别碳足迹核算模型、智能供应链碳核算系统四个方面提出具体的发展建议。

（一）开发本土化汽车生命周期碳排放核算基础数据库

本土化的生命周期碳排放核算数据库是实现我国汽车产品碳足迹核算的基础。从燃料周期维度，能源数据领域需要覆盖煤炭、原油、天然气、电力、生物质能、氢能等多种传统能源及新能源产品，各能源碳排放因子模型的系统边界应覆盖完整的燃料供应链与使用阶段，包括燃料原料的开采/种植、运输、合成加工，以及成品燃料的存储转运等环节；对于生物燃料，应在考虑原料种类、区域土壤特性、合成路径等因素的同时，兼顾生物燃料的经济属性与优化空间，并且避免占用农用土地等社会性问题；对于电力碳排放因子，应完善排放因子的地理与时间属性，根据各省份的电力结构，制定区域化且具有较高时效性的省级电力碳排放因子。通过精细化的核算，体现产品制造与使用过程中不同区域的能源对汽车产品碳足迹的影响。从车辆周期维度，材料数据领域需要整合汽车制造所必需的基础材料，如钢铁、铝、塑料等本土化材料数据。在此基础上逐步完善从基础材料到车用特定材料因子模型的构建，尤其是车用材料加工处理阶段的工艺碳排放模型，并进一步根据技术迭代升级进行数据更新，形成包含低碳材料、循环产品及低碳工艺等信息的减排优化数据库。

（二）开发针对我国汽车行业的碳排放核算标准体系

不同汽车产品及环节的碳核算标准是行业开展全生命周期碳排放核算的关键依据。因此，需要开发结合燃料周期与车辆周期两个阶段的汽车全生命周期碳排放核算体系。燃料周期的碳排放模型的建立需充分考虑燃料生产制造阶段。对于燃料周期中运行环节的直接二氧化碳排放，可结合单位里程能耗、行驶状态、燃料类型等指标，建立结果准确、时效性强的核算模型。由于车辆周期涉及的供应链长、数据采集难度大，可优先建立整车制造阶段的碳排放核算标准，该阶段的数据车企自主可控，通过建立全面的数据采集系统，车企可以精准掌握车辆制造过程中四大工艺的碳足迹信息，提高全生命周期管理实践能力。在此基础上，逐步向汽车供应链上游拓展碳排放核算体系，覆盖完整的汽车制造供应链。

（三）开发达到产品级别的汽车行业碳足迹核算模型

在标准体系的基础上，需要针对我国汽车产品的工程特征，开发有系统针对性（PCR 级别）的产品碳足迹模型。对于差异化程度较高的系统，如车辆报废及回收阶段，应促进相关产业形成统一化、规模化、标准化的处理流程。针对梯次利用产品，可在先规范梯次路径的基础上，明确替代产品及相应的核算系统边界；针对再生利用系统，需结合不同资源再利用技术的工程特征，开发有针对性的汽车再生系统碳足迹模型。从提升监管效率角度，汽车行业需要规范碳排放统计与申报流程。

（四）基于数字技术构建智能化供应链碳核算系统

智能数字化技术可提升汽车产业链碳排放大数据的管理效率与可靠性。汽车全生命周期碳核算的本质是基于汽车产业链的大数据采集处理与分析管理，为了实现碳排放高效精准核算，需要借助信息技术提高供应链数据采集效率、信息安全性及真实性、模型运算处理能力。未来汽车全生命周期碳排放核算可深度结合数字化技术手段（如人工智能、大数据、区块链以及云计算等）及监控仪表等硬件设备，开发智能、高效、全面的碳排放综合管控体系。通过对汽车产业链各环节物质流、能量流以及排放流数据的高效追踪与采集，形成可追溯的实时全生命周期清单，为汽车制造、使用及报废回收阶段的碳排放核算提供可靠的活动数据。在此基础上，结合碳排放核算模型与相关标准，开发生产及运营企业的全生命周期碳排放精准核算系统，对内指导企业优化自身系统的碳排放水平，促进绿色低碳供应链建设，对外形成面向第三方检测机构及政府部门的碳排放数字化管理，从数据角度支撑企业参与碳市场交易及自愿性碳资产开发，从降本增效角度提升企业碳管理水平。

参考文献

张庭婷、梁晓静、吕强等：《面向碳中和的汽车行业碳排放核算》，《汽车工程学报》2022 年第 4 期。

周谧、甄文婷：《新能源汽车与传统汽车的生命周期可持续性评价》，《企业经济》2018 年第 1 期。

Del Borghi A. , Moreschi L. and Gallo M. , "Communication Through Ecolabels: How Discrepancies Between the EU PEF and EPD Schemes Could Affect Outcome Consistency", *The International Journal of Life Cycle Assessment* 25 (5), 2019: 905-920.

Sun M. , Shao C. , Zhuge C. , Wang P. , Yang X. and Wang S. , "Exploring the Potential of Rental Electric Vehicles for Vehicle - to - grid: A Data-driven Approach", *Resources, Conservation and Recycling* 175, 2021.

ICAO. "CORSIA Eligible Fuels-Life Cycle Assessment Methodology", International Civil Aviation Organization, 2019.

Lai X. , Chen Q. , Tang X. , Zhou Y. , Gao F. , Guo Y. , Bhagat R. and Zheng Y. , "Critical Review of Life Cycle Assessment of Lithium-ion Batteries for Electric Vehicles: A Lifespan Perspective", *eTransportation* 12, 2022.

Zhang A. , Zhong R. Y. , Farooque M. , Kang K. and Venkatesh V. G. , "Blockchain-based Life Cycle Assessment: An Implementation Framework and System Architecture", *Resources, Conservation and Recycling* 152, 2020.

Herrmann I. T. and Moltesen A. , "Does It Matter Which Life Cycle Assessment (LCA) Tool You Choose? - A Comparative Assessment of SimaPro and GaBi", *Journal of Cleaner Production* 86, 2014.

Dillman K. J. , Árnadóttir Á. , Heinonen J. , et al. "Review and Meta-Analysis of EVs: Embodied Emissions and Environmental Breakeven", *Sustainability* 12 (22), 2020: 9390.

B.11
非尾气颗粒物排放现状与发展建议

苏 盛　赖益土　罗万友*

摘　要： 国内外相关研究表明，由机动车制动和轮胎磨损造成的非尾气颗粒物排放随着机动车保有量和行驶里程的增加呈现上升趋势。本文从国内外研究进展和法规现状等方面对非尾气颗粒物排放进行了阐述，重点介绍了制动和轮胎磨损颗粒物排放测试方法和排放水平。当前，联合国欧洲经济委员会（UNECE）世界车辆法规协调论坛（WP.29）已制定制动排放测试的全球技术法规（GTR No.24），轮胎排放测试法规正在制定中。欧七标准提案已经将M_1、N_1类车辆制动颗粒物排放纳入管控范围，并提出了PM_{10}限值建议，后续还会研究PN的限值建议。结合国内外学者对机动车非尾气颗粒物排放的研究进展，本文提出了搭建科学合理的非尾气颗粒物排放测试系统，研究不同制动器和轮胎类型的颗粒物排放水平与特性差异，对非尾气颗粒物排放关键影响因素进行评估等发展建议，为后续我国的轮胎、制动等非尾气颗粒物排放管控提供支撑。

关键词： 非尾气排放　颗粒物　制动磨损　轮胎磨损

一　汽车非尾气颗粒物排放概况

汽车排放的颗粒物可分为尾气颗粒物和非尾气颗粒物，尾气颗粒物主要

* 苏盛，博士，厦门环境保护机动车污染控制技术中心高级工程师，主要研究方向为移动源排放污染控制技术及标准；赖益土，厦门环境保护机动车污染控制技术中心高级工程师，主要研究方向为移动源排放污染控制技术及标准；罗万友，厦门环境保护机动车污染控制技术中心助理工程师，主要研究方向为机动车污染物排放标准。

包括从排气管直接排放的一次颗粒物，以及汽车排放的挥发性有机物 VOCs 和 NO_X 等气态污染物在大气中发生光化学反应生成有机气溶胶、硝酸盐和硫酸盐等二次颗粒物。非尾气颗粒物是指道路车辆在行驶过程中，由于制动磨损、轮胎磨损和路面磨损而释放到空气中的颗粒物。逐步严格化的机动车排放标准已有效地降低车辆尾气中的颗粒物排放，但非尾气颗粒物没有立法管控。随着汽车保有量和行驶里程的增加，非尾气颗粒物在交通排放中的占比逐年增加。

北京大学深圳研究院黄晓锋教授团队基于在深圳开展的长期 $PM_{2.5}$ 观测，结合受体模型和健康风险模型识别了 2014 ~2020 年深圳市 $PM_{2.5}$ 中重金属健康风险的主要来源变化趋势，提出制动磨损源是我国特大城市未来 $PM_{2.5}$ 健康风险管控的重要挑战。[①] 该研究发现，2013 年开始实施的《国家大气污染防治行动计划》有效改善了深圳市空气质量，$PM_{2.5}$ 中 5 种关键重金属（Cd、Cr、Ni、Co 和 Pb）的总致癌风险从 5.0×10^{-6} 下降到 1.8×10^{-6}，但仍然超过一般可接受风险水平（1.0×10^{-6}）。风险来源分析表明，深圳市工业结构转型和污染控制是重金属总致癌风险降低的最主要原因，远洋船舶、扬尘和机动车污染控制也有作用。2020 年，$PM_{2.5}$ 中重金属首要健康风险源已从工业排放（2014 年为 61%）转变为机动车排放（63%）。

英国国家大气排放清单的相关数据表明，目前来自制动磨损、轮胎磨损和道路磨损的颗粒物分别占道路运输 $PM_{2.5}$ 和 PM_{10} 排放的 60% 和 73%（按质量计算）[②]，未来将成为机动车颗粒物排放更为主要的来源。同时，非尾气颗粒物也是大气中重金属的重要来源，有研究表明，其对大气中铜和锌的贡献率可分别达到 47% 和 21%[②]，且主要与制动和轮胎的磨损有关，相关数据如图 1 所示。

---

① Yan R. H., Peng X., Lin W., et al., "Trends and Challenges Regarding the Source-Specific Health Risk of PM2.5-Bound Metals in a Chinese Megacity from 2014 to 2020", *Environmental Science & Technology* (11), 2002: 56.

② "Department for Environment Food and Rural Affairs; Air Quality Expert Group. Non-Exhaust Emissions from Road Traffic," https://uk-air.defra.gov.uk/assets/documents/reports/cat09/1907101151_20190709_Non_Exhaust_Emissions_typeset_Final.pdf.

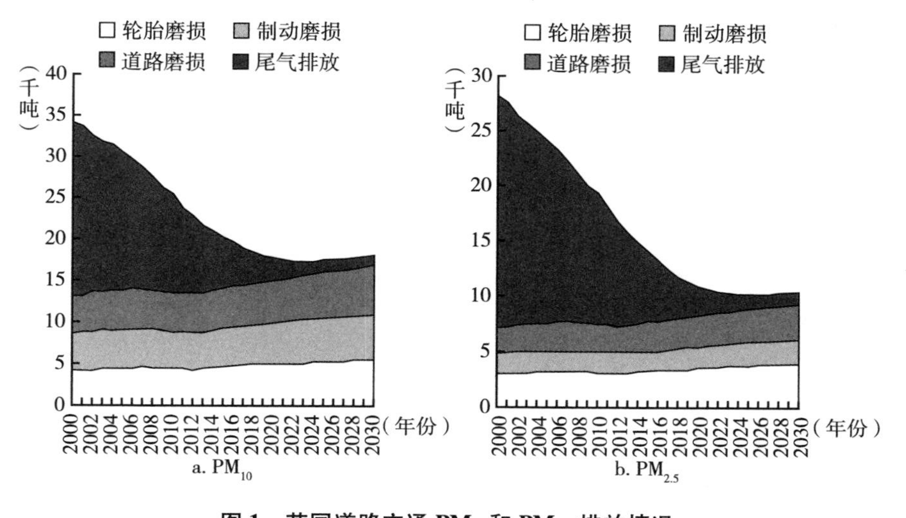

图 1　英国道路交通 PM_{10}和 $PM_{2.5}$排放情况

美国加州环保局的机动车排放因子模型（EMFAC）预测结果表明，随着排放法规的加严，尾气排放的 $PM_{2.5}$呈下降趋势，但非尾气排放的 $PM_{2.5}$（包括制动和轮胎磨损）因机动车保有量和行驶里程的增加呈现上升趋势，并已成为 $PM_{2.5}$的主要贡献者，特别是制动磨损排放，其排放量大约是轮胎磨损排放的 10 倍（见图 2）。① 而 Sonntag 等人利用美国环境保护署（EPA）的机动车排放模型（MOVES）分别对 2017 年、2023 年以及 2030 年机动车排放结果进行了计算，计算结果则显示制动磨损排放的 $PM_{2.5}$和 PM_{10}大约是轮胎磨损排放的 3 倍（见图 3）。②

英国空气污染物医学效应委员会（COMEAP）的研究结果表明③，英国

---

① “PMP Workshop on Brake Emissions Regulation”，https：//wiki. unece. org/display/trans/PMP+Workshop+on+Brake+Emissions++Regulation.

② https：//vert-dpf. eu/j3/images/pdf/vert_ forum_ 2022/1020_ T_ Grigorato_ VERT_ Brake_ emissions. pdf.

③ “Statement on the Evidence for Differential Health Effects of Particulate Matter According to Source or Components，UK Department of Health Committee on the Medical Effects of Air Pollutants”，https：//www. gov. uk/government/publications/particulate - air - pollution - health - effects - of - exposure.

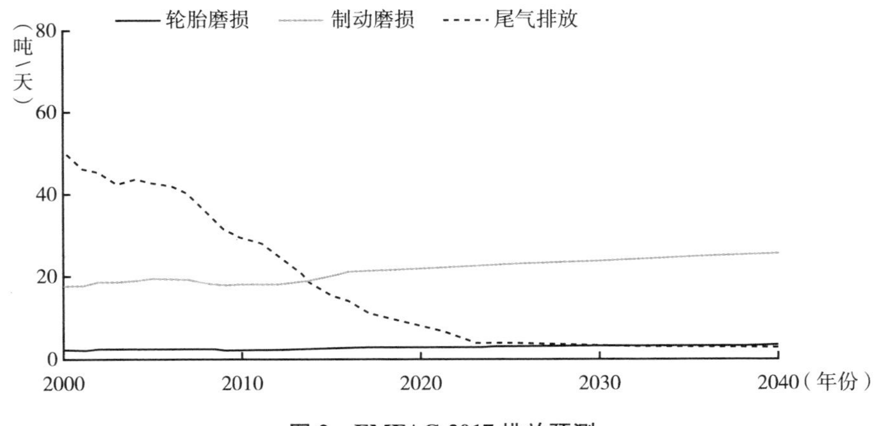

图 2　EMFAC 2017 排放预测

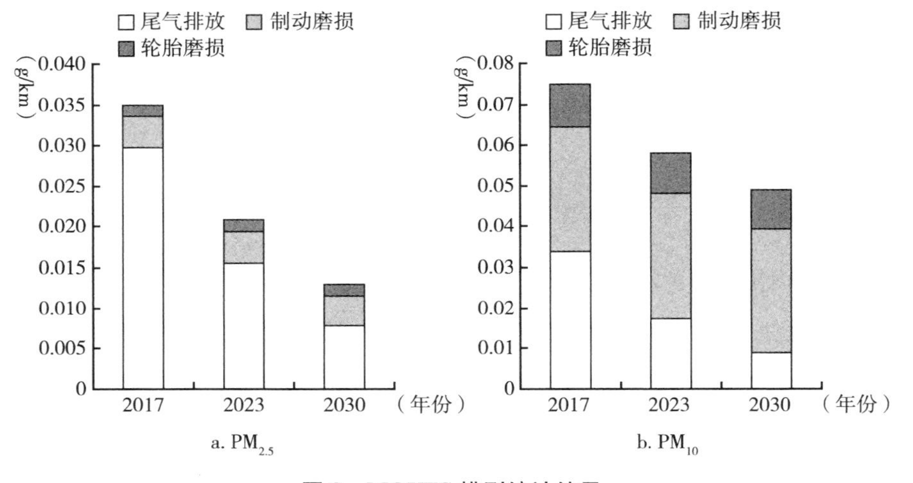

图 3　MOVES 模型统计结果

道路交通车队的非尾气颗粒对公共健康的潜在影响比尾气颗粒更大。随着排放标准的升级，以及新能源汽车渗透率的不断提高，我国汽车尾气污染物排放得到有效控制。由于汽车保有量不断攀升、汽车行驶里程持续提高，汽车制动和轮胎磨损造成的非尾气颗粒物排放仍持续增长，应引起重视并采取相应控制措施。

二　国内外非尾气颗粒物排放测试研究现状

（一）制动磨损排放测试

1. 测试方法

制动磨损排放是由于车辆在制动过程中，制动系统中的刹车片与刹车盘（或鼓）摩擦产生的污染物，当前主要关注的是颗粒物。除模型排放研究外，国内外还开展了大量的实际测试研究，主要的测试方法有惯性试验台法、底盘测功机法和实际道路法等（见表1）。

表1　制动磨损排放测试方法

测试方法	设备组成	优缺点
惯性试验台法	惯性测功机、刹车颗粒采样舱、稀释空气系统、颗粒分析仪(PN/PM)和气体流量计等	稳定的颗粒物采样测量系统,可重复的加载条件和可控的环境参数,可定量研究
底盘测功机法	底盘测功机、颗粒采集系统、颗粒分析仪(PN/PM)	工况便于实现和重复,环境参数可控,但存在背景颗粒物影响、制动颗粒物排放和轮胎磨损无法区分开、易受车辆冷却风机风速影响以及单点测量难以定量研究等缺点
实际道路法	颗粒采集系统、颗粒分析仪(PN/PM)	可模拟真实路况下的制动排放,但存在测试设备复杂、颗粒采集效率低、司机驾驶行为影响明显以及测量结果不确定度较大等不利因素

2. 排放因子水平

制动颗粒物排放易受摩擦温度、初始制动速度、制动能量、制动压力、刹车片材质和表面粗糙度等因素影响。由于没有统一的测试方法，当前国内外的研究结果存在较大差异，实测PM排放因子介于0.04~15mg/km，模型计算结果介于0~610mg/km，排放水平如表2所示。

表 2　制动磨损排放因子

颗粒种类	排放因子(mg/km)	测量方法	测试循环
PM_{10}	0.04~1.4	惯性试验台	JC08/JC05
	4~10	惯性试验台	—
	5.8	惯性试验台	JC08/JC05
	15	实际道路法	—
	0~80	模型计算	—
$PM_{2.5}$	3.9	惯性试验台	JC08/JC05
	0~5	模型计算	—

资料来源：Wang Yachao et al.，“Assessing the Brake Particle Emissions for Sustainable Transport：A Review”，*Renewable and Sustainable Energy Reviews* 167，2022。

（二）轮胎磨损排放测试

1. 测试方法

轮胎磨损排放源于轮胎与路面的摩擦，轮胎和路面接触时，通过机械剪切力或挥发作用产生细小颗粒，尺寸在几纳米到数百微米之间，一般为轮胎和路面材料的混合物。① 美国卡德诺化学风险实验室的研究结果表明②，轮胎磨损颗粒主要存在于河流和土壤沉积物中，只有 2%的颗粒物会悬浮在大气中。当前，国内外对轮胎磨损颗粒物排放的测试方法主要有实际道路车队法和实验室转鼓法。

实际道路车队法参考了欧洲轮胎及车圈技术组织提出的《实际道路车辆轮胎磨损试验方法》，该方法分别在德国和法国规划了两条典型试验路线，路线选取时综合考虑了道路覆盖情况、车速、加速度范围、车辆载荷和环境温度等要求。试验测试由 2~4 辆同款车型组成车队，其中一辆装配基

---

① Kreider M. L.，Panko J. M.，Mcatee B. L.，et al.，“Physical and Chemical Characterization of Tire-related Particles：Comparison of Particles Generated Using Different Methodologies”，*Sci. Total Environ.* 408（3），2010：652-659.

② Unice&al，“Characterizing Export of Land-based Microplastics to the Estuary-Part I & Part II”，*sci. Total Environ.* 646，2019.

准轮胎。4 名驾驶员轮换驾驶每一辆试验车，每人每车行驶 500 公里，车辆行驶总里程达到 8000 公里后结束（每车 2000 公里）。分别在试验前、2500 公里、6000 公里和 8000 公里处对每个轮胎、轮毂以及平衡块质量进行称重并记录。通过试验前后轮胎磨损质量差，以 mg/km 为评价指标，评价试验轮胎与基准轮胎的磨损率比值。试验矩阵如图 4 所示。

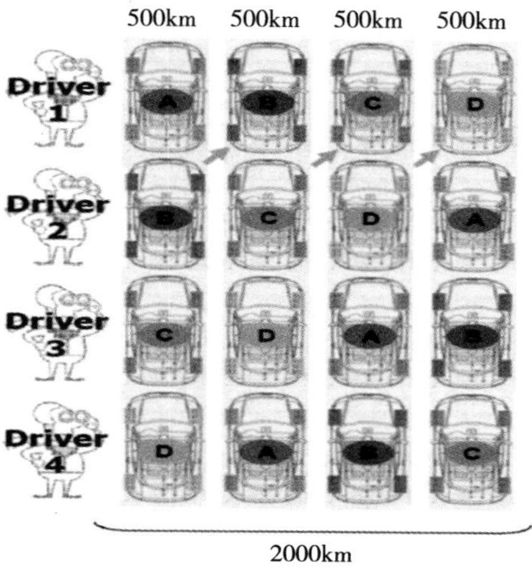

图 4　实际道路车队矩阵

实验室转鼓法参考了日本汽车研究所提出的《室内转鼓轮胎磨损试验方法》，该方法首先在典型道路上采集车辆速度、加速度、转向角和坡度信息，以全球统一轻型车辆测试循环为基础工况，复合导入整车模型，得到车轮横向力和纵向力。试验测试分别在山路或者斜坡上以 60km/h 和平路上以 100km/h 两种恒速条件下进行 5000 公里轮胎磨损测试，测试前后轮胎质量差值与行驶里程的比值（g/1000km）即为轮胎磨损排放。

2. 排放因子水平

轮胎磨损排放受轮胎材料、设计、尺寸、道路类别、表面粗糙程度、车重、驾驶风格和环境条件（温度和湿度）等影响，不同方法的排放水平测试结果差异较大。实测 PM_{10} 排放在 8 ~ 13300$\mu g/m^3$，$PM_{2.5}$ 排放在 2.2 ~ 520$\mu g/m^3$，PN 浓度最大可达 1.7×10^7个/cm^3，排放水平如表 3 所示。

表 3　轮胎磨损排放因子

颗粒种类	排放因子	测量方法	车速（km/h）	道路类型	轮胎类别
PM_{10}（μg/m³）	108.3~1408.3	惯性试验台	80	沥青路	四季胎
	241.6~840.9	惯性试验台	-	沥青路	夏季胎
	13.2~23	惯性试验台	80~140	沥青路	夏季胎
	177~13300	惯性试验台	30~70	沥青混凝土、石材沥青	防滑轮胎
	750~3370	惯性试验台	30	沥青路	防滑轮胎
	20.6~37.1	实验室整车台架	50~140	沥青路	夏季胎
	494~7862	实际道路测试	40~90	公共道路	防滑轮胎
	60~790	实际道路测试	40	市区道路	防滑轮胎
	480~530		80		夏季胎
	8~163	实际道路测试	-	乡村双车道公路、高速公路	防滑轮胎、夏季胎
$PM_{2.5}$（μg/m³）	160.7~457.4	惯性试验台	80	沥青路	四季胎
	2.2~7.5	惯性试验台	80~140	沥青路	夏季胎
	10~15	惯性试验台	-	沥青路	夏季胎
	80~520	惯性试验台	30	沥青混凝土	防滑轮胎
	13.4~28.5	实验室整车台架	50~140	沥青路	夏季胎
PN 浓度（个/cm³）	1.1×10^5（61%<50nm）1.7×10^7（85%<50nm）	惯性试验台	80	沥青路	四季胎
	2.1×10^4~4.7×10^4	惯性试验台	30~70	沥青混凝土、石材沥青	防滑轮胎
	0~690	实验室整车台架	50~140	沥青路	夏季胎

资料来源：Zhang Mengzhu, et al., "A Comprehensive Review of Tyre Wear Particles: Formation, Measurements, Properties, and Influencing Factors", *Atmospheric Environment* 297, 2023。

三　国内外汽车非尾气颗粒物排放法规现状

非尾气颗粒物排放是机动车污染物排放控制的一个新领域。由于制动磨损和轮胎磨损排放直接来源于道路车辆本身，相比于地面磨损排放，制动磨损和轮胎磨损排放能够较好地进行规范和控制。当前，欧洲已开展较多法规方面的研究工作，欧七标准提案中也首次提出拟对制动和轮胎磨损颗粒物排放进行管控。

（一）制动磨损排放法规

制动磨损颗粒物排放于2013年由俄罗斯联邦提出，由世界车辆法规协调论坛（WP.29）的污染和能源工作组（GRPE）下的颗粒物测量程序（PMP）工作组负责组织研究，目前成立了五个工作小组（TF1、TF2、TF3、TF4和TF5），分别对轻型车和重型车制动磨损排放开展研究工作。其中，TF1在2016年10月第41届PMP会议中成立，主要负责测试工况开发；TF2于2017年5月在第44届PMP会议中成立，主要负责采样和测量方法研究和分析；TF3主要负责开展实验室循环比对；2021年7月15日的PMP会议中，由国际汽车制造商协会等提议成立TF4，主要负责纯电动汽车和混合动力电动汽车中非制动摩擦测试方法开发；TF5于2023年6月成立，主要负责重型车测试方法开发。2022年6月，PMP工作组提出轻型车制动排放测试草案。2023年1月，第89次GRPE会议讨论并通过轻型车制动排放测试草案。2023年6月，WP.29正式批准了轻型车制动排放测试的全球技术法规GTR No.24。GTR No.24文本包括编制目的、适用范围、术语定义、测试系统要求、测试准备要求、WLTP-制动测试循环、冷却气流调节、磨合、排放测试、测试结果输出以及标定要求和质量控制等章节，对制动磨损排放测试方法进行了详细的规定。

当前，欧七标准提案已经对M_1、N_1类车辆的制动PM_{10}颗粒物排放提出限值要求，这也是全球首次对制动颗粒物排放进行管控。对于纯内燃机和混合动力车辆，PM_{10}限值为7mg/km（N_1类ClassⅢ车辆限值为11mg/km）；对于纯电动车辆，PM_{10}限值为3mg/km（N_1类ClassⅢ车辆限值为5mg/km）。此外，欧盟计划在2027年对PN限值进行确定，以评估2030年导入PN管控的可行性。目前，国内尚无制动磨损颗粒物排放的控制标准。为促进制动磨损排放管控，我国在轻型车下阶段排放标准预研中对制动磨损排放颗粒物测试技术以及制动磨损排放特征开展了研究。

（二）轮胎磨损排放法规

在轮胎磨损颗粒物排放方面，欧洲 Horizontal 2020 计划的 LC-MC-1-14-2020 项目正在开展实验室和实际道路驾驶条件下的轮胎磨损颗粒物排放和噪声研究。此外，欧洲轮胎橡胶制造商协会已基本完成轮胎磨损测试方法的开发。PMP 工作组将密切关注测试方法的开发进度，研究建立轮胎磨损率与 PM_{10}和 $PM_{2.5}$排放关系的可能性。同时，噪声和轮胎工作组（GRBP）和 GRPE 将组建新的任务小组，研究制定测量轮胎磨损的方法（包括测试条件和规程），以评估市场上各种轮胎的耐磨性能、轮胎磨损性能与耐久性之间的潜在相关性，最终为各缔约国定义轮胎的磨损限值提供依据。工作组预计于 2024 年提出对 C1 轮胎的磨损排放测试草案，后续会针对 C2、C3 轮胎继续制订相应的测试要求，以支持欧七法规轮胎磨损限值的制定和法规的分步实施。

四　发展建议

本文分别对汽车非尾气颗粒物排放中制动磨损排放和轮胎磨损排放测试方法现状进行了研究，发现测试方法、环境条件、材料、驾驶风格和其他物理因素对非尾气颗粒物排放有着较大影响。当前，国内外不同测试方法下的研究结果存在较大差异，相关法规仍需要不断研究和完善。针对我国非尾气颗粒物排放研究起步晚、测试方法尚不成熟，以及排放控制技术几近空白等问题，在此提出以下发展建议。

（一）开展汽车非尾气颗粒物排放测试研究

当前，非尾气颗粒物排放测试存在采样易受干扰、颗粒传输损失以及采样缺乏代表性等问题，国内尚没有成熟的非尾气颗粒物排放测试技术和方法。如何搭建一套科学稳定且精度可控的测试方法和测试系统尤为重要。非尾气排放测试系统应能有效模拟常规动力汽车、混合动力电动汽车和纯电动

汽车的制动和轮胎磨损特性，满足加载条件和测试环境可控、采样和分析系统稳定准确、可定量研究以及良好的测试重复性等基本要求。此外，测试系统应能与现有排放测试设备协同兼容，并满足质量控制的相关要求。对于制动磨损排放，除关注制动颗粒物排放外，还应兼顾可能的气态污染物。对于轮胎磨损排放，测试系统应能有效模拟车轮转向的磨损情况。因此，应紧密跟踪国际最新研究进展，并根据我国道路实际行驶工况特征和地域环境，研究制定非尾气排放典型工况，以有效表征我国非尾气排放水平。同时，结合国内外测试技术水平，研究制定适合非尾气排放测试设备的技术要求，积极引导国产化替代，为标准的实施和推广创造条件。

（二）研究汽车非尾气颗粒物排放水平及特征规律

目前，国内外对汽车非尾气排放水平的研究结果差异较大，亟待对非尾气颗粒物排放进行测试，研究不同制动器和轮胎类型的颗粒物排放水平与特性差异，评估行业整体排放水平。对于制动磨损排放，还需进一步探究轻型车在不同测试循环、环境条件、车辆类别、制动器类型（含不同刹车盘和刹车片材料、形状等）下的制动颗粒物排放水平及差异。同时，对具有制动能量回收功能的车辆，评估制动能量回收比例与刹车颗粒物排放水平的相关性。此外，启动对重型车制动磨损排放的研究。对于轮胎磨损排放，需逐步构建典型道路工况，评估车辆在实际道路工况下的轮胎磨损率，以便进一步评估轮胎磨损率与轮胎颗粒物排放的相关性。通过排放测试，逐步建立排放工况点样本库，形成国内首批非尾气颗粒物排放因子数据库，为建立机动车制动和轮胎磨损颗粒物排放清单提供科学可靠的数据基础。通过对排放关键影响因素的研究，评估非尾气颗粒物排放控制方法的有效性，开展制动、轮胎磨损减排技术研究，包括轮胎及刹车片材料配方开发以及相关后处理技术研究，为制定制动和轮胎磨损排放限值提供数据支撑。

（三）制定相关标准

当前，我国汽车非尾气排放研究处于起步阶段，尚无相关标准对排放进行管控。随着机动车保有量的持续增长，非尾气排放中的制动和轮胎磨损颗粒物必将是排放控制的新方向和新领域。因此，在密切跟踪国外法规进展的同时，应研究适合我国非尾气排放的测试方法和管理要求，制定非尾气排放标准。与此同时，应结合国内外非尾气排放水平和控制技术运用情况，评估确定合适的控制限值，促进行业技术水平和整体竞争力提升。

数据篇

B.12 新能源汽车西南分中心大数据分析

周科松　王敬　李兵　孙一鹏　李恒*

摘　要： 大数据技术是我国监管新能源汽车的重要手段，通过大数据技术分析不同企业、不同车型、不同运行条件、不同运行区域等数据特征，将为新能源汽车及其上下游产业的数字化管理提供有力支撑。本文对新能源汽车西南分中心的市场发展情况和运行情况等进行了系统梳理，并基于现阶段车辆统计数据分析了在用车的多项运行特征。2020~2022 年西南分中心新能源汽车市场发展呈现持续增长态势。从车型结构来看，新能源乘用车占比持续提升，货车数量稳步扩充，客车规模不断缩减；纯电动车型仍占据西南分中心新能源汽车的大部分比例，部分品牌的插电式混合动力车型也具有一定规模。2022 年，西南分中心新能源汽车的接入数据间接反映了车辆本身和零部件的部分特征，在车辆运行方面，新能源汽车的行驶状况较为稳定、运行

* 周科松，博士，中国汽车工程研究院股份有限公司资深专家，高级工程师，主要研究方向为超大规模空间数据挖掘；王敬，中国汽车工程研究院股份有限公司工程师，主要研究方向为汽车绿色低碳测试评价；李兵，中国汽车工程研究院股份有限公司工程师，主要研究方向为大数据咨询及应用；孙一鹏，中国汽车工程研究院股份有限公司工程师，主要研究方向为大数据咨询及应用；李恒，中国汽车工程研究院股份有限公司工程师，主要研究方向为汽车双碳政策、标准及排放数据挖掘。

区域不断扩大；在关键技术方面，虽然新能源汽车的动力电池技术在不断进步，但从充电时间、荷电状态、能量回收、一致性和电压等运行特征来看，动力电池的发展依旧面临考验，“充电焦虑”和“里程焦虑”等问题依然存在。

关键词： 大数据　新能源汽车　西南分中心

一　新能源汽车西南分中心基本情况

新能源汽车国家监测与管理平台西南分中心（简称西南分中心）2019年开始搭建，2020年正式运行，接入西南分中心的新能源车辆，包括重庆汽车企业生产的新能源汽车以及在重庆销售的所有品牌的新能源汽车。本文中统计分析的车辆数量排前五位的新能源汽车指的是私人乘用车、物流特种车、租赁乘用车、出租乘用车和公务乘用车，这五类车的接入数量占总接入数量的98.62%。

（一）西南分中心历年实际接入数据概况

2020~2022年西南分中心新能源汽车接入车辆数与接收上线车辆天数① 变化情况如图1所示。2020年，中心接入车辆数和接收上线车辆天数分别为19.20万辆、2013.00万天。2021年，中心接入车辆数和接收上线车辆天数分别为35.27万辆、3927.74万天，两者较上一年分别增长83.69%、95.12%。2022年，中心接入车辆数和接收上线车辆天数分别为43.64万辆、7492.51万天，两者较上一年分别增长23.74%、90.76%。

① 本文中上线车辆天数是指车辆在一个自然日内有速度大于0的报文，记上线车辆天数为1，上线车辆天数指标用于反映新能源汽车的活跃程度。

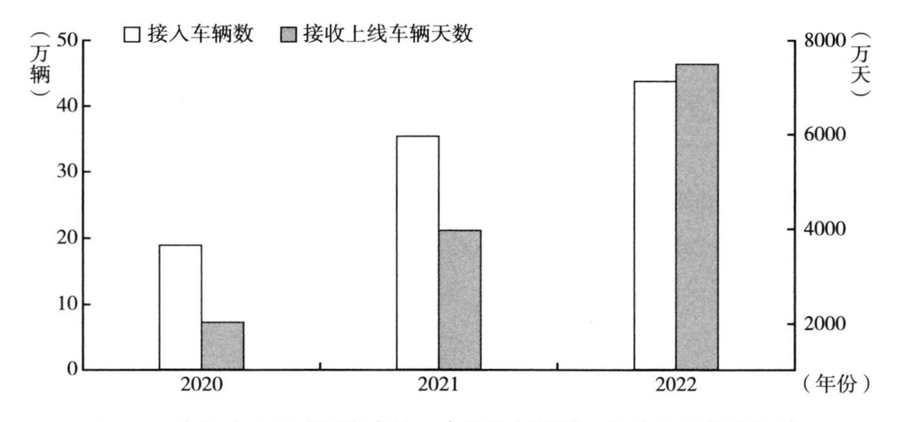

图 1　西南分中心新能源汽车接入车辆数与接收上线车辆天数变化情况

资料来源：笔者整理。

（二）西南分中心车辆静态数据特征分析

西南分中心接入的车辆种类为插电式混合动力电动汽车（PHEV）和纯电动汽车（BEV）两类，其数量分别为 11.68 万辆和 37.51 万辆。不同类别车辆静态数据统计结果如图 2 所示。其中，私人乘用车的 PHEV 车辆数为 9.34 万辆，BEV 车辆数为 18.33 万辆，其 BEV 车辆数是 PHEV 车辆数的近 2 倍；物流特种车的 PHEV 车辆数为 142 辆，BEV 车辆数为 8.09 万辆，其 BEV 车辆数是 PHEV 车辆数的 570 倍；租赁乘用车的 PHEV 车辆数为 1609 辆，BEV 车辆数为 4.80 万辆，其 BEV 车辆数是 PHEV 车辆数的近 30 倍；出租乘用车的 PHEV 车辆数为 239 辆，BEV 车辆数为 3.93 万辆，其 BEV 车辆数是 PHEV 车辆数的 164 倍；公务乘用车的 PHEV 车辆数为 1.90 万辆，BEV 车辆数为 1.92 万辆，其 BEV 车辆数与 PHEV 车辆数基本持平。总体而言，接入西南分中心不同类别的新能源汽车以 BEV 为主。

根据新能源汽车国家监测与管理平台提供的车辆静态数据，接入西南分中心的车企数量为 168 家，其中接入车辆数排前十位企业的数据统计情况如图 3 所示。可以看出，头部企业领先优势突出，前十位企业接入的车辆数占总接入车辆数的 81.00%，其中，前十位企业的 PHEV 车辆数占总接入

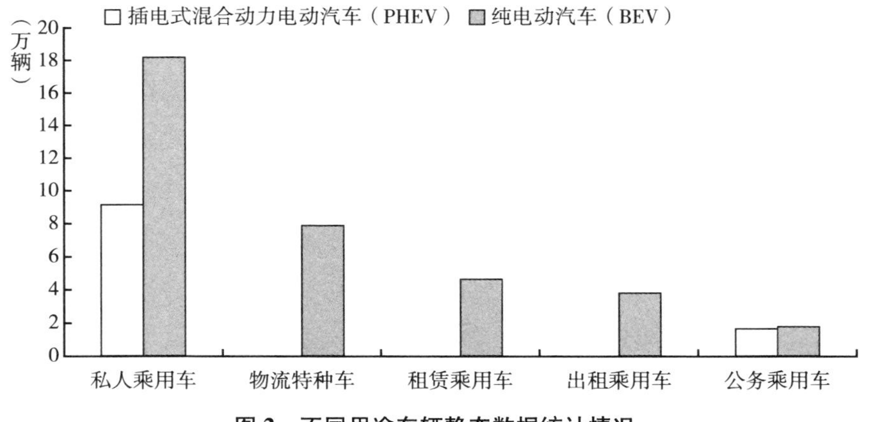

图 2　不同用途车辆静态数据统计情况

PHEV 车辆数的 90.98%，前十位企业的 BEV 车辆数占总接入 BEV 车辆数的 77.89%。从市场发展规模来看，PHEV 和 BEV 接入量差异较大，BEV 车型占据主导地位。

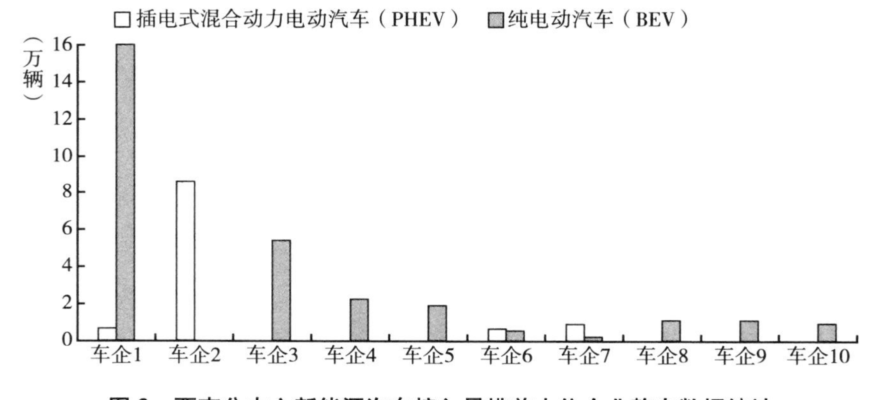

图 3　西南分中心新能源汽车接入量排前十位企业静态数据统计

根据新能源汽车国家监测与管理平台提供的车辆静态数据，按车辆类别统计分析前十位企业 PHEV 和 BEV 的接入情况。可以看出，第一，私人乘用车、物流特种车、租赁乘用车、出租乘用车和公务乘用车的品牌集中度都很高，这一结果与不同车企主攻不同细分市场的客观事实相吻合。第二，对于前十位企业的私人乘用车，PHEV 占比为 37.04%，BEV 占比为 62.96%；对于前十位企业的物流特种车，没有 PHEV 接入，BEV 占比为 100.00%；对于前十位企业的租赁乘用车，PHEV 占比为 3.07%，BEV 占比为 96.93%；对于前十位企业的出租乘用车，PHEV 占比为 0.63%，BEV 占比为 99.37%；对于前十位企业的公务乘用车，PHEV 占比为 53.00%，BEV 占比为 47.00%（见图 4 至图 8）。

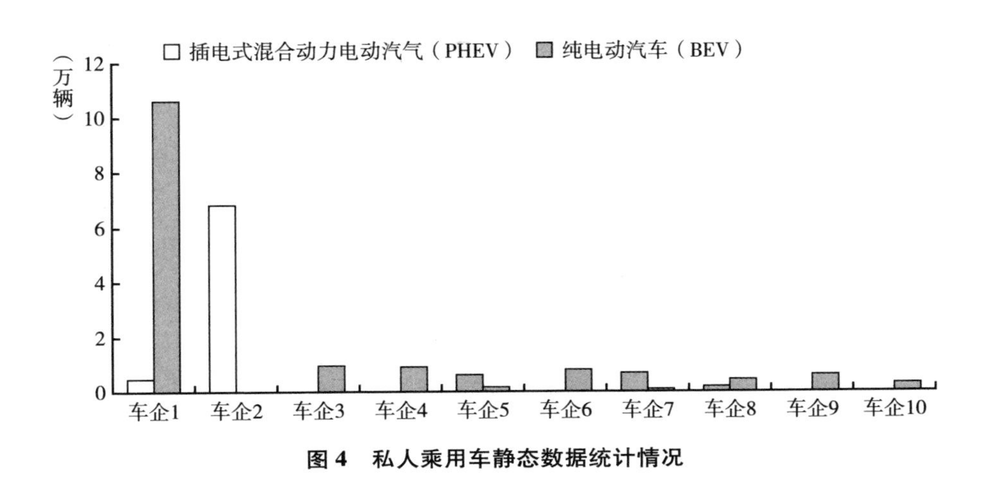

图 4　私人乘用车静态数据统计情况

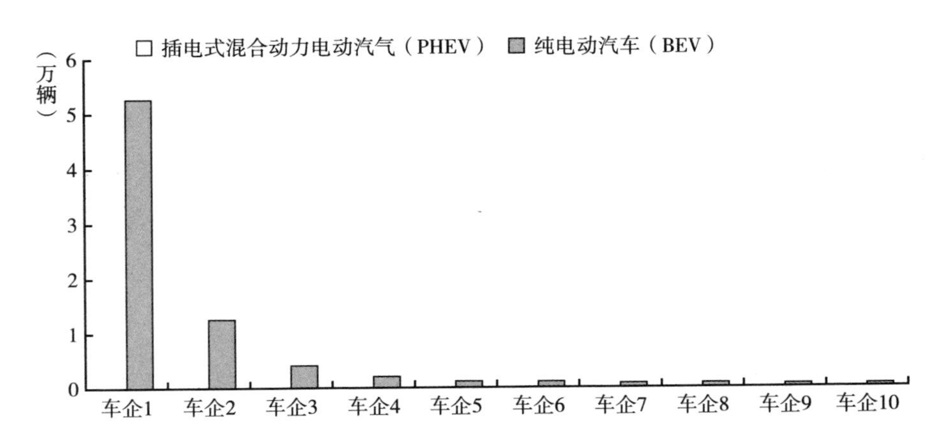

图 5　物流特种车静态数据统计情况

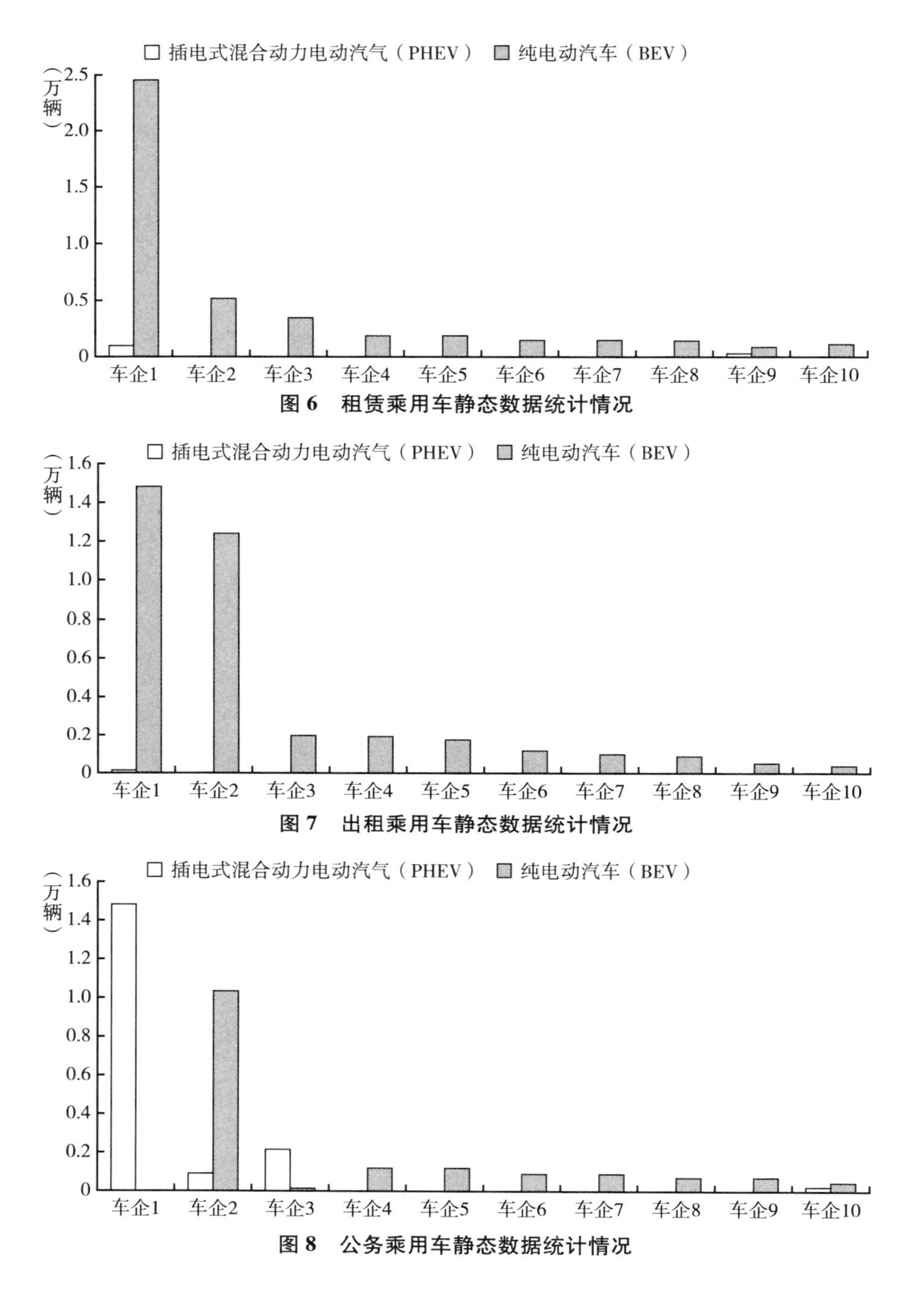

图 6　租赁乘用车静态数据统计情况

图 7　出租乘用车静态数据统计情况

图 8　公务乘用车静态数据统计情况

二　新能源汽车西南分中心运行特征分析

本部分基于五类不同用途的新能源汽车运行数据，展示不同应用场景下西南分中心新能源汽车的行驶里程、行驶时长、运行区域、平均车速、车次数占比、平均充电时长、平均起始充电电量、能量回收率、电池一致性和最高总电压等基本特征。为了确保结果的准确性，分析时根据新能源汽车国家监测与管理平台提供的车辆静态数据和西南分中心实际接收的数据，要求VIN必须同时出现在静态数据和接收数据中的车辆才参与分析计算。

（一）行驶里程和行驶时长

行驶里程和行驶时长①能直观地反映车辆的运行情况，是影响车辆总能耗的两大关键因素。统计分析排名前五的不同用途新能源汽车的日均行驶里程和日均行驶时长变化情况（见图9、图10），可以看出，私人乘用车的日均行驶里程和日均行驶时长均最少，日均行驶里程维持在39.70～53.60公里，日均行驶时长维持在1.56～2.05小时；出租乘用车的日均行驶里程和日均行驶时长均最多，日均行驶里程维持在151.10～199.40公里，日均行驶时长维持在5.49～7.44小时。这也间接反映出出租乘用车具有较高的使用率，部分行驶里程和行驶时长消耗在了空载巡航、出发接客的过程中，而私人乘用车通常在短途出行中使用较多。此外，物流特种车的日均行驶里程维持在95.40～117.30公里，日均行驶时长维持在3.32～3.93小时；租赁乘用车的日均行驶里程维持在117.60～161.50公里，日均行驶时长维持在4.29～6.08小时；公务乘用车的日均行驶里程维持在52.20～72.40公里，日均行驶时长维持在1.86～2.41小时。随着新能源汽车的逐步渗透，预计

---

① 行驶里程的计算方法为：以车为单位，逐车逐报文计数车辆年度内出现的不同累计里程数，并以此作为车辆的实际行驶里程，单位为公里。行驶时长的计算方法为：以车为单位，逐车逐报文计数车辆一天内出现的不同小时数，并以此作为车辆当日的实际行驶时长，单位为小时。

各类车型的行驶里程与行驶时长将不断增加，新能源汽车的减污降碳成果将进一步凸显。

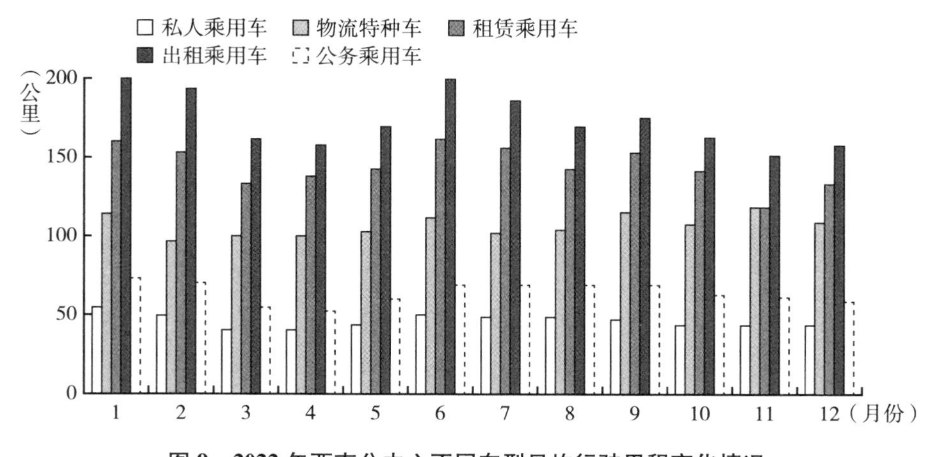

图 9　2022 年西南分中心不同车型日均行驶里程变化情况

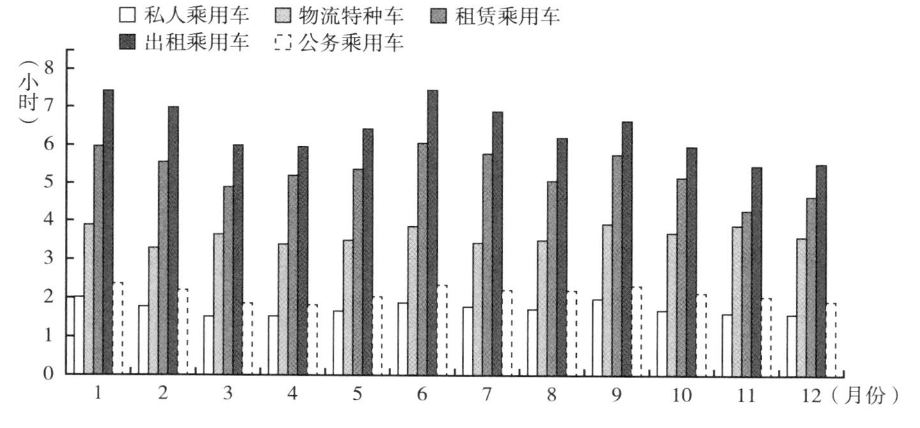

图 10　2022 年西南分中心不同车型日均行驶时长变化情况

（二）运行区域

为观察重庆市新能源汽车充电站及车辆运行情况，对 2022 年西南分中心接入的充电站和道路 GPS 点位数进行统计分析（见图 11）。数据显示，

2022 年充电站 GPS 点位数全年增速迅猛，全年增长率为 426.09%；道路 GPS 点位数在 2022 年上半年增速较快，增长率为 92.30%，而在下半年趋于平缓，增长率为 10.86%。总体而言，充电站和道路 GPS 点位数均在增多，间接反映出重庆市基础充电设施在逐步完善、新能源汽车有效覆盖道路在逐渐增多。

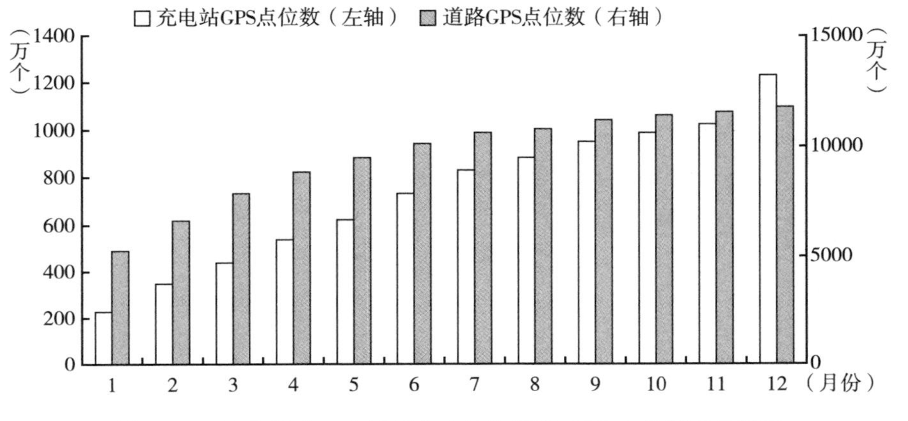

图 11　2022 年重庆市主城区充电站和道路 GPS 点位数变化情况

（三）平均车速

平均车速①能够在一定程度上反映新能源汽车的运行情况和道路交通状况。统计分析得到 2022 年五种不同车型的平均车速变化情况（见图 12）。可知，五种车型的平均车速大体保持一致，基本维持在 33.00~40.47km/h，其中，私人乘用车的平均车速稳定在 36.51km/h 左右，物流特种车的平均车速稳定在 36.50km/h 左右，租赁乘用车的平均车速稳定在 34.17km/h 左右，出租乘用车的平均车速稳定在 34.60km/h 左右，公务乘用车的平均车速稳定在 38.94km/h 左右。

① 计算平均车速时将车辆的堵车、等红绿灯等状况也纳入了统计结果。

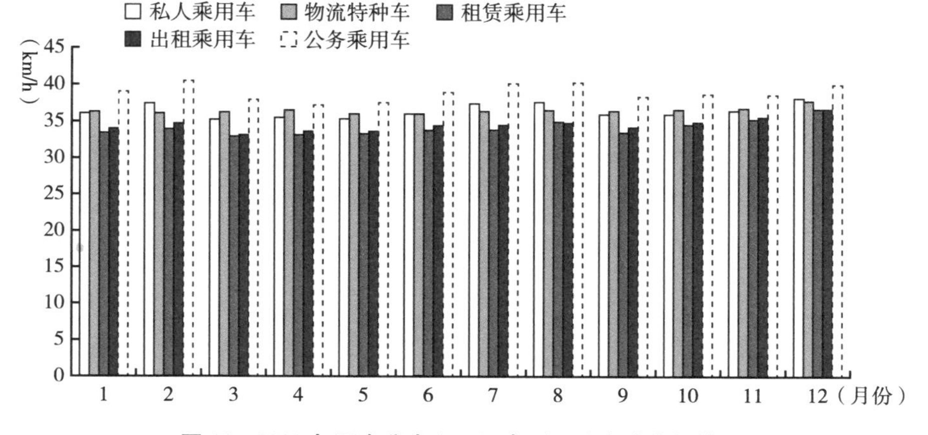

图 12　2022 年西南分中心不同车型平均车速变化情况

（四）车次数占比

2022 年西南分中心各月平均车次数占比①变化情况如图 13 所示。可以看出，五种车型 2022 年 1~12 月的车次数占比规律大体一致。其中，五种车型均在 00：00~05：59 的车次数较少且呈逐渐下降趋势，其占比均不超过 3.00%。从 06：00 开始呈现急剧上升的趋势，直到 19：00 五种车型车次数均较多，占比持续维持在 5.00%~10.00%。同时，大致在 08：00~08：59 和 17：00~17：59 两个时段出现了车次数占比极大值，这与早晚通勤高峰状况有关。此后车次数占比又开始降低，直至小于 1.00%。

（五）平均充电时长和平均起始充电电量

新能源汽车充电时间与电池容量、充电功率等有关，选择恰当的充电设备对于缩短充电时间具有较大的促进作用。从排前五位的不同用途新能源汽车在 2022 年各月的平均充电时长（见图 14）统计结果来看，私人乘用车的

① 本文中车次数占比用于反映每天不同时间段车辆的活跃状态，计算方法为：某时段内的活跃车辆数量除以当天所有的活跃车辆数量并乘以 100%。

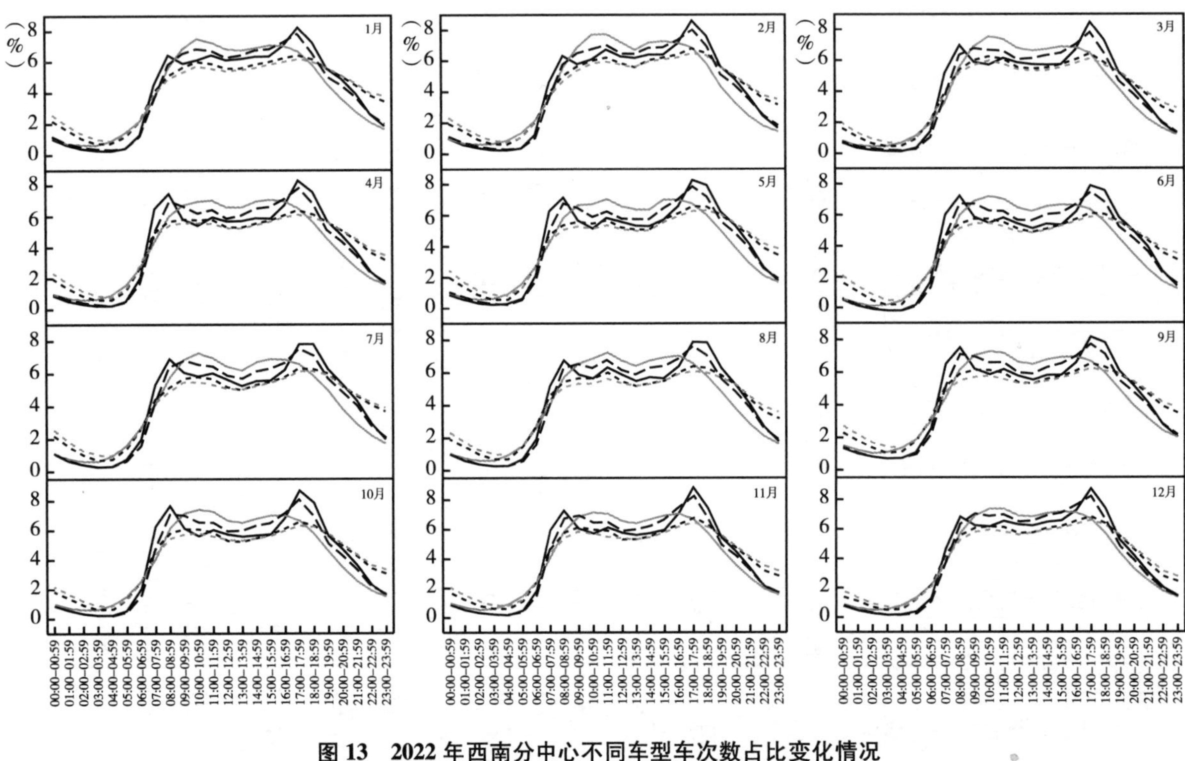

图13　2022年西南分中心不同车型车次数占比变化情况

平均充电时间维持在 2.65~3.19 小时，物流特种车的平均充电时间维持在 2.67~3.29 小时，租赁乘用车的平均充电时间维持在 1.94~2.55 小时，出租乘用车的平均充电时间维持在 1.86~2.55 小时，公务乘用车的平均充电时间维持在 2.63~3.06 小时。车载充电机功率的逐年提升、整车 800V 及以上电压平台的快速发展，客观上加速了整车对于快速充电设施的需求。

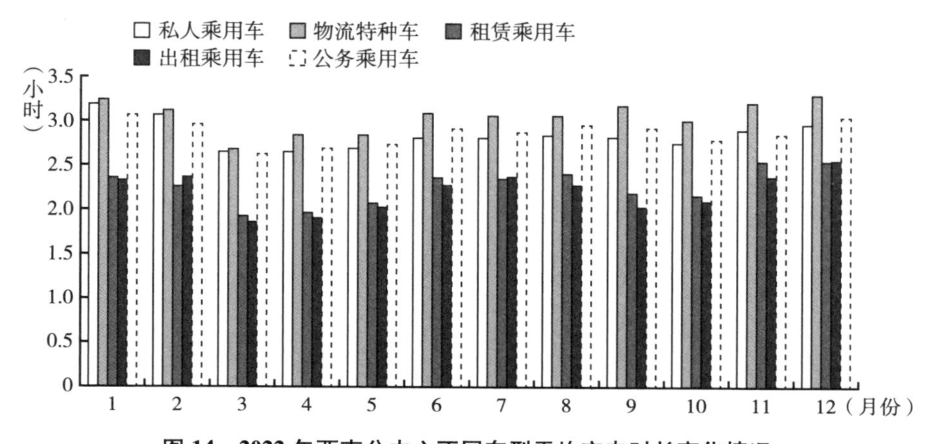

图 14　2022 年西南分中心不同车型平均充电时长变化情况

统计分析得到排前五位不同用途新能源汽车在 2022 年 1~12 月的平均起始充电电量（SOC）（见图 15）。可以看出，不同车型在 2022 年各月的平均起始充电 SOC 相对稳定，私人乘用车的平均起始充电 SOC 维持在 42.19%左右，物流特种车的平均起始充电 SOC 维持在 41.57%左右，租赁乘用车的平均起始充电 SOC 维持在 37.09%左右，出租乘用车的平均起始充电 SOC 维持在 36.75%左右，公务乘用车的平均起始充电 SOC 维持在 42.10%左右。由此来看，即便在最近几年新能源汽车充电设施逐渐增多和续航里程有极大提升的背景下，所谓的新能源汽车“充电焦虑”和“里程焦虑”依旧存在，出于对新能源汽车充电便捷性和续航里程的考虑，用户对新能源汽车的使用普遍较为保守，通常选择在较高 SOC 时对新能源汽车进行补能。

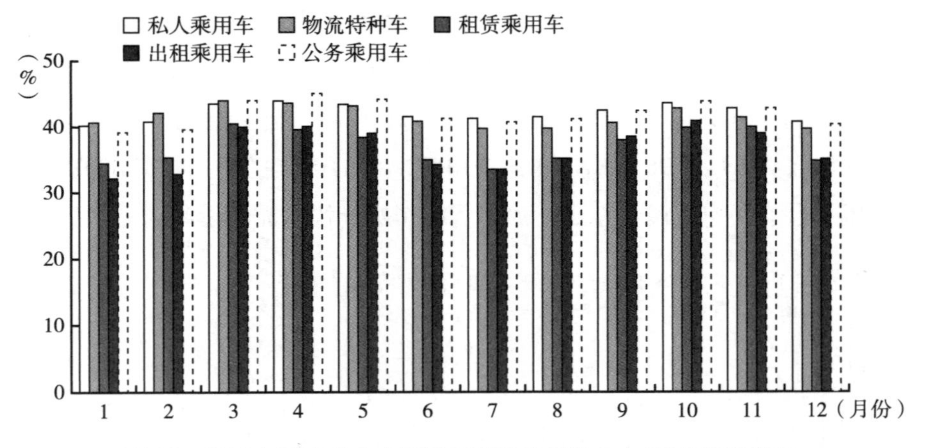

图 15　2022 年西南分中心不同车型平均起始充电 SOC 变化情况

（六）能量回收率

整车减速过程是整车的动能转化为克服摩擦阻力产生热能的一个过程，如果将制动摩擦产生的能量收集起来，通过电气系统重新用于驱动，那对整车能耗和续航具有积极改善作用，特别是在城市路段或行驶工况变化比较频繁的路段。统计分析得到 2022 年西南分中心 PHEV 和 BEV 的能量回收情况（见图 16、17）。对于 PHEV，私人乘用车的能量回收率总体保持在 37.30%左右，物流特种车的能量回收率总体保持在 42.79%左右，租赁乘用车的能量回收率总体保持在 52.49%左右，出租乘用车的能量回收率总体保持在 59.37%左右，公务乘用车的能量回收率总体保持在 39.72%左右；对于 BEV，私人乘用车的能量回收率总体保持在 24.30%左右，物流特种车的能量回收率总体保持在 15.85%左右，租赁乘用车的能量回收率总体保持在 30.96%左右，出租乘用车的能量回收率总体保持在 30.44%左右，公务乘用车的能量回收率总体保持在 27.12%左右。总体而言，PHEV 的能量回收率明显高于 BEV，平均高 20.60 个百分点，其中，私人乘用车的能量回收率高 13.00 个百分点，物流特种车的能量回收率高 26.94 个百分点，租赁乘用车的能量回收率高 21.53 个百分点，出租乘用车的能量回收率高 28.93 个百分点，公务乘用车的能量回收率高 12.60 个百分点，但新能源汽车整体能量回收率低于 60.00%，能量回收技术还有较大的进步空间。

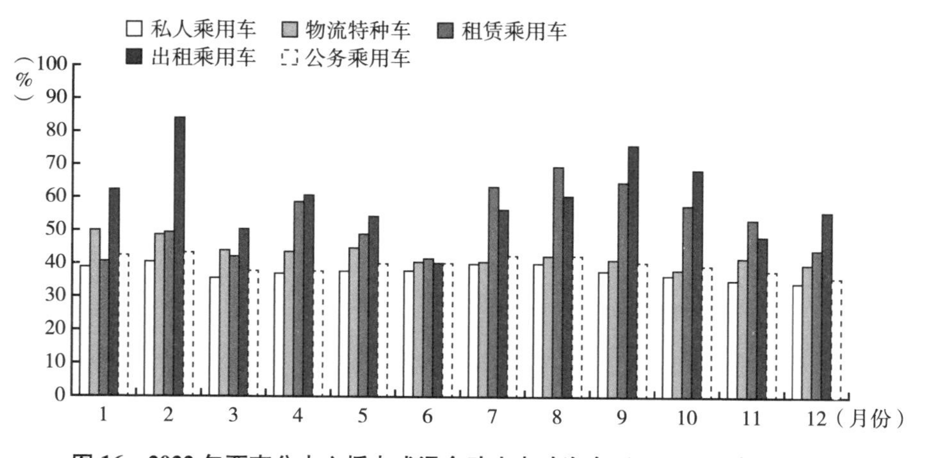

图 16　2022 年西南分中心插电式混合动力电动汽车（PHEV）能量回收率

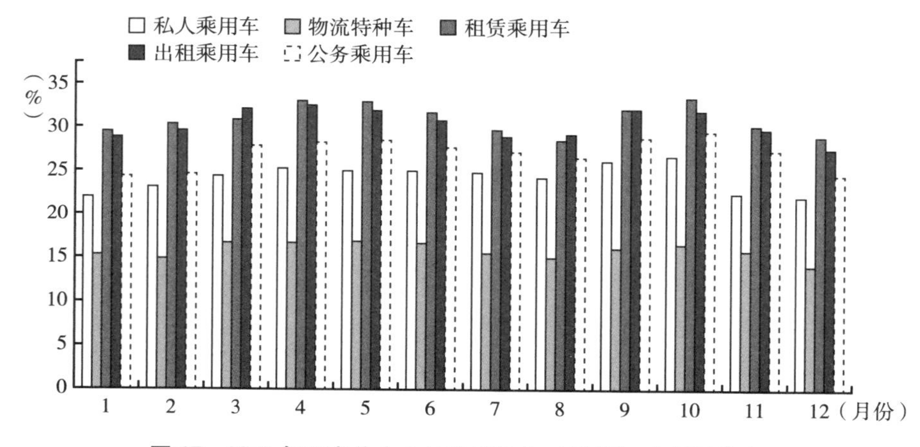

图 17　2022 年西南分中心纯电动汽车（BEV）能量回收率

（七）电池一致性

电池一致性是衡量车载动力电池工作状态的重要指标。本文中电池一致性是指电池使用过程中电压衰减的一致性，即同一帧报文内，最高单体电池

电压与最低单体电池电压的差值，一致性用差值的绝对值量化表征。前期研究表明[①]，对于车载动力电池，如果个别电芯的工作电压显著偏离正常范围，会引发“水桶效应”。放电时某电芯电压提前达到截止电压，会触发电池管理系统的限功限流机制，最终导致放电不完全，影响动力电池的总体使用效果。对电池一致性的进一步研究表明[②]，一致性变差往往是触发动力电池其他问题（如自放电、铝钯烧蚀等）的致因。根据相关国家标准，动力电池电压在出厂前通常能将相邻电芯间的压差控制在30~50mV。

为展示新能源汽车电池一致性情况，本文以最高单体电压为横轴，最低单体电压为纵轴，构造一个二维数字图像，将同一帧报文中的最高单体电压和最低单体电压转化为坐标平面上的一个像素点，最后得到新能源汽车动力电池电压一致性全貌示意图（见图18）。示意图中，单体电池电压取值范围为2500~4500mV，这一取值范围是电池正常工作电压范围。示意图长宽各为400个像素，每一个像素表示5mV电压区间。理论上，当电池一致性良好时，示意图应该呈现为一条45度斜线或一条接近45度窄带。图18左侧为某知名车企的动力电池一致性全貌示意图，整体呈45度窄带，表明该车企电池一致性良好；右侧为西南分中心全部新能源汽车动力电池一致性全貌示意图，像素点已经基本覆盖右下部，表明新能源汽车电池一致性还有较大的改进空间。

为进一步对电池一致性进行说明，本文还给出了2022年西南分中心纯电动汽车（BEV）动力电池最大单体压差占比情况（见图19）。最大单体压差越小，表明电池一致性越好，车用动力电池的工作状态越稳定。数据显示，私人乘用车的最大单体压差主要集中在10~149mV，其中，最大单体压差在40~49mV的车辆数最多，占比为15.15%；物流特种车的最大单体压差主要集中在60~259mV，其中，最大单体压差在210~219mV的车辆数最多，占比为5.85%；租赁乘用车的最大单体压差主要集中在30~169mV，其

① 杨雪茹：《新能源汽车动力电池均衡控制管理概述》，《汽车实用技术》2023年第17期。

② 吴锐：《纯电动汽车动力电池均衡控制研究》，重庆交通大学硕士学位论文，2022。

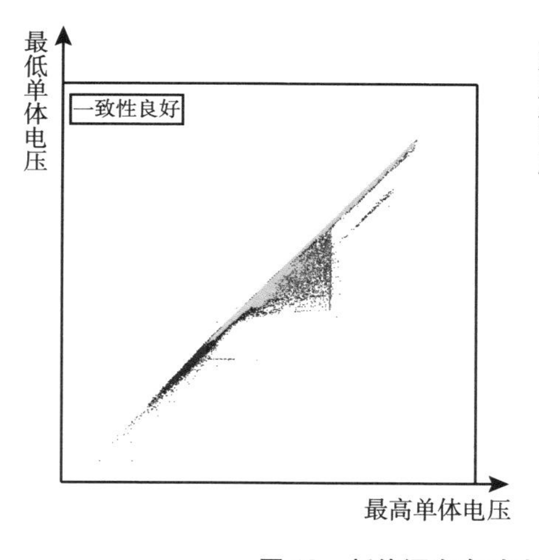

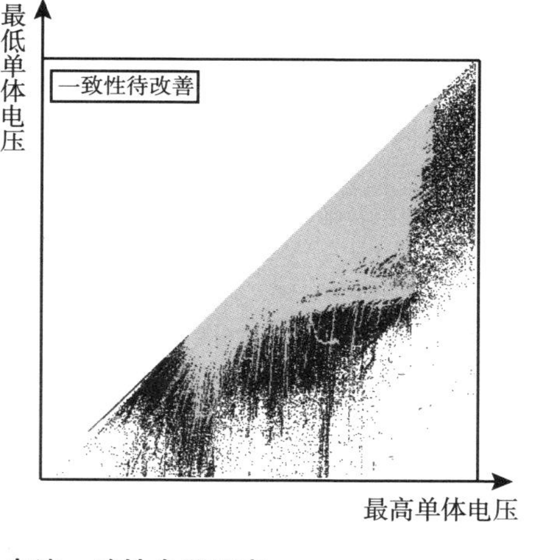

图 18　新能源汽车动力电池一致性全貌示意

中，最大单体压差在 60~69mV 的车辆数最多，占比为 13.70%；出租乘用车的最大单体压差主要集中在 20~159mV，其中，最大单体压差在 60~69mV 的车辆数最多，占比为 13.61%；公务乘用车的最大单体压差主要集中在 10~129mV，其中，最大单体压差在 40~49mV 的车辆数最多，占比为 13.00%。私人乘用车、租赁乘用车、出租乘用车和公务乘用车的动力电池最大单体压差的曲线大致呈钟形，与正态分布曲线类似，而物流特种车的动力电池最大单体压差的曲线呈现先上升后下降的趋势。总体来看，货车的电池一致性较乘用车的电池一致性略差。

（八）最高总电压

提高电池电压能够提升充电速度，缓解用户的充电焦虑，同时高电压还可以减少损耗、提升续航，为提高加速和操控性打下基础。统计分析得到 2020~2022 年西南分中心新能源汽车最高总电压占比情况见图 20。可知，新能源汽车的最高总电压主要集中在 300~399V 和 400~499V，且三年来占比较稳定，其平均占比分别为 67.21% 和 23.42%；在其他电压区间的占比较少，三年平均占比均低于 3.94%。

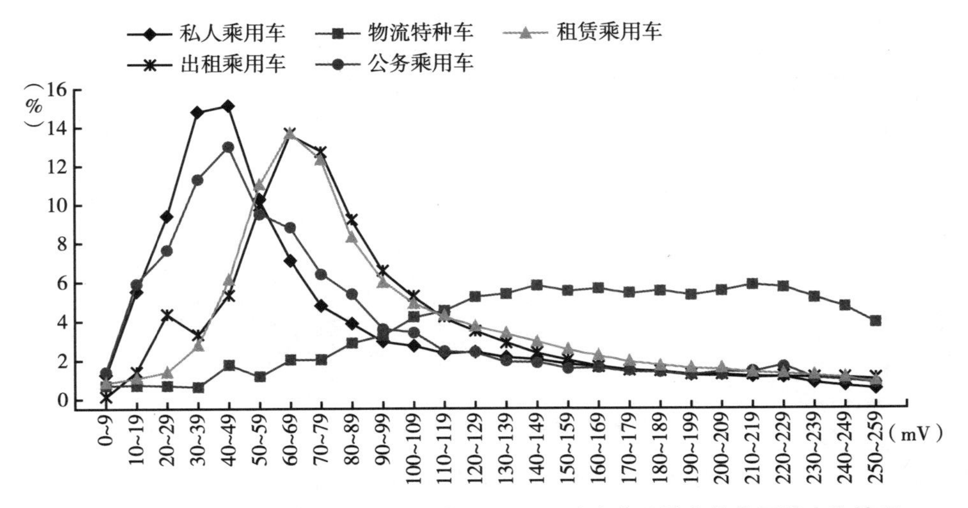

图 19　2022 年西南分中心纯电动汽车（BEV）动力电池最大单体压差占比情况

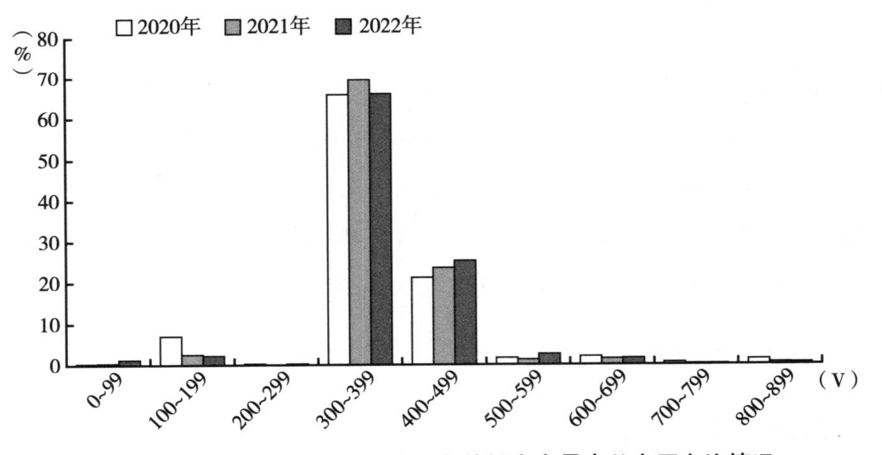

图 20　2020~2022 年西南分中心新能源汽车最高总电压占比情况

三　总结

本文基于新能源汽车国家监测与管理平台西南分中心数据，使用大数据统计方法对西南分中心新能源汽车接入情况和新能源汽车实际运行情况进行了分析，结果表明，西南分中心新能源汽车的保有量和使用量不断增多，其关联的上下游产业也在稳步发展。接入西南分中心的车型主要包括私人乘用车、物流特种车、租赁乘用车、出租乘用车和公务乘用车等，且纯电动技术是各类车型新能源化的主流趋势。其中，私人乘用车、物流特种车、租赁乘用车和出租乘用车的纯电动车型占比均远多于插电式混动车型占比，公务乘用车的纯电动车型和插电式混动车型占比基本持平。

各类车型的运行情况也有较大差异。在日均行驶里程和日均行驶时长方面，出租乘用车和私人乘用车分别排在最高与最低，出租乘用车的日均行驶里程和日均行驶时长均是私人乘用车的 4 倍左右。在运行区域方面，充电站和道路的 GPS 点位数均在逐渐变多，说明新能源汽车的运行范围在逐渐变大，侧面反映出人们对于新能源汽车的接受度在逐渐提升。在平均车速和车次数占比方面，私人乘用车、物流特种车、租赁乘用车、出租乘用车和公务乘用车的平均车速大体保持在 33.00~40.47km/h，车次数占比也出现了“缓慢降低—迅速增长—长时维持—缓慢降低”的变化趋势。在充电方面，物流特种车的平均充电时间相对较长，出租乘用车的平均充电时间相对较短，其他车型的平均充电时长居中。各类车型的平均起始充电 SOC 均保持较高水平。在能量回收方面，插电式混合动力出租乘用车的能量回收率最高，纯电动物流特种车的能量回收率最低，插电式混动车型的能量回收率明显高于纯电动车型，平均高出 20.60 个百分点。在电池电压及其一致性方面，新能源汽车的电池技术还有较大进步空间，需要在政策法规、设计思路、工艺装备和产能协作等方面进一步完善，以推动产业可持续发展进步。整体来看，新能源汽车快速发展，但相关技术仍有进一步提升的空间。

参考文献

王震坡、梁兆文等：《中国新能源汽车大数据研究报告》，机械工业出版社，2022。

工业和信息化部装备工业发展中心、浙江吉利控股集团有限公司：《中国汽车产业与技术发展报告（2021）》，电子工业出版社，2021。

工业和信息化部装备工业发展中心、上汽集团创新研究开发总院：《中国汽车产业与技术发展报告（2022）》，电子工业出版社，2022。

B.13 重型车排放远程监控大数据分析

李刚　马帅*

摘　要：　为实现重型车污染物排放的智能化和自动化监管，远程在线监控成为重要管理工具。截至2022年底，重型车排放远程在线监控平台累计接入重型车188.78万辆，其中柴油车177.14万辆。载货车、自卸车、牵引车及客车是主要联网车型，且均以柴油车为主，牵引车中燃气车增长最为显著。远程在线监控大数据表明，在各类车型中，牵引车日均在线时长达6小时，且年均行驶里程最高，自卸车怠速时间最长；牵引车超过500ppm的NO_X高排放点比例最高，显著高于自卸车和载货车。未来，远程在线监控将进一步成为构建智能化监控网络、精准管理重型车排放的关键技术手段。

关键词：　重型车排放　远程监控　大数据　排放管理

一　重型车排放远程监控平台联网情况

（一）车辆联网总体情况

2022年，重型车排放远程监控平台新联网重型车约121.54万辆，其中柴油车联网114.66万辆，燃气车6.88万辆。截至2022年12月31日，重

---

* 李刚，中国环境科学研究院机动车排污监控中心高级工程师，主要研究方向为重型车污染防治；马帅，中国环境科学研究院机动车排污监控中心助理研究员，主要研究方向为移动源污染防治。

型车排放远程监控平台累计接入国六重型车约 188.78 万辆。按燃料类型统计，包含柴油车 177.14 万辆，燃气车 11.64 万辆。全年每月车辆联网情况如图 1 所示。

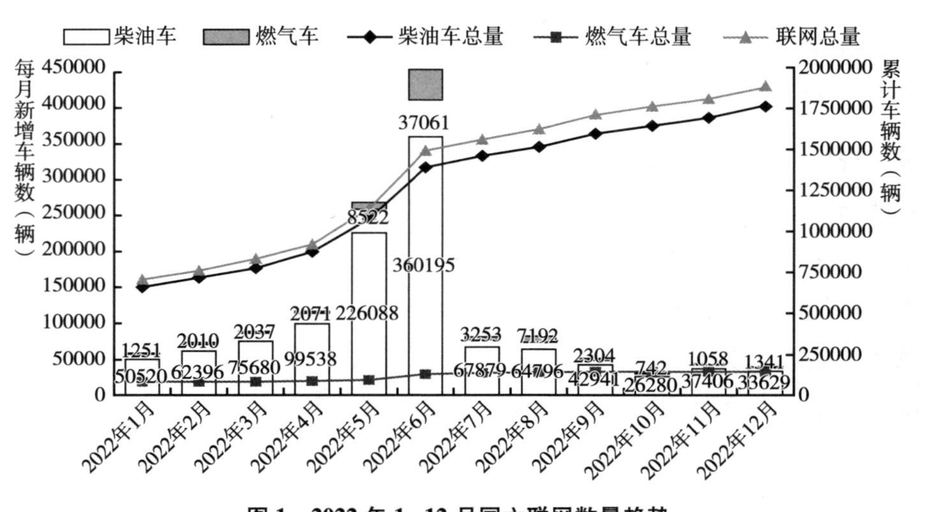

图 1　2022 年 1~12 月国六联网数量趋势

（二）不同类型车辆联网情况

按照车辆型号编写规则，以车辆型号第一个代码区分车辆类别。① 鉴于各类车占比不同，重型车以载货车、自卸车、牵引车和客车为主，因此，本部分将主要以这四类进行统计和分析。

四类车 2022 年的联网接入趋势基本相同，2022 年上半年，新联网车辆数量迅速增长，2022 年 6 月达到顶峰，这主要与 HJ1239《重型车排放远程监控技术规范》系列标准的实施有较大关系，前期未联网车辆在标准实施前集中联网。到 2022 年下半年，车辆联网数量迅速降低。

除牵引车外，其余各类车辆以柴油车为主，燃气车占比均较低。牵引车

① 其中：1 代表载货车；2 代表越野车；3 代表自卸车；4 代表牵引车；5 代表专用车；6 代表客车；7 代表轿车；8 代表半挂车以及专用半挂车。

自 2022 年 5 月开始，燃气车联网数量增长较快，2022 年 6 月，燃气车已经与柴油车持平（见图 2 至图 5）。

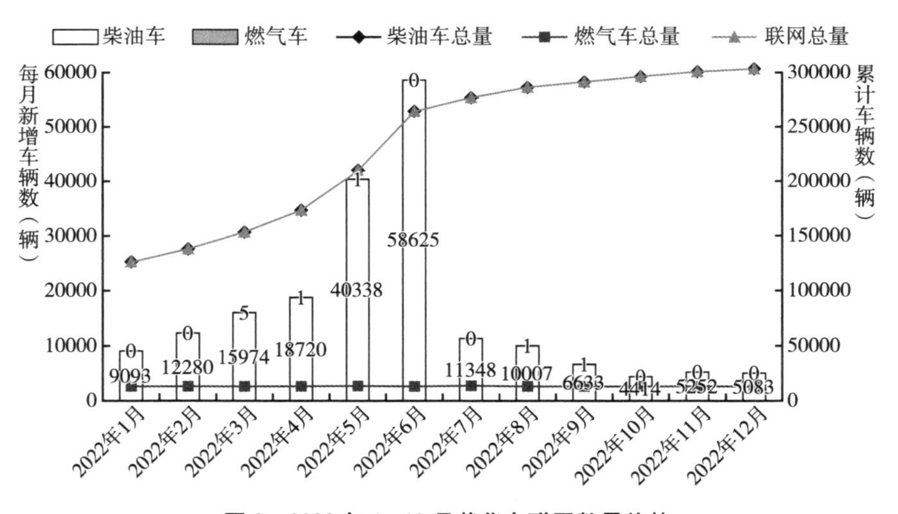

图 2　2022 年 1~12 月载货车联网数量趋势

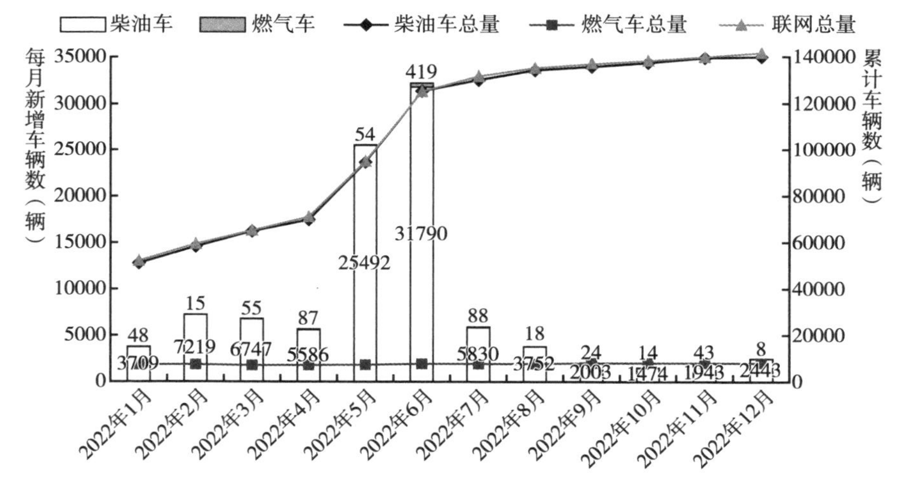

图 3　2022 年 1~12 月自卸车联网数量趋势

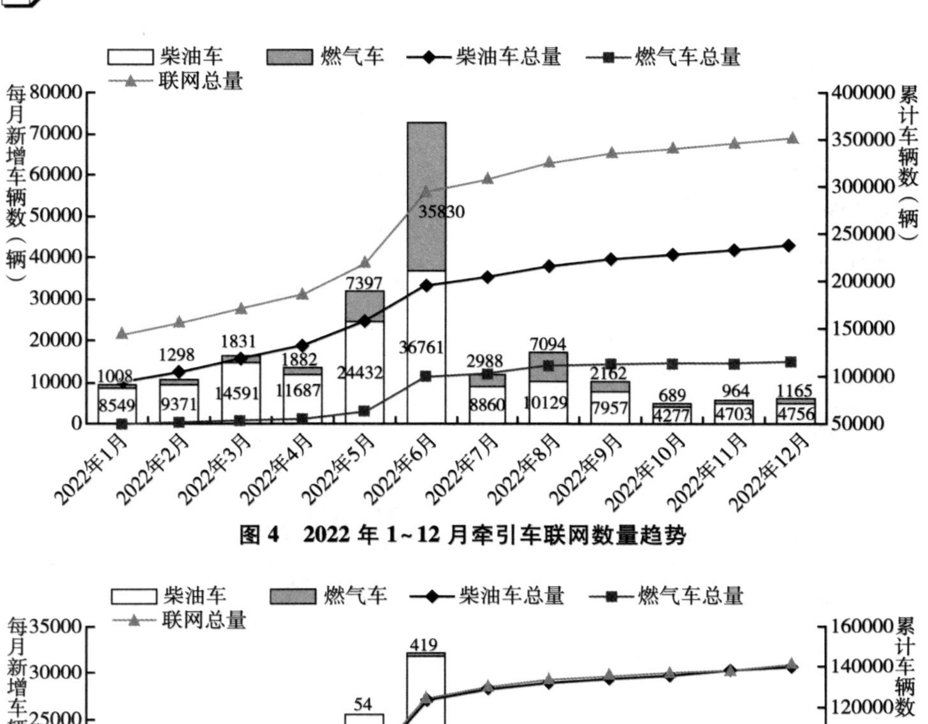

图 4　2022 年 1~12 月牵引车联网数量趋势

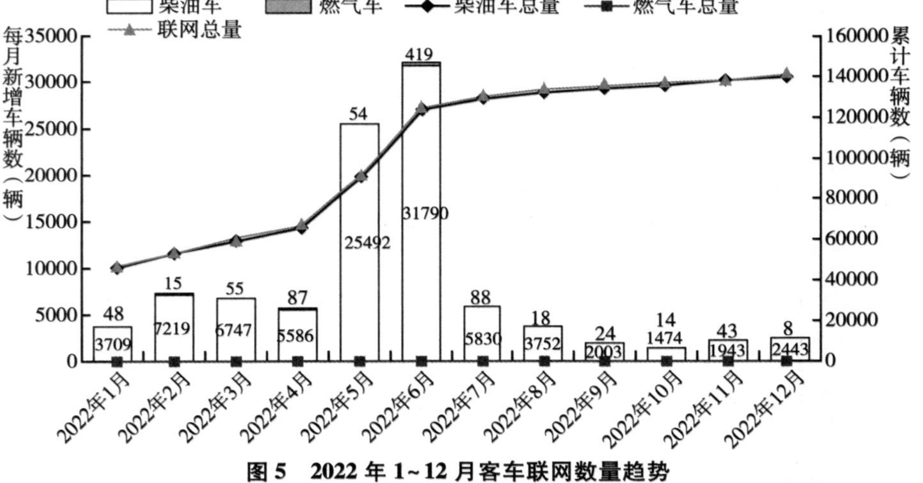

图 5　2022 年 1~12 月客车联网数量趋势

（三）不同总质量车辆联网情况

各类车辆总质量分布体现出不同特征。其中，载货车以 4.5 吨以下车辆为主，占比达到 84.3%；自卸车主要集中在 12 吨及以上，占比超过 50%；牵引车同样以 12 吨及以上车辆为主，占比超过 99%；其他车辆在各质量段均有分布（见表 1）。

表 1　车辆类型接入情况

单位：万吨

车辆类型	4.5 吨以下	4.5~7.5 吨	7.5~12 吨	12 吨及以上
载货	25.86	0.09	1.05	3.67
自卸	6.39	0.04	0.65	7.18
牵引	0.0	0.0	0.01	33.72
客车	26.62			
其他	52.03	1.23	4.04	22.98

（四）不同地区车辆上线情况及激活时间分布

由于重型车往往从事长途运输，跨区域运行情况较为普遍，因此，通过对各地区所有上线车辆按照其激活时间进行分析，可了解各区域上线车辆的数量情况，以及各区域运行车辆的大致使用年限分布。

2019 年以来，河北、山东、江苏等地的首次激活车辆数较高，累计达到 394434 辆、371794 辆、362647 辆，说明这些地区重型车使用量较大，运输行为活跃，青海、海南和西藏的重型车使用量则较低，累计达到 34263 辆、26373 辆、12339 辆（见图 6）。

从各省份激活时间车辆的分布情况看，各地区运行车辆基本上是 2021 年和 2022 年激活（见图 7）。其中，在上海市、北京市、河北省、天津市运

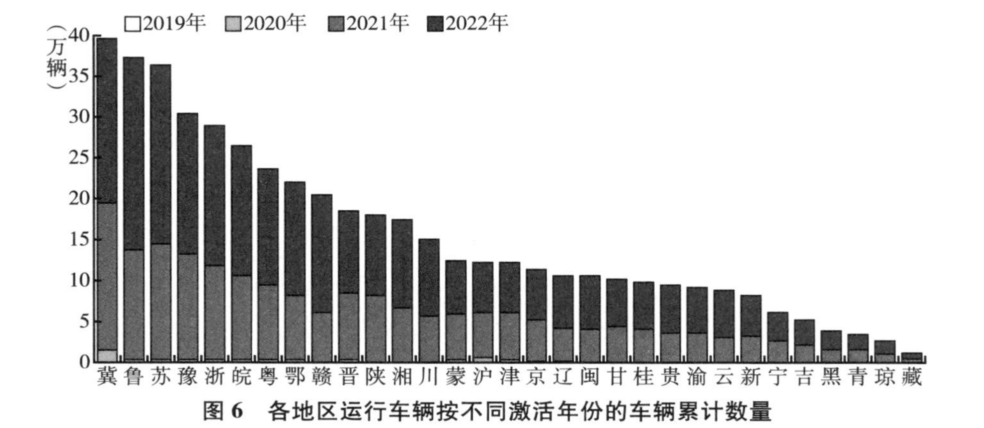

图 6　各地区运行车辆按不同激活年份的车辆累计数量

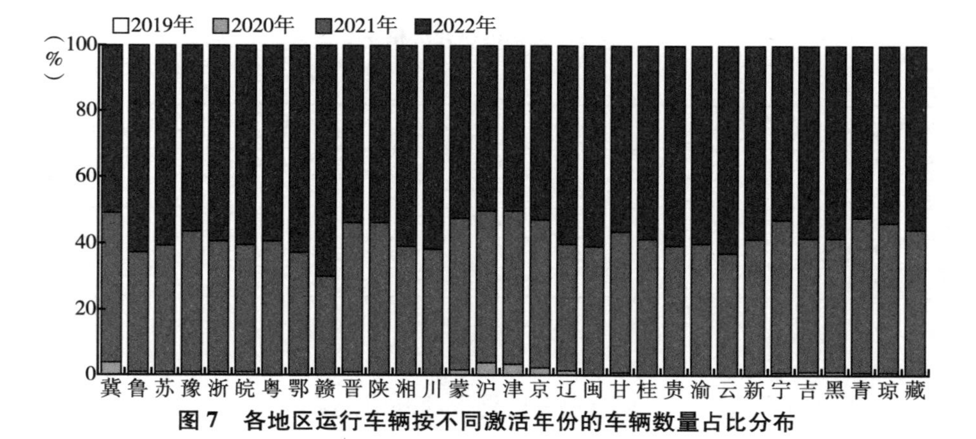

图 7　各地区运行车辆按不同激活年份的车辆数量占比分布

行的车辆中，在 2020 年激活的比例相对较高，说明这四个地区实施标准较早，国六车辆导入得更为快速。

二　车辆运行情况

（一）全年累计行驶里程分布

本部分采用了里程表读数的差值（2022 年最后 1 条数据与第 1 条数据的差值）统计重型车全年累计行驶里程情况，为排除联网异常车辆的影响，剔除了全年上线少于 30 天的车辆。

各类车辆中，载货车随着总质量的增加，车辆总里程也在逐步增加，4.5 吨以下的载货车，有超过 26.60%的柴油车总里程在 1 万公里以内，12 吨及以上的载货车，总里程低于 1 万公里的仅占比 11.25%，总里程超过 6 万公里的柴油载货车占比达到 3.64%（见图 8、图 9）。

对于自卸车，柴油自卸车的总里程明显要低于载货车，各个质量段的柴油载货车总里程小于 1 万公里的比例，均显著低于柴油载货车。

对于 12 吨及以上的柴油牵引车，年均行驶里程在 10 万公里及以上的占比达到了 42.7%。12 吨及以上的燃气牵引车，年均车辆总里程同样主要集中在 10 万公里及以上，达到 37.13%。

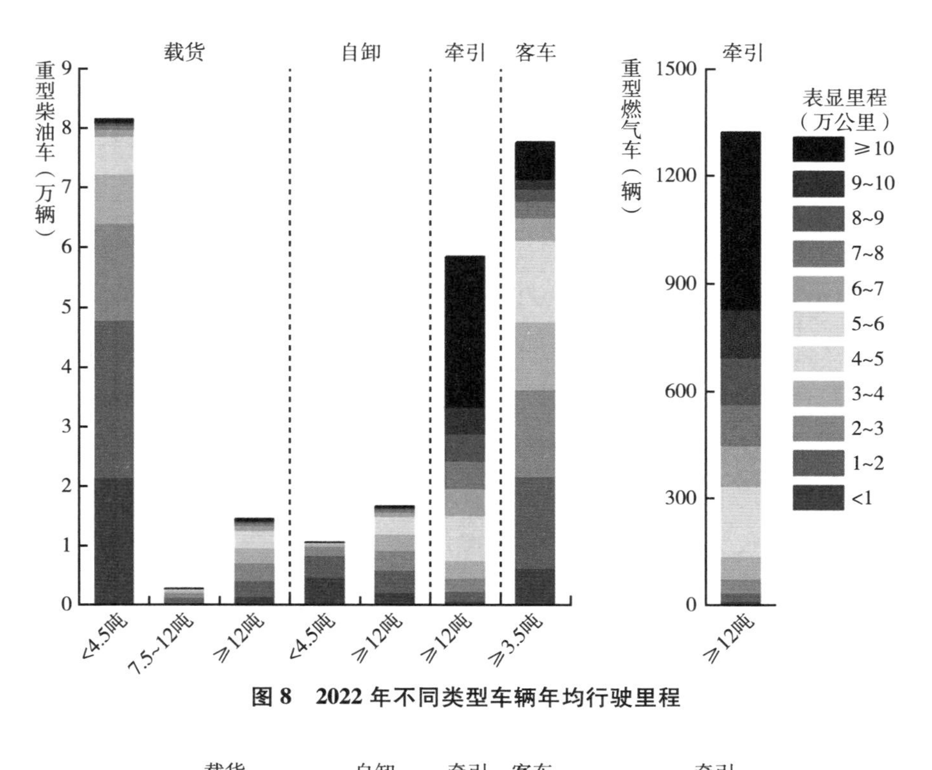

图 8　2022 年不同类型车辆年均行驶里程

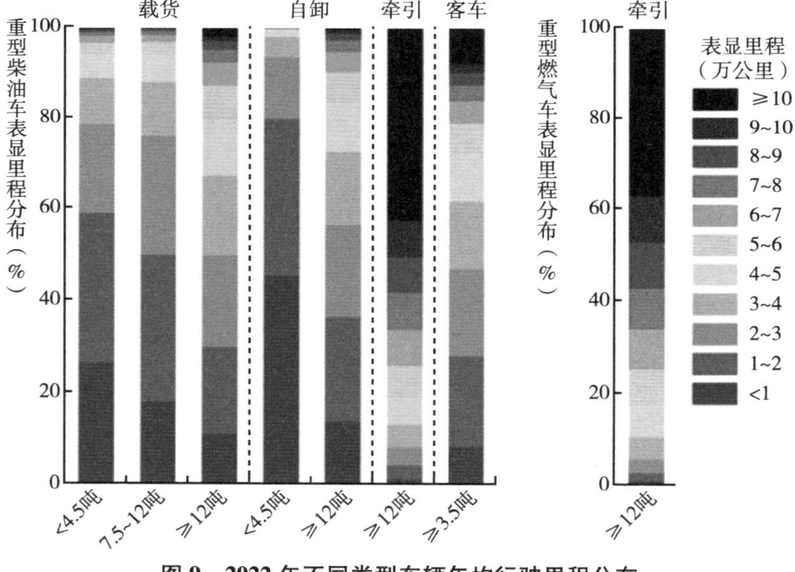

图 9　2022 年不同类型车辆年均行驶里程分布

（二）不同类型车辆日运行情况

根据车辆上线地域及车辆总质量统计 2022 年车辆运行情况。全年整体上线货车 154.46 万辆、上线客车 26.92 万辆。

从各类车的运行情况看，总质量越高，日均在线时长越长。其中，牵引车的日均在线时长最长，12 吨及以上牵引车的单车日均在线时长将近 6 小时，其次为自卸车，12 吨及以上自卸车的日均在线时长也达到了 4.5 小时。

从怠速时长来看，12 吨及以上的自卸车怠速时间最长，达到 1.36 小时，其次是 4.5~7.5 吨的自卸车，怠速时长平均达到 1.2 小时。7.5~12 吨的牵引车怠速时长达到 1.18 小时，排名第三。怠速时间最短的是 7.5~12 吨的载货车，仅为 0.34 小时（见图 10）。

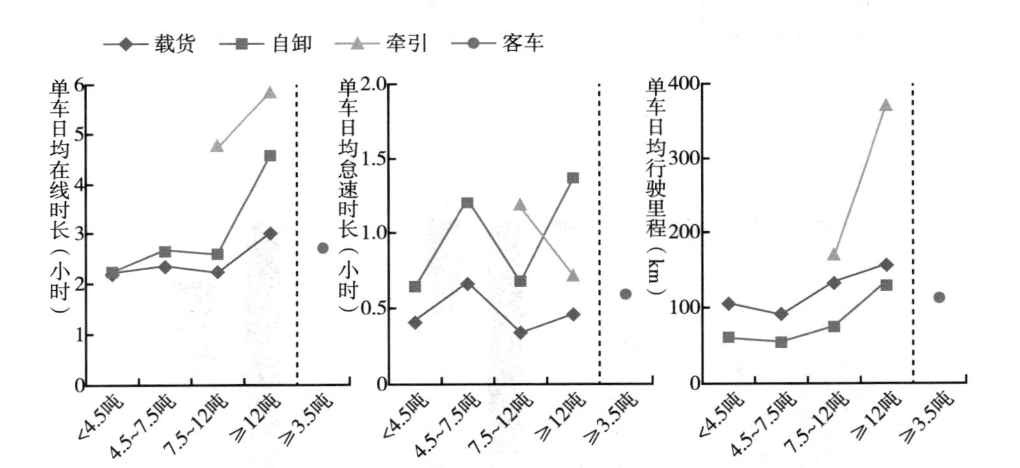

图 10　各类型车辆单车日均在线/怠速时长和日均行驶里程

（三）不同地区车辆运行情况

1. 上线车辆数

根据车辆上线地域确定各地区在 2022 年全年累计上线车辆数量、行驶时长和行驶里程，由于香港、澳门和台湾上线车辆数过少，故本部分暂未纳

入统计。

如图 11 所示，重型车在各个地区的运行情况，一定程度上反映了各地区的运输活跃程度。京津冀及周边、汾渭平原、长三角地区等重点区域，特别是山东、河北、河南、山西、陕西、江苏等省市各类车辆的上线数量均处于较高水平。在各车辆类型中，大部分地区均以牵引车为主；上海、江苏、浙江和江西情况较为特殊，上线车辆中，客车最高，其次为牵引车。自卸车上线数量均较低（见图 11）。

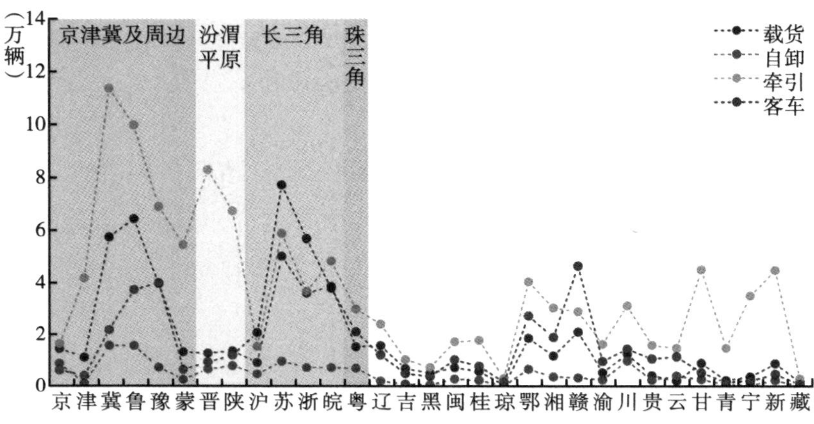

图 11　各地区分车型上线车辆数

2. 日均运行时长

如图 12 所示，矿产资源大省（如陕西省、山西省、内蒙古自治区、江西省）重型车日均运行时长处于相对较高水平，吉林省、云南省、西藏自治区等地重型车的日均运行时长处于较低水平。

全国牵引车日均运行时长达到 5. 84 小时，普遍高于载货车、自卸车和客车。对于自卸车，其单车日均运行时长普遍低于牵引车，仅上海是个例外，上海的自卸车日均运行时长达到了 5. 27 小时。由此带来上海市在全国最高的自卸车日均行驶里程 150km，但仍低于牵引车的 279km。

进一步分析，发现自卸车怠速时长相对于其他车型整体处于较高水平，天津市、上海市、广东省自卸车怠速时长最高，分别达到 2. 17 小时、1. 87

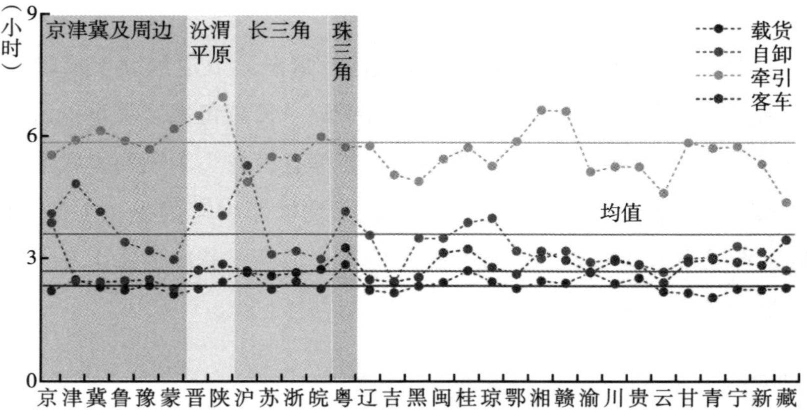

图 12　各地区单车日均运行时长

小时、1.56小时。牵引车平均怠速时长列第二位，达到0.74小时，其中怠速时长相对较高的省份是北京市、天津市、新疆维吾尔自治区。载货车平均怠速时长不足半小时，整体低于其他重型车（见图13）。

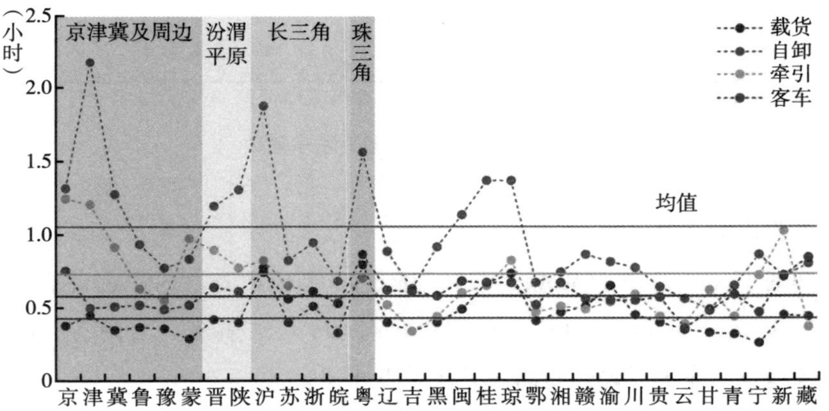

图 13　各地区单车日均怠速时长

3. 日均行驶里程

分车型来看，牵引车的日均行驶里程整体高于其他重型车，车队日均行驶里程为368.68km，其中陕西省、湖南省、江西省、甘肃省和青海省的日均行驶里程接近500km。其他各类车的日均行驶里程相对牵引车更低（见图14）。

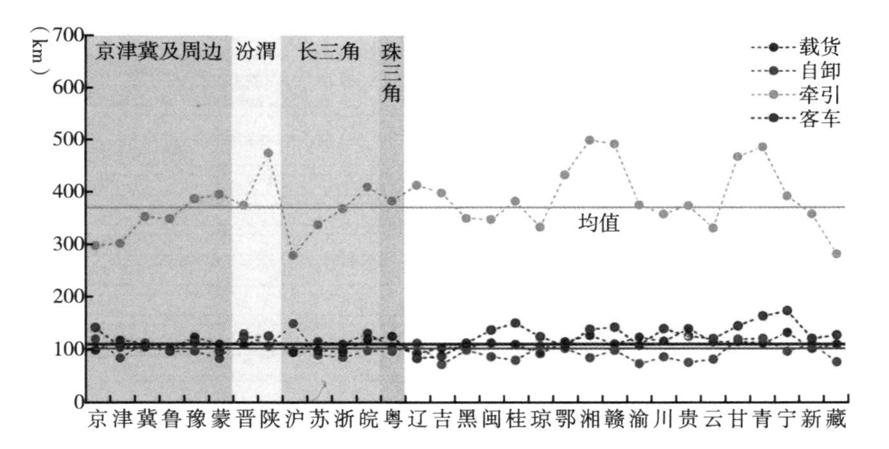

图 14　各地区单车日均行驶里程

三　车辆 NO_X 排放情况

（一）不同类型车辆 NO_X 排放情况

总体来看，如图 15 所示，载货车、自卸车和客车的 NO_X 排放情况，低于 500ppm 的排放占比较高，其中最高为载货车，所有排放数据中，低于 500ppm 的数据占比超过 98%。牵引车低于 500ppm 的数据相对略低，12 吨及以上仅达到 91.43%。与之相对的，在所有数据中，1350ppm 及以上的高排放点占比最高的则为客车，达到 3.67%，牵引车次之，12 吨及以上的达到 1.95%，载货车和自卸车较低，均为未超过 1%。由此可以看出，客车的 NO_X 排放相对较高，12 吨及以上的牵引车中的高排放车比例也较高，在未来的排放监管中应予以关注。

（二）不同地区 NO_X 排放情况

对于载货车，各地区低排放数据点的占比均超过了 90%，但也有所差别。其中青海省、西藏自治区两个地区 500ppm 以下数据点占比相对较低，

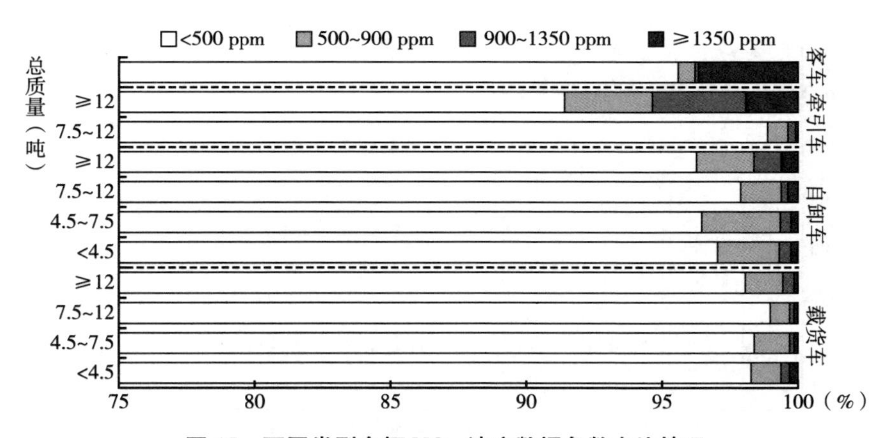

图 15　不同类型车辆 NO_X 浓度数据条数占比情况

分别为 93.02%、93.71%，这可能与当地环境有较大关系，西藏和青海为高海拔地区，对重型车 NO_X 排放控制有不利影响。黑龙江和吉林的平均环境温度较低，两个地区 500ppm 以下数据点占比达到 97.24%、97.45%，重型车 NO_X 排放控制也较为受限（见图 16）。

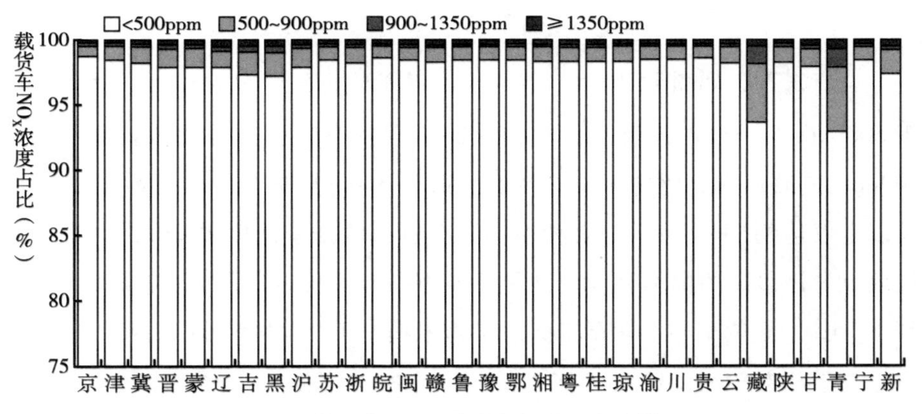

图 16　载货车 NO_X 浓度数据地区占比情况

对于自卸车，各地区高排放占比均要明显高于载货车。在各地区的对比中，NO_X 浓度在 1350ppm 及以上前三名包括四川省、上海市、西藏自治区，分别达到 1.83%、1.44%、1.06%。NO_X 浓度在 900~1350ppm 的占比也较为明显，较为突出的西藏自治区、青海省、陕西省也分别达到 2.46%、2.02%、1.97%（见图 17）。

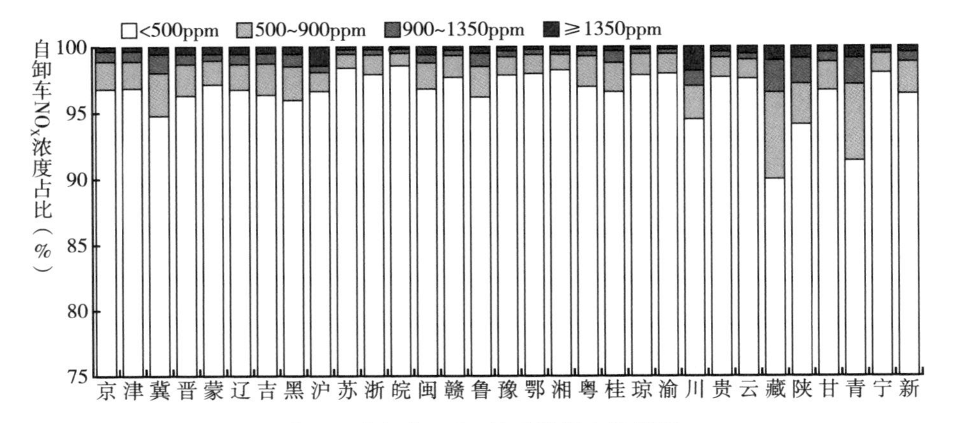

图 17　自卸车 NO_X 浓度数据占比情况

对于牵引车，各地区低排放数据占比均要明显低于自卸车，新疆维吾尔自治区低于 500ppm 的数据占比甚至仅达到 78.48%。与之对应的，1350ppm 及以上的数据占比则显著高于自卸车和载货车，新疆维吾尔自治区、甘肃省 1350ppm 及以上的数据占比分别达到 5.93%、5.32%（见图 18）。

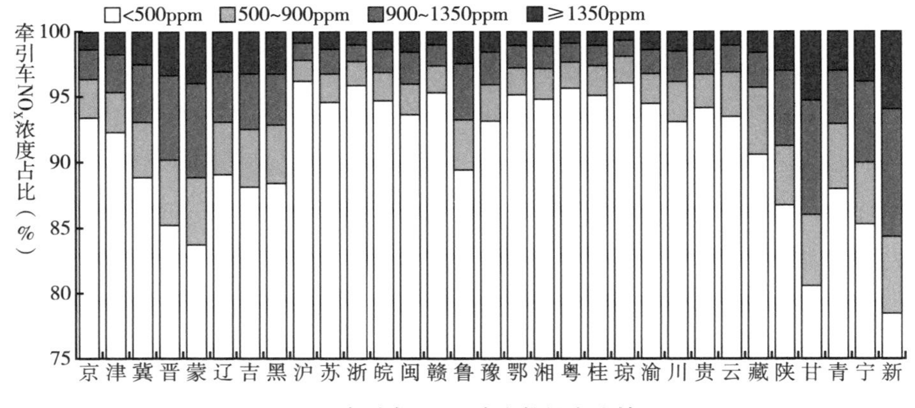

图 18　牵引车 NO_X 浓度数据占比情况

对于客车，各地区的排放数据分布情况较为类似，低于500ppm的低排放数据占比普遍高于92%，明显低于牵引车和自卸车，主要分布在辽宁省、黑龙江省。但与此同时，1350ppm及以上的数据占比同样较高，平均值达到3.62%，与牵引车的均值2.12%相比较高，在部分地区甚至高于牵引车，值得持续关注（见图19）。

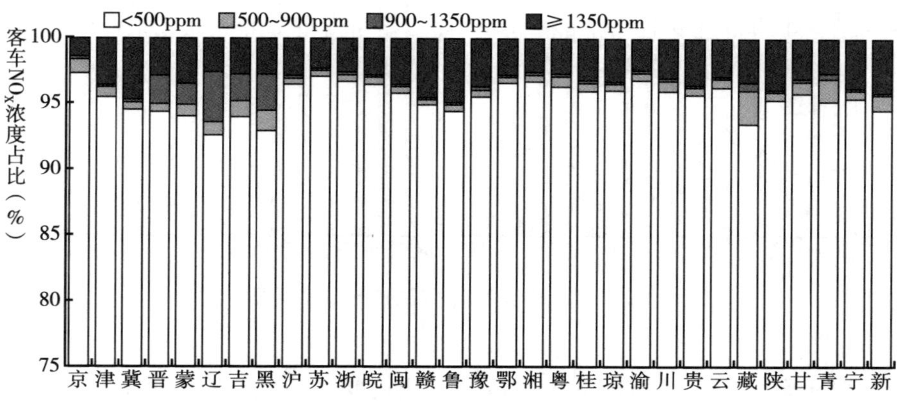

图19　客车 NO_X 浓度数据占比情况

四　典型区域车辆运行情况

以京津冀作为典型区域，抽样选取74万辆各类重型车，进行不同类型、不同总质量重型车的运行特征深入分析。

对于各类车辆的平均车速，牵引车平均车速随车辆总质量增加呈现升高趋势，自卸车和35吨以下载货车平均车速则较为稳定，以长途运输为主的总质量在35吨及以上的载货车和牵引车平均车速分别高达73km/h和92km/h（见图20）。

对于日均行驶里程，其中，自卸车、载货车和牵引车日均行驶里程随车辆总质量增加总体呈现上升趋势，专用车则无明显规律，以长途运输为主的总质量在35吨及以上的载货车和牵引车日均行驶里程分别高达704km和982km（见图21）。

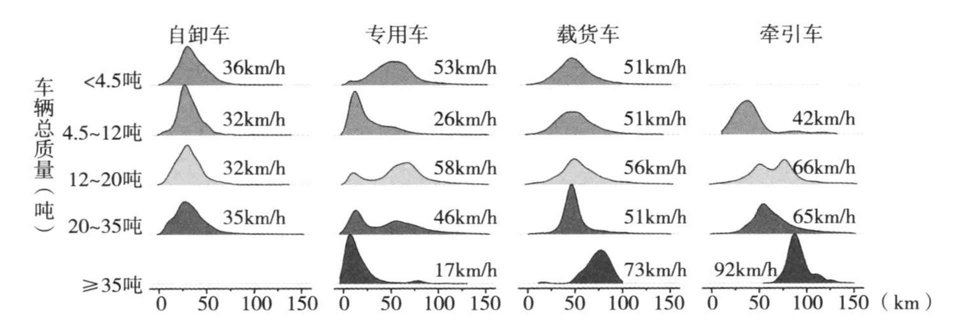

图 20　细分车型和总质量区间的京津冀国六重型货车单车平均车速

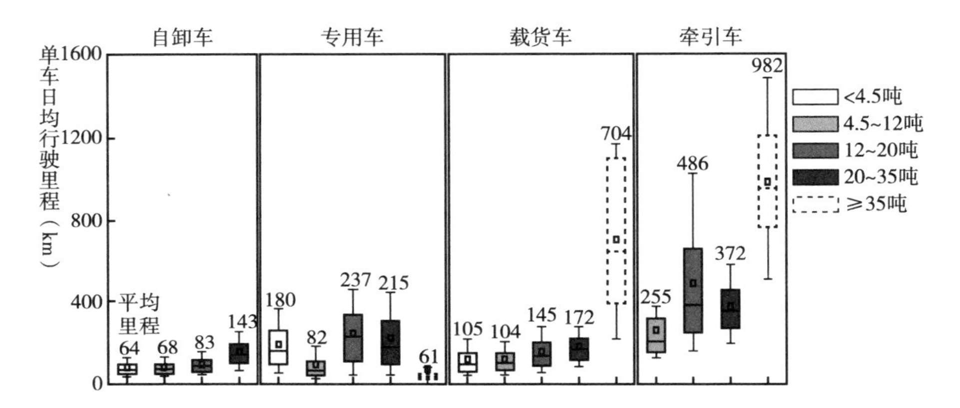

图 21　细分车型和总质量区间的京津冀国六重型货车单车日均行驶里程

对于京津冀重型车 NO_X 排放，在用国六重型柴油货车热稳运行状态下，90%以上时间的 NO_X 瞬时排放浓度均低于 500ppm，京津冀各地区国六重型柴油货车 NO_X 排放中，河北显著高于天津和北京，各类型车辆中，牵引车要显著高于自卸车和载货车（见图 22）。

五　总结

2022 年，新接入重型车排放远程监控平台的国六重型车数量逐月增加，全年累计新接入约 121. 54 万辆，其中柴油车联网 114. 66 万辆，燃气车 6. 88

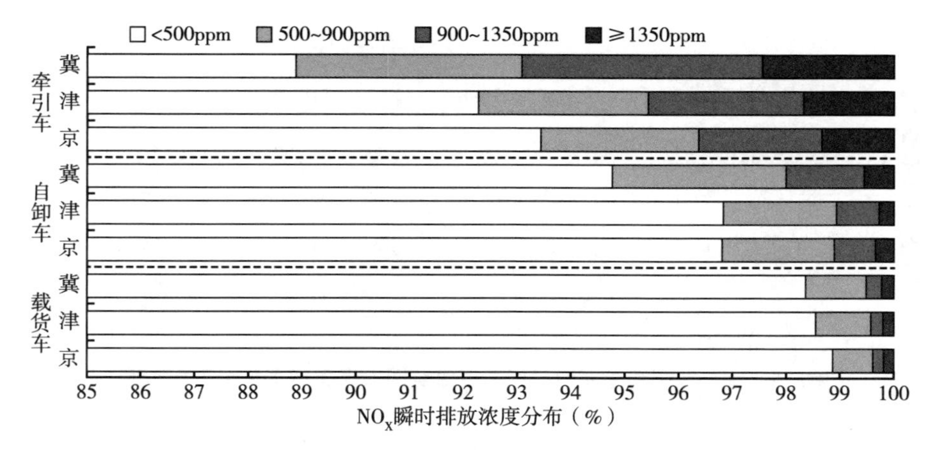

图 22　细分车型的京津冀国六重型货车 NO_X 排放浓度分布特征

万辆。截至 2022 年 12 月 31 日，重型车排放远程监控平台已累计接入国六重型车约 188.78 万辆。

接入车辆中，载货车以 4.5 吨以下车辆为主，占比达到 84.3%；自卸车主要集中在 12 吨及以上，占比超过 50%；牵引车则以 12 吨及以上车辆为主，占比超过 99%。除牵引车外，其余各类车辆以柴油车为主，燃气车占比均较低。牵引车自 2022 年 5 月开始，燃气车联网数量增长较快，2022 年 6 月，燃气车已经与柴油车持平。

各类车辆中，载货车随着总质量的增加，车辆年均行驶里程也在逐步增加，4.5 吨以下的载货车，有超过 26.60%的柴油车总里程在 1 万公里以内，12 吨及以上的载货车，总里程低于 1 万公里的仅占比 11.25%，同时有 3.64%的载货车总里程在 6 万公里及以上。牵引车年均行驶里程明显高于载货车和自卸车，年均行驶里程在 10 万公里及以上的牵引车占比达到了 42.7%。

从日均行驶时长和怠速时长中可看出，牵引车行驶时长明显高于其他车辆，且牵引车的日均行驶里程最高，12 吨及以上牵引车的日均行驶里程在 350 公里及以上。自卸车的日均怠速时长则最高，达到 1.36 小时，这与自卸车工作特征有较大关系。

各类型车辆的 NO_X 排放，牵引车超过 500ppm 的数据最多，自卸车次之，载货车最低，而客车较为特殊，低于 500ppm 和 1350ppm 及以上的数据占比较高，中间状态则几乎没有，值得进一步关注。

远程监控将是未来我国重型车排放管理的重要手段，通过大数据分析挖掘，可识别高排放车辆、黑加油站点、数据篡改行为等，将为各级职能部门提供智能化的管理手段，向社会提供便捷的服务，为“天地车人”一体化机动车排放监控体系提供支撑。

皮书

智库成果出版与传播平台

皮书定义

皮书是对中国与世界发展状况和热点问题进行年度监测，以专业的角度、专家的视野和实证研究方法，针对某一领域或区域现状与发展态势展开分析和预测，具备前沿性、原创性、实证性、连续性、时效性等特点的公开出版物，由一系列权威研究报告组成。

皮书作者

皮书系列报告作者以国内外一流研究机构、知名高校等重点智库的研究人员为主，多为相关领域一流专家学者，他们的观点代表了当下学界对中国与世界的现实和未来最高水平的解读与分析。

皮书荣誉

皮书作为中国社会科学院基础理论研究与应用对策研究融合发展的代表性成果，不仅是哲学社会科学工作者服务中国特色社会主义现代化建设的重要成果，更是助力中国特色新型智库建设、构建中国特色哲学社会科学“三大体系”的重要平台。皮书系列先后被列入“十二五”“十三五”“十四五”时期国家重点出版物出版专项规划项目；自 2013 年起，重点皮书被列入中国社会科学院国家哲学社会科学创新工程项目。

S 基本子库
SUB DATABASE

中国社会发展数据库（下设 12 个专题子库）

紧扣人口、政治、外交、法律、教育、医疗卫生、资源环境等 12 个社会发展领域的前沿和热点，全面整合专业著作、智库报告、学术资讯、调研数据等类型资源，帮助用户追踪中国社会发展动态、研究社会发展战略与政策、了解社会热点问题、分析社会发展趋势。

中国经济发展数据库（下设 12 专题子库）

内容涵盖宏观经济、产业经济、工业经济、农业经济、财政金融、房地产经济、城市经济、商业贸易等12个重点经济领域，为把握经济运行态势、洞察经济发展规律、研判经济发展趋势、进行经济调控决策提供参考和依据。

中国行业发展数据库（下设 17 个专题子库）

以中国国民经济行业分类为依据，覆盖金融业、旅游业、交通运输业、能源矿产业、制造业等 100 多个行业，跟踪分析国民经济相关行业市场运行状况和政策导向，汇集行业发展前沿资讯，为投资、从业及各种经济决策提供理论支撑和实践指导。

中国区域发展数据库（下设 4 个专题子库）

对中国特定区域内的经济、社会、文化等领域现状与发展情况进行深度分析和预测，涉及省级行政区、城市群、城市、农村等不同维度，研究层级至县及县以下行政区，为学者研究地方经济社会宏观态势、经验模式、发展案例提供支撑，为地方政府决策提供参考。

中国文化传媒数据库（下设 18 个专题子库）

内容覆盖文化产业、新闻传播、电影娱乐、文学艺术、群众文化、图书情报等 18 个重点研究领域，聚焦文化传媒领域发展前沿、热点话题、行业实践，服务用户的教学科研、文化投资、企业规划等需要。

世界经济与国际关系数据库（下设 6 个专题子库）

整合世界经济、国际政治、世界文化与科技、全球性问题、国际组织与国际法、区域研究 6 大领域研究成果，对世界经济形势、国际形势进行连续性深度分析，对年度热点问题进行专题解读，为研判全球发展趋势提供事实和数据支持。